室内设计师手册

姜 坤 主编

中国林业出版社
China Forestry Publishing House

图书在版编目（C I P）数据

室内设计师手册 / 姜坤主编 . -- 北京 : 中国林业出版社 , 2020.5
ISBN 978-7-5219-0459-8

Ⅰ . ①室… Ⅱ . ①姜… Ⅲ . ①室内装饰设计 - 手册
Ⅳ . ① TU238-62

中国版本图书馆 CIP 数据核字 (2020) 第 019572 号

中国林业出版社 • 建筑分社
责任编辑：纪 亮 王思源

出版：中国林业出版社（100009 北京西城区德内大街刘海胡同 7 号）
网站：http://www.forestry.gov.cn/lycb.html
印刷：北京中科印刷有限公司
发行：中国林业出版社
电话：（010）8314 3573
版次：2020 年 7 月第 1 版
印次：2020 年 7 月第 1 次
开本：1/16
印张：14.25
字数：200 千字
定价：108.00 元

序言

Preface

“建筑是凝固的音乐，音乐是流动的建筑”

在做装饰设计的20年里，曾经有客户问我有没有出书的想法，坦白地说，这几年我一直想系统地阐述我的心得，希望能给大家带来实际的意义。直到近来有一些朋友协助我，把以前发表在各类时尚家居杂志上的设计理念和选材的方法，整理起来并更新完善后，展现在大家面前，并希望读者能抽出时间来阅读，我在此想要说明的是，这些书稿都是以通俗的语言撰写而成，有分析、有实践，既实用又时尚，可以帮助您在家居装修设计时少走弯路。家居装修对大多数人来说是件大事，同时又是件难事。

事实上“室内设计”可被视为建筑领域的某一专项。

本书适合人群有以此为生计的室内设计师、设计相关专业人士、装修需求的业主、在校学生。本书是一本工具书，职业设计师需要花费80%的时间来收集资料，本书浓缩了其中20%的数据。这意味着，它应经常在手边，因为你每天都会用到它。由于本书内容广泛，而篇幅有限，所述内容精简，以满足常规判断需求。既可以循序学习，也可以随用随查，使您学有所依，用有所循，得心应手地解决实际问题。也许你不想工作，但职业是你的饭碗，更是你的阶层名片。每个人有4种出身：家庭出身、城市出身、教育出身、职业出身，你能自己决定的是后两种。充分的休息才能有效的工作，工作是为了更好的生活。先理解人，而后被理解，尊重对方，坦诚相待，一切为了做事。

本书既非专业书籍的代替品，也非细致、专业的著作，它是摘取和收录了其他顶级著作的“精髓”而成的日常工作手册。

中国室内设计大师

2020年7月

contents 目录

制图

03 装修基础 DECORATION FOUNDATION

装修流程与设计

客户接待方法与技巧

设计取费原则与验收

04 施工分类 CONSTRUCTION CLASSIFICATION

05 常用材料 COMMON MATERIALS

顶棚材料

墙面材料

地面材料

固定家具及设备

06 软装配饰与美学鉴赏 SOFT ACCESSORIES AND AESTHETIC APPRECIATION

软装

鉴赏

美食与美酒

07 附录 APPENDIX

0
1
2
3
4
5
6
7
8
9
10
11
12
13
14
DES

16
17
18
19
20
21
22
23
24
25
26
27
28
29
设计

室内设计相关概念

室内设计的发展历程

The development of interior design

1956年，中央工艺美术学院工艺美术系建筑装饰专业成立。中央工艺美术学院第一届室内装饰系的第一个班，最早是庞熏琹院长从法国回来以后，找到了徐振鹏、奚小彭、罗无逸、谈仲宣、吴劳、顾恒等几位老师，成立了室内装饰系。系主任先后由徐振鹏和吴劳担任。1957级是建系后的第一届，共7名学生（何镇强、王世慰、张友邦、梁启凡、闫凤祥、周敬师、黄德玲）；1958级是第二届，共8名学生（饶良修、杨占家、邱国权、张世琪、邱再修、林辉协、李广然、王淑贞）。1959级是第三届，共22名学生。

2011年之前的环境艺术设计专业称谓，是在清华大学美术学院（原中央工艺美术学院）环境艺术设计系60年的历史上以专业定位的系名。经历了室内装饰（1957年）、建筑装饰（1961年）、建筑美术（1962年）、建筑装饰美术（1964年）、工业美术（1975年）、室内设计（1984年）、环境艺术（1988年）、环境艺术设计（1999年）的变更。

目前，清华大学美术学院环境艺术设计系设有室内设计和景观设计两个专业方向，共有教师23人，其中，教授8人、副教授13人、讲师1人。

室内设计的基本概念

The basic concepts of interior design

室内设计是根据建筑物的使用性质、所处环境和相应标准，运用物质技术手段和建筑美学原理。目的是“创造满足人们物质和精神需求的室内环境。”空间环境既具有使用价值，满足相应的功能需求，同时也反映了历史文脉、建筑风格、环境气氛等精神因素。

室内设计的功能（使用功能和精神功能）：空间、色彩、线条、质感、采光与照明、家居与陈设、绿植。

室内设计必须满足视觉、听觉、嗅觉、触觉等多方面要求。

“室内设计是建筑设计的继续和深化，是室内空间和环境的再创造”。室内是“建筑的灵魂，是人与环境的联系，是人类艺术与物质文明的结合”。

室内设计的定位：功能定位、时空定位、风格定位和标准定位。

室内设计的程序：准备阶段、方案设计阶段、施工图阶段及设计实施阶段。

室内物理环境设计内容主要是对室内空间环境的质量以及调节的设计，主要是室内体感气候：采暖、通风、温度、湿度调节等方面的设计处理，是现代设计中极为重要的方面，也是体现设计“以人为本”思想的组成部分。随着时代发展，人工环境人性化的设计和营造就成为了衡量室内环境质量的标准。室内环境质量也包括环境视觉感受的引入，例如，利用外部自然环境因素的引入而改变室内视觉环境质量。在进行方案讲解时，有效的方法是从整体阐述，再深入到细节。

功能空间：客厅、餐厅、书房、主卧室、客卧室、走廊、茶室、休闲室、榻榻米室、棋牌室、娱乐室、台球室、乒乓球室、露台、阳台、主卫生间、客卫生间、影音室、酒窖、雪茄吧、阁楼、玄关、厨房、儿童房、老人房、保姆房、洗衣房、锅炉房、设备房、衣帽间、桑拿房、电梯间、游泳室、花房、阳光房、宠物室、室内高尔夫等。

设计师要具备哪些素质

What qualities do designers possess?

1. 和客户顺利沟通的能力。

2. 设计及施工过程中流程的把控能力。

3. 独立签单的能力。

4. 空间划分、风格把控、色彩搭配的能力。

5. 成本控制的能力。

6. 突发事情的应急处理能力。

7. 建筑结构的基本常识。

8. 熟练使用常用设计软件的能力。

9. 装修过程中各种材料合理运用的能力。

好设计的标准

Good design criteria

设计过程可分为开始、过渡、高潮、结束 4 个阶段。

首先满足业主的生理和心里需求，做到室内通风顺畅，采光充足，空间动线合理，储物功能最大化；其次设计理念物以至用，风格定位准确，色彩舒适，光线柔美，优良的材质提升空间质感。

在空间感上，开敞空间是流动的、渗透的，它可以提供更多的室内外景观和扩大视野；封闭空间是静止的、凝滞的，有利于隔绝外来的各种干扰。开敞空间表现为更具有公共性和社会性，而封闭空间更带私密性和个体性。

空间分隔方式：绝对分隔、相对分隔、弹性分隔、象征分隔。

空间序列：就是设计师要给人先看什么，后看什么。

装修设计七原则

Seven principles of decoration design

1. 采光：居室内要尽量加大自然采光量，用人工光源补光是代替不了阳光的，设计中尽量少做遮光的隔断，少用毛玻璃等。

2. 通风：为保证空气流通，设计中要尽量保证通路畅达，少做不必要的隔断。必须做的隔断，设计时要考虑通风的因素。

3. 隔音：设计上应保证活动区和休息区互不影响。譬如做隔断应加隔音绵，有条件的情况下，客厅尽量远离卧室和书房。

4. 环保：设计上的环保除了用材的环保外，还应考虑噪声污染、光污染、视觉污染。为减少噪声污染，在设计时应考虑客厅使用吸音材料，如墙表面做纹路处理等。光污染主要是室外和室内光照过强对人的影响。

5. 绿化：设计中要尽量创造生活在大自然中的感觉，并为房间的后期绿化创造条件，提高室内空气质量。

6. 保温：一般新房都是外保温，如果没有保温的旧房子，保温要做在室内。保温墙和建筑外墙之间要预留几厘米的空间，以保证其效果的最大化。

7. 安全：居室的安全性是整个装修设计的重中之重，没有安全性，其他都是空谈。

室内设计的节奏感至关重要。

给设计命名
Naming design

当您产生一个概念、构思或一些未形成的想法时，应该先给它起个名字。名称要简单易记，有意义和趣味性，使人产生联想，留下深刻印象，这些带有寓意的名字能够提醒你自己正在创造的东西。随着设计过程的深入和更优秀概念的产生，可以用新的名字淘汰掉原有的名字。

各种材料的命名

地毯多以丹麦的地名命名，沙发多以瑞典的地名来称呼，书架都是男孩的名字或职业名称，椅子都是男性的名字，窗帘是女性的名字，床上用品是花、植物，餐桌多以芬兰地名。

室内设计命名

- 荷塘月色
- 钢筋丛林
- 陌生人的聚会
- 摇滚的情怀

户型分析
Unit analysis

首先考虑建筑本身结构特点，水、电、气、暖、光纤等位置合理；其次是客户功能的需求。

设计师规划好的户型主要考虑以下几个方面：

动静分区、干湿分区、风格定位、户型定位准确、自然通风、光线明亮、安全性、保暖性、环保性、室内动线清晰、交通流线简洁、收纳性、晾晒空间、扩展空间等。

室内功能动线分析

Indoor function line analysis

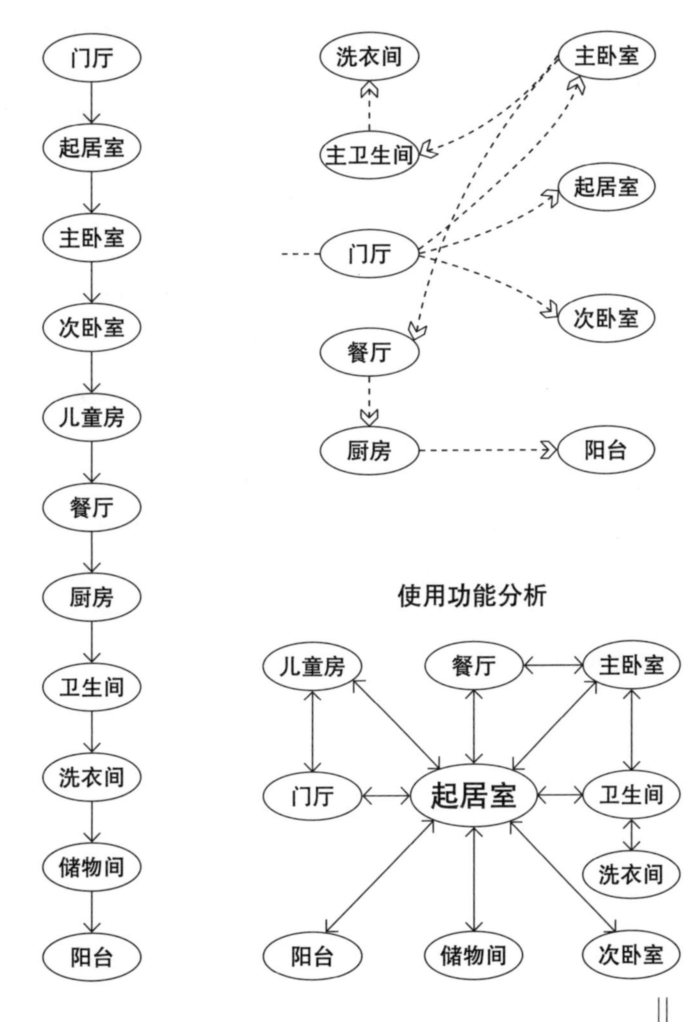

设计手法练习作业

Design technique practice work

长期作业的阶段要求：

1. 概念设计

内容：设计项目机能配置图、设计项目的特殊使用要求（包括资金）、环境的特殊性。

要求：照片、图表、文字 400 字。

2. 草图阶段（1）

内容：格局，根据机能配置预情况切大块、空间意向的初步构思。

要求：A3 草图两套（四张），图式说明。

3. 草图阶段（2）

内容：平面、立面功能细化，具体的尺寸与形状、空间形象、细部、材料的初步设想。

要求：A3 草图一套（四张）、细部速写、材料样板（图、拼帖）。

4. 平面与透视图（初稿）

内容：正式的平面图、立面图（初稿）、透视图（简单模型）、主要材料确定（材料色样机材质，包括家具的选型，有明确的材质和品名，初步的结构方法）。

要求：打印 A4 图 6 张、电子文档。

5. 设计方案

平立面图、电脑透视图模型、材料及细部构造节点图（主要的）。

设计分析说明。

6. 完成稿

内容：设计分析资料，平立面图，效果图，材料及节点图片。

要求：CAD 平立面图、效果图大板 A1 一张、资料汇集小本一本 A4、电子文档。

撰写设计说明

Writing design notes

撰写设计说明是非常重要的。设计说明是每一场设计比赛参赛表格和每一份项目说明书中的一个重要元素。通过独立而准确的项目概要，为绘图、素描及材料样品等视觉材料提供进一步补充说明。

首先，需要指出的是，设计说明写得越短，被潜在受众阅读的机会就越大。花些时间来思考所设计的项目，找出项目的核心要点和独特元素，并以逻辑分类的形式将其罗列出来。谨记：如果列出的每一条都同等重要，那么很容易给人造成哪一条都不重要的印象，所以要突出一个或两个重点。

实践证明，以下这些简略的纲要是行之有效的，并且应将其视作一种源于经验和实践的指导性原则来理解和体会。

出发点（200~300 字）：你的设计意图是什么？如何才能达到这个意图？规定任务或者项目的核心是什么？目标是什么？你所采取的措施的出发点是什么？

概念（250~350 字）：不要在以下中心问题上浪费太多时间，你的创意由什么构成，创意的核心是什么？试着用一句话进行。你主要考虑的是什么（一般来说这与任务分配有关）？在具体条件下会产生何种后果，会发生哪些变化（指的是改进）？你的设计何时能够变为现实？功能特性可以留待论证，但不要忘了提及作品的“美学”特性。

实施（300~400 字）：你所提出的主要设计特点是什么？应该如何实现（构建原则是什么）？如何选择材料？如何设计照明？或其他方面的特点。如果文章太长了怎么办？

设计说明的字数应 1100~1200 字之间（含空格）。如果第一份草稿太长了，检查每一个句子，看是否能用更简略的语言来陈述。如果这一招不灵的话，接下来你应该把这份草稿扔到一边，依照记忆重写一份简要的设计说明。

设计理念

Design idea

1. 智者说："世上本没有垃圾，只有放错了地方的东西。"

2. 一个好的家居设计方案，能满足使用者的各方面需求。

3. 在一个房间中设计交通流线，以最短的直线穿行为宜，并且让他在与家具之间保留一定距离，这样可以避免房间使用者被穿行者打扰。

4. 著名心理学家柏立纳（Berlyune）通过大量实验及分析指出：不规则性、重复性、多样性、复杂性及新奇性五个因素比较诱发人们的好奇心。

5. 建筑师戴念慈先生认为"建筑设计的出发点和着眼点是内涵的建筑空间，把空间效果作为建筑艺术追求的目标，而界面、门窗是构成空间必要的从属部分。从属部分是构成空间的物质基础，并对内涵空间使用的观感起决定性作用，然而毕竟是从属部分。至于外形只是构成内涵空间的必然结果"。

6. 成为自己的室内设计师。

7. 正如马乔里贝弗林说过的："没有任何设计比室内设计中的要素和原理更加明了，更具活力。"

8. 实体与虚实（空间限定要素）。

9. 超现实不成比例的两件物品造就了戏剧化的空间视觉体验，比如（天壶）。

10. 概念主题的体现。

11. 任何室内空间都是由自身各个不同功能空间组成，我们要分析相互之间关系，主要与次要、相邻与相隔，它们都存在着有机的联系。

12. 所谓捷径效应是指人在穿过某一空间时总是尽量采取最简洁的路线，即使有的因素影响也是如此。帕森和劳密斯对穿过矩形展室的观众所做的观察表明了这一特征。观众在典型的矩形展厅穿过时的行为模式与其在步行街中的行为十分相仿。观众一旦走进展室，就会停在头几件作品前，然后逐渐减少停顿的次数直到完成观赏活动。由于运动的经济原则（少走路），只有少数人完成全部的观赏活动。

13. 养成图形分析的思维方式。设计师都要习惯于用笔将自己一闪即逝的想法落实在纸面上，而且在不断的图形绘制过程中，又会触发新的灵感。这是一种大脑思维形象化的外在延伸，完全是一种个人的辅助思维形式，优秀的设计理念往往就诞生在这种看似纷乱的草图当中。在室内设计领域，图形是专业沟通的最佳语汇，因此掌握图形分析的思维方式就显得格外重要。

14. 优秀的设计需要"减法"，偶然产生的一个奇思妙想，不一定适合当前的设计项目。作为一名设计师，目标是给客户打造一个完整和谐的家，不能生拉硬搬地拼凑。有些想法可以在下一个方案中用上，但也可能永远用不上。

15. 室内设计师就像多面手，而不只是某个细节领域的专家。作为一名专业人员，设计师需要协调团队中的各个专业人士，包括橱柜设计师、衣柜设计师、软装配饰师等其他学科的专家。所以室内设计师必须对每个学科都有足够的知识储备才能协调那些因为分歧而产生的矛盾，同时又要满足客户的要求和维持整个工程的完整性。

室内设计环境要素

Elements of interior design environment

空气环境（通风、冷暖）

知觉与感觉

采光与照明

声音

色彩

安全

环保

室内测量及绘制

Indoor measurement and drawing

量房工具

钢卷尺、靠尺、激光测距仪、相机、纸、笔（最好2种颜色，粗细各一支）。

测量范围包括各个房间的墙和地面的长宽高、墙体及梁的高度和厚度、门窗高度及窗户的台上和台下高度等，所以一定带好足够长的卷尺，一般在5m以上，也可以用激光测距仪。

最好有打印出来的平面户型图，这样更清晰，但要确定户型图和本户型有无差异。如果没有户型图，就需要手绘一份；如果有户型图，最好多带一份，一份画墙体尺寸，一份画厨房和卫生间的上下水位图，以及其他房间的设备和设施。

量房注意事项

（1）在用尺量出具体一个房间的长度、宽度、高度时，高度要紧贴地面测量，长度和宽度要紧贴墙体拐角处测量，还有每个墙体的厚度。

（2）所有的尺寸都分段记录，就像学过的几何一样分割成若干个段，量了之后数据随时记录（举例，一面墙中间有窗户，先量墙角到窗户的距离，再量窗户的宽度，最后量窗户到另一边墙角的距离）。

（3）窗户要把离地高度以及窗户的高度和窗户上沿高度标出来，飘窗还要记录下窗台深度及外墙厚度。

（4）柱子、门洞等的处理方式跟窗户一样，也用数据分开记录，这样平面图出来后就知道确切位置 。

（5）把马桶下水、地漏、面盆下水的位置在平面图中标记出来，以及马桶中心孔距到墙的距离尺寸，这牵扯到买马桶的坑距问题。梁的位置可以在平面图上用双虚线表示。

（6）没有特殊情况，层高基本是一定的，选择客厅和卫生间为宜，一般阳台的高度要单独测量。

（7）测量完毕后复印两份，或者拍照留存。

一般家庭装修测量的内容

（1）毛坯房

首先包括房间的长、宽、高（主要是公共空间的房高，卫生间的房高）；房间门洞的尺寸大小；各房间墙体的厚度；各房间窗户的尺寸大小以及窗户离地面的尺寸；卫生间的上水、下水位置及管道的具体位置，马桶的坑距；厨房烟道位置、煤气表、水表的位置及管道位置；各房间暖气、燃气、空调孔的位置；入口大门的开启方向及尺寸；强电箱和弱电箱的位置，梁的位置及其长、宽、高尺寸；地面是否有高低落差及其尺寸；哪些是承重墙，哪些是非承重墙。

（2）老房改造

平面：包括门、窗、墙身、柱、浴缸、坐便器，以及洗手盆、灶台、阳台、空调等的位置。

立面：包括地板、天花板、窗台、气窗、门、浴缸、坐便器、洗手盆、灶台、阳台、空调等的高度。如所有门窗高度都一样，不需画出每个逐幅立面，只要记录高度即可。

原有水、电、煤气、电视、电话、供应设施的位置。如开关、电视、电话出线口，煤气表、煤气出气口等距地、距墙角的尺寸。

原有的家具、设备（如装修后要继续使用的话），包括款式、尺寸、材料及颜色。

量房的顺序

（1）画完草图开始测量，在测量过程中可以调整草图。

（2）一般首先从入户门开始测量，再按每个房间内顺（或逆）时针方向逐段的测量，依次把尺寸标注在图上相应位置，直至回到入户门另一边。

具体的做法

（1）一把拉尺（钢卷尺，最好是 7.5m 长）或激光测距仪，白纸、几支不同颜色的笔，如铅笔（H B），蓝、红、黑色笔等，还有橡皮。

（2）先在白纸上把要测量的房间画一张平面草图，仅用手画，不要用尺。

（3）墙身要有厚度，门、窗、柱、洗手盆、浴缸、灶台等固定设备要全部画出。草图不必太准确，但不能太离谱，长形不要画成方形，方形不要画成扁形，尽量靠近实际比例。

（4）画完草图开始测量，使用拉尺放在墙边地面测量。在每个房间内顺（或逆）时针方向逐段量下来，依次用蓝色笔把尺寸标注在图上相应位置，房间高度不要漏量。

（5）用同样办法测量立面，即门、窗、空调器、天花板、灶台、面盆柜等高度，并记录下来。

（6）用红色笔在平面图和立面图上标注在原有水电设施位置的尺寸（包括开关、天花灯、水龙头及煤气管的位置，电话及电视出线位置等）。

（7）记录强电及弱电的位置（强电箱、弱电箱）。

（8）记录整个房间的朝向、楼号、单元号及房间号。

把原有图纸放在玻璃窗上，上面在放一张白纸，就可以复制一张原始图纸了。

室内设计风格流派

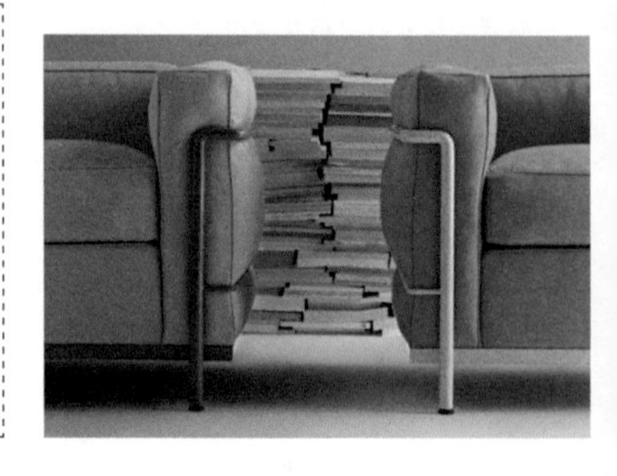

简约
Minimalism

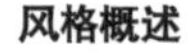

风格概述

简约主义源于20世纪初期的西方现代主义，西方现代主义源于包豪斯，包豪斯学派提倡功能第一的原则。

合理的简化居室，从简单舒适中体现生活的精致，然而，简约家居设计却对设计师提出了更高的要求，简单而又能够传达出丰富，就意味着设计师必须具备赋予简单的东西以丰富内涵的本领，这就需要设计师通过细节的处理来营造一个更具独特设计和精致做工的简约空间。把设计的元素和材料减化到最小程度，简约而不简单，空间设计的元素和材料提倡节省，通过把控设计意图，做到以少胜多的效果，力求拥有一种平衡的居室空间。

设计理念及特点

简约主义的核心是功能，重视功能和空间组织、结构的形式美，其造型简洁，尊重材料本身的性能，自身的质地及色彩配置效果。多采用直线表现形式，在装饰材料的使用上更为大胆和富于创新，通过材料的精巧设计使视觉上更为简练，并保持材料的原始状态。从感觉上尽可能接近材料的本质，在空间的平面设计中追求内外通透、室内空间开敞，不受墙体的约束。

室内界面、家具、饰品等造型简洁，多采用直线，装饰元素少。质地相对单一，工艺精细，任何复杂没有实用功能的装饰都被删减，强调形式应更多地服务于功能。在设计上更加强调功能，强调结构和形式的完整，追求材料、技术、空间的表现深度与精准。

代表国家

德国。

地理位置

德国在世界地图的西北边，德国在欧洲的西北处，法国的东部，波兰的西部，奥地利和瑞士的北部，挪威、丹麦和北海的南部。

气候类型

温带海洋性气候，冬季不冷，夏季不热，年降水量均匀。

代表人物

包豪斯。

色彩

空间简约，色彩就要跳跃出来。苹果绿、深蓝、大红、纯黄等高纯度色彩大量运用，大胆而灵活，不单是对简约风格的遵循，也是个性的展示。也可以单一白和灰为主要色彩，局部搭配一种颜色，并搭配其他颜色家具，表现个性及张力，用来定位空间的情调。

造型

外形简洁，多以直线造型为主，强调室内空间形态和物体的单一性、抽象性，没有功能以外的多余装饰。简约装修强调功能性设计，线条简约流畅，由于线条简单、装饰元素少，现代风格家具需要完美的软装配合，才能显示出美感。

材质

（1）素水泥。
（2）玻璃。
（3）不锈钢。
（4）布艺采用绵、麻、丝。
（5）金属材质。

代表纹样

灵活而不规则构图，直线。

装饰要素

（1）金属灯具。
（2）线条简洁的家具。
（3）素色地毯。

（4）多功能家具。
（5）无主灯设计。
（6）墙面局部色彩点缀。
（7）饰品造型简洁。

北欧

Nordic

风格概述

北欧风格分为三个流派，因为地域不同而有所区分。分别是瑞典设计、芬兰设计和丹麦设计，三个流派统称为北欧风格设计。室内设计的顶、墙、地三个面，完全不用纹样和图案装饰，只用线条、色块来区分点缀。家具形式多样，没有雕花和纹样，简洁大方，功能性强，给人一种宁静和安逸。

设计理念及特点

北欧风格注重人与自然、社会、环境的有机结合，它集中体现了绿色设计、环保设计、可持续发展设计的理念。显示了对工艺传统和天然材料的尊重与偏爱，在形式上更为柔和与有机，因而富有浓厚的人情味。北欧风格注重功能，简化设计，线条简练，多用明快的中性色。

代表国家

挪威、丹麦、瑞典、芬兰、冰岛。

地理位置

北欧西临大西洋，东连东欧，北抵北冰洋，南望中欧。

气候类型

北欧地处北温带向北寒带交界处，大部分地方终年气温较低。

代表人物

凯尔·柯林特、塔皮奥·维卡拉、维纳·潘顿、阿诺·雅各布森、布吉·莫根森。

色彩

黑、白、棕、灰、淡蓝。

造型

尖顶、坡顶、假梁、檩、椽。

材质

（1）木材。
（2）石材。
（3）玻璃。
（4）铁艺。
（5）棉麻地毯。
（6）藤。
（7）柔软质朴的纱麻布品。

代表纹样

不用纹样和图案装饰，只用线条、色块来区分点缀。

装饰要素

（1）墙面大面积素色。
（2）原木色家具。
（3）木材保留天然纹理。
（4）金属及原木灯具。
（5）自然元素饰品。
（6）动物团案地毯。
（7）动物造型墙面挂件。
（8）海洋元素的墙面挂盘。
（9）照片墙。

ROY SCHEIDER
ROY SCHEIDER

中式
Chinese

风格概述

中国古典风格是以宫廷建筑为代表的室内装饰设计艺术风格，气势恢弘、壮丽华贵。造型讲究居中对称，色彩讲究对比，多采用对称的空间构图方式，笔彩庄重而简练，空间气氛宁静而雅致。

装饰材料以木材为主，图案多龙、凤、龟、狮等，精雕细琢、瑰丽奇巧。

中式风格与中国人内在的宗教情结完美地结合在一起，在一些细节的地方勾勒出儒教或禅宗的意境。

设计理念及特点

中国传统的室内设计从室内空间结构来说，以木构架形式为主，以显示主人的成熟稳重。中式建筑的组合方式、信守均衡对称的原则，主要的建筑在中轴上，次要建筑分列两厢，形成重要的院落。而其四平八稳的建筑空间，则反应了中国社会伦理的观念。位于梁柱或垂花与寿梁交角上的近三角形木雕构件，功用有三个：一是缩短梁净跨的长度；二是减少梁与柱相接处的剪力；三是防阻横竖构材间角度的倾斜，由于建筑的特点就决定了中式风格的设计手法。

代表国家

中国。

地理位置

中国位于亚洲东部、太平洋的西岸。

气候类型

中国的气候复杂多样，有温带季风气候、亚热带季风气候、热带季风气候、热带雨林气候、温带大陆性气候和高原山地气候等气候类型，从南到北跨热带、亚热带、暖温带、中温带、寒温带气候带。

代表人物

梁思成。

色彩

红色、黑色、金色、木色、黄色。

造型

中国传统崇尚庄重和优雅，吸取中国传统木构架构筑室内藻井天棚、屏风、隔扇、梁、柱等装饰。雕法则有圆雕、浮雕和透雕。

（1）格扇：一般所指中间镶嵌通花格子门，由一个门扇框组成，直的称边梃，横的称抹头。其中分为三部分：安装透光的通花格子称为格眼或花心；下半部实心木格称为裙板；花心与裙板之间称为环板，常见于神龛的两侧。

（2）博古架：又称多宝格，其上布置丰富的吉祥图案，称为博古图。吉祥图案的题材，大多采自中国神话、历史故事等，其纹样有动物、植物、自然、文字、人物及器物等。

（3）柱子：常雕有各种动物纹样，颜色一般用朱红色。

（4）装饰品：室内陈设包括中式字画、匾幅、挂屏、盆景、瓷器、古玩等。
（5）灯笼：常用纸糊成，有的绘有各种彩画。
（6）雀替：又称为插角或托木，有龙、凤、仙鹤、花鸟、花篮、金蟾等各种形式。

材质

（1）木材。
（2）黄铜。
（3）青石板。
（4）瓷器。

代表纹样

中国传统吉祥图案包括蝙蝠、鹿、鱼、鹊、梅、兰、竹、菊、鸳鸯、松鹤、龙、凤、龟和狮等。

装饰要素

（1）屏风。
（2）天井。
（3）瓷瓶。
（4）窗格。
（5）石雕。
（6）根雕。
（7）中式传统木制家具。
（8）顶棚梁柱。
（9）字画。
（10）盆景。
（11）匾幅。
（12）灯笼。
（13）格扇。

借景是中式设计常用手法。

European

风格概述

欧式风格最早来源于埃及艺术。埃及的末代王朝君主克雷澳帕特拉（著名的埃及艳后）于公元前30年抵御罗马的入侵。之后，埃及文明和欧洲文明开始合源。

欧式风格的居室有的不只是豪华大气，更多的是惬意和浪漫。通过完美的曲线，精益求精的细节处理，带给家人不尽的舒服感觉。

欧式风格是一种追求华丽、高雅的复古风格，家具为古典弯腿式，门、窗漆成白色。擅用各种花饰、壁纸及丰富的木线变化，富丽的窗帘帷幄是欧式传统室内装饰的固定模式，空间环境多表现出华美、富丽及浪漫的气氛。

设计理念及特点

从文艺复兴时期开始，巴洛克艺术、洛可可风格、路易十六风格、亚当风格、督政府风格、帝国风格、王朝复辟时期风格、路易 - 菲利普风格、第二帝国风格构成了欧洲主要艺术风格。这个时期是欧式风格形成的主要时期。

欧式风格多采用曲线趣味、非对称法则，色彩柔和艳丽，崇尚自然的特点。

代表国家

法国。

地理位置

狭义的巴黎市只包括原巴黎城墙内的20个区，面积为105km^2，人口230万。大巴黎地区还包括分布在巴黎城墙周围、由同巴黎连成一片的市区组成的上塞纳省、瓦勒德马恩省和塞纳 - 圣但尼省。巴黎市、上述三个省以及伊夫林省、瓦勒德瓦兹省、塞纳 - 马恩省和埃松省共同组成巴黎大区。

气候类型

属温和的海洋性气候，夏无酷暑，冬无严寒，全年降雨分布均衡，夏秋季稍多，年平均降雨量619mm。

代表人物

无。

色彩

欧式风格的底色大多采用白色和淡色，家具则一般采用白色或深色，但是要成系列，风格统一。同时，一些布艺的面料和质感也很重要，亚麻和帆布的面料不太合时宜，丝质面料是会显得比较高贵。

造型

（1）柱式。
（2）券拱。
（3）穹顶和帆拱。

材质

（1）大理石。
（2）镀金。
（3）石膏。
（4）实木。
（5）青铜。

代表纹样

柱头、阴角线、动物、十字拱、骨架券、双圆心尖拱、尖券、罗马券、穹顶、帆拱。

装饰要素

（1）人物雕像。
（2）壁炉。
（3）水晶灯。
（4）油画。
（5）天花板壁画。
（6）墙板。
（7）壁纸。

日式

Japanese

风格概述

传统的日式风格将自然界的材质大量运用于装修装饰中，不推崇豪华奢侈、金碧辉煌，以淡雅节制、深邃禅意为境界，重视实际功能，能与大自然融为一体，借用外在自然景色，为室内带来无限生机，选用材料上也注重自然质感，以便与大自然亲切交流，其乐融融。在强调空间形态和物体单纯和抽象化的同时，还必须重视空间各物体的相关性，即物与物之间的关系，可分为"物性"与"关系性"两个方面。

设计理念及特点

日式设计风格直接受日本和式建筑影响，讲究空间的流动与分隔，流动则为一室，分隔则分几个功能空间，空间中总能让人静静地思考，禅意无穷。日式室内设计中色彩多偏重于原木色，以及竹、藤、麻和其他天然材料颜色，形成朴素的自然风格。

日式客厅的门为一大重点，多为轨道式，方便开合，合即成秘密空间，开则成公共空间，且具有延伸空间感的作用。最明显的特色表现在地板上，地板通常加以垫高，以区别空间属性并隔绝湿气也兼有收纳功能。天花板大多采用直式排列，木板与木板间留有沟缝，格状装饰也逐渐流行，与格子门相互搭配。墙壁常以简洁手法处理，保持素净的墙面，再根据需要设计储物柜。储物柜色彩也多是原木色或以浅色为主搭配深色。门窗采用格状镶嵌法，并借材质的透光性，向外借光。

空间造型极为简洁，家具陈设以茶几为中心，方便喝茶聊天。墙面上使用木质构件作方格，几何形状与细方格木推拉门、窗相呼应，门窗上多采用樟纸，地台为踏踏米式，上面铺设竹席，空间气氛朴素、文雅柔和。

代表国家

日本。

地理位置

亚洲大陆东岸外的太平洋岛国。西、北隔东海、日本海、鄂霍次克海与中国、朝鲜、韩国、俄罗斯相望，东濒太平洋。

气候类型

温带季风气候和亚热带季风气候。

代表人物

安藤忠雄。

色彩

擅长表现室内饰材的质感与色泽的自然美，讲究构造美。室内环境色彩素洁、淡雅、陈设洗练。颜色多用白色、米色和木色。

造型

（1）月亮门。
（2）木格。

（3）墙裙。
（4）日式推拉格栅。

材质

（1）棉麻布艺。
（2）实木。
（3）半透明樟子纸。
（4）藤编。
（5）硅藻泥。
（6）砂灰墙。

代表纹样

鲤鱼旗、和风御守、招财猫、江户风铃。

装饰要素

（1）枯山水。
（2）低矮家具。
（3）榻榻米。
（4）推拉格子门窗。
（5）日式纸灯。
（6）日式石灯笼。
（7）木制顶灯。
（8）暖帘。
（9）樱花、浮世绘、海浪、富士山图案。
（10）瓷器与木制餐具。
（11）日式屏风。
（12）花道摆件。
（13）茶道摆件。
（14）草编席子。
（15）江户风铃。
（16）鲤鱼旗。
（17）和风御守。
（18）招财猫。

地中海

Mediterranean

风格概述

追求自由、浪漫、自然、轻松的生活方式和生活体验，对海洋风情情有独钟，对于空间的通透性有很好表现。

地中海风格的美，包括“海”与“天”明亮的色彩、仿佛被水冲刷过后的白墙，薰衣草、玫瑰、茉莉的香气，路旁奔放的成片花田色彩，历史悠久的古建筑、土黄色与红褐色交织而成的强烈民族性色彩。

设计理念及特点

室内设计基于海边轻松、舒适的生活体验，少有浮华、刻板的装饰，生活空间处处使人感到悠闲自得。

地中海风格的灵魂，比较一致的看法就是“蔚蓝色的浪漫情怀，海天一色、艳阳高照的纯美自然”。

代表国家

希腊。

地理位置

希腊位于巴尔干半岛的东南端，三面临海，国土的四分之三是山地，海岸线长达 12 000km。希腊面积为 131 944km^2，包括希腊本土、爱琴海和爱奥尼亚海中的诸多岛屿。希腊的地貌具有多样性，有无数的山脉、一望无际的平原，还有珍珠般的海港。

气候类型

希腊位于北半球亚热带，夏季受副热带高气压带的控制，炎热干燥；冬季受西风带控制，温和多雨。因在地中海沿岸此气候类型更显著，故称为地中海气候。

代表人物

阿尔巴罗·西扎。

色彩

地中海风格按照地域出现了 3 种典型的颜色搭配：

（1）蓝与白：这是比较典型的地中海颜色搭配。西班牙、摩洛哥的海岸延伸到地中海的东岸希腊。希腊的白色村庄与沙滩和碧海、蓝天连成一片，甚至门框、窗户、椅面都是蓝与白的配色，加上混着贝壳、细沙的墙面、小鹅卵石地、拼贴马赛克、金银铁的金属器皿，将蓝与白不同程度的对比与组合发挥到极致。

（2）黄、蓝、紫和绿：南意大利的向日葵、南法的薰衣草花海，金黄色与蓝紫色交相呼应，形成一种别有情调的色彩组合，具有自然的美感。

（3）土黄及红褐：这是北非特有的沙漠、岩石、泥、沙等天然景观颜色，再辅以北非土生植物的深红、靛蓝，加上黄铜，带来一种大地般的浩瀚感觉。

造型

（1）拱门。

（2）圆弧形。

（3）半拱及马蹄状的门窗。

材质

（1）马赛克。

（2）鹅卵石。

（3）瓷砖。

（4）贝壳。

（5）玻璃片。

（6）原木。

（7）天然石材。

（8）石板。

代表纹样

连续的拱廊与拱门、海蓝色的屋瓦和门窗。

装饰要素

（1）锻打铁艺家具。

（2）藤制家具。

（3）爬藤类植物。

（4）白灰泥墙。

（5）海蓝色屋瓦。

巴洛克
Baroque

风格概述

16 世纪后期至 17 世纪为欧洲巴洛克样式盛行的时期，是对文复兴样式的变型时期。其打破文艺复兴时代整体的造型形式而进行变化，在运用直线的同时也强调线型流动变化的造形特点，具有过多的装饰和华美厚重的效果。

巴洛克风格发源地是罗马，虽然继承了文艺复兴时期确立起来的错觉主义再现传统，但却抛弃了单纯、和谐、稳重的古典风范，追求一种繁复夸张、富丽堂皇、气势宏大、富于动感的艺术境界。

设计理念及特点

体现优雅与浪漫，突出豪华的感觉，既有浓重的宗教特色，又有享乐主义的色彩，是一种激情的艺术，具有丰富想象力。

概括来说，巴洛克风格强调力度、变化和动感，强调建筑绘画与雕塑以及室内环境等的综合性，突出夸张、浪漫、激情和非理性、幻觉、幻想的特点。打破均衡，平面多变，强调层次和深度。在建筑上重视建筑与雕刻、绘画的综合，此外，也吸收了文学、戏剧、音乐等领域里的一些因素和想象，具有浓重的宗教色彩，优雅而浪漫。

代表国家

意大利。

地理位置

意大利位于欧洲南部，主要由靴子型的亚平宁半岛和两个位于地中海中的大岛——西西里岛和萨丁岛组成。其领土包围着两个袖珍国——圣马力诺和梵蒂冈。 意大利因其拥有美丽的自然风光和为数众多的人类文化遗产而被称为美丽的国度。意大利是世界上高度发达国家之一，是北大西洋公约和欧盟的创始会员国之一。作为地中海沿岸的一个半岛国家，意大利的国土由大陆、半岛以及零散岛屿组成。意大利南北风光绝然不同，北部的阿尔卑斯山区终年积雪、风姿绰约，南部的西西里岛阳光充足而又清爽宜人。

气候类型

意大利大部分地区属亚热带地中海型气候。三面靠海，北部的阿尔卑斯山又阻挡了冬季寒流对半岛的袭击，所以气候温和，阳光充足。

代表人物

贝尔尼尼、波洛米尼。

色彩

金黄色、橙色。

造型

（1）曲面、圆形、椭圆形、梅花形、圆瓣形。

（2）大门两侧用倚柱和扁壁柱。

（3）两对大涡卷柱子。

（4）贵重木材镶边板装饰墙面。

（5）踢脚线重叠。

（6）猫脚家具。

材质

（1）大理石。

（2）宝石。

（3）金。

（4）大型镜面。

（5）石膏泥灰或雕刻墙板。

代表纹样

常见的雕饰图案有不规则的珍珠壳、美人鱼、半人鱼、海神、海马、花环和涡卷纹等。

装饰要素

（1）法国壁毯。

（2）天花板壁画。

（3）椭圆形顶。

（4）蓝青、深绿织物饰面。

（5）家具箔贴面，描金涂漆靠背椅均用涡纹雕饰，采用优美的弯腿，座位靠背用豪华锦锻。

洛可可
Rococo

风格概述

洛可可式风格于18世纪20年代产生于法国并流行于欧洲，以欧洲贵族文化的衰败为背景，表现了没落贵族阶层颓丧、浮华的审美理想和思想情绪。它是在巴洛克式建筑的基础上发展起来的，主要表现在室内装饰上。

设计理念及特点

洛可可风格的基本特点是纤弱娇媚、华丽精巧、甜腻温柔、纷繁琐细、轻盈精致。

室内应用明快的色彩和纤巧的装饰，家具也非常精致而偏于繁琐，不像巴洛克风格那样色彩强烈，装饰浓艳。

天花和墙面有时以弧面相连，转角处布置壁画。为了模仿自然形态，室内建筑部件也往往做成不对称形状，变化万千，但有时流于矫揉造作。

洛可可艺术风格的倡导者是蓬帕杜夫人，她不仅参与军事外交事务，还以文化“保护人”身份，左右着当时的艺术风格。

代表国家

法国。

地理位置

法国位于欧洲西部，西临大西洋，西北面对英吉利海峡和北海，东北比邻比利时、卢森堡和德国，东与瑞士相依，东南与意大利相连，南临地中海并和西班牙接壤。

气候类型

法国大部分地区气候为温带海洋性气候，全年温和多雨，降水分配均匀。法国南部靠近地中海的临海地带受副高压和西风带交替控制，气候特点是夏季炎热少雨，冬季温和多雨；东南部为阿尔卑斯山脉西端，为高山气候，气候特点是气温随高度变化大。

代表人物

弗朗索瓦・布歇。

色彩

室内墙面粉刷喜欢用嫩绿、粉红、玫瑰红等鲜艳的浅色调，线脚大多用金色。

造型

（1）优美的曲线框架。
（2）珍木贴片。
（3）不对称式。

（4）自然界的动植物形象。
（5）叶子和花交错穿插在岩石和贝壳之间。
（6）卷涡、波状和浑圆体。
（7）天花和墙面有时以弧面相连，转角处布置壁画。

材质

（1）镀金。
（2）织锦。
（3）木材。

代表纹样

（1）旋涡、波状和浑圆体。
（2）经常使用玻璃镜、水晶灯等强化效果，岩石和蚌壳为装饰特征。
（3）装饰手法细腻柔美，常常采用不对称手法，喜欢用弧线和S形线，尤其爱用贝壳、旋涡、山石作为装饰题材，卷草舒花，缠绵盘曲，连成一体。

装饰要素

（1）水晶灯。
（2）玻璃镜。
（3）花环、花束、弓箭及贝壳图案纹样。

田园
Pastoral

风格概述

简单地说田园风格就是以田地和园圃特有的自然特征为手段，带有一定程度农村生活或乡间艺术特色，表现出自然闲适的作品或流派。不过这里的田园并非农村的田园，而是一种贴近自然、向往自然的风格。

设计理念及特点

朴实、亲切、实在，回归自然，不精雕细刻。

田园风格注重家庭成员之间的相互交流，注重私密空间与开放空间的相互区分，重视家具和日常用品的实用和坚固。田园风格的家具通常具备简化的线条、粗犷的体积，既简洁明快，又便于打理，自然更适合现代人的日常使用。因此也就造就了田园风格设计在当今时代的复兴和流行。

代表国家

美国。

地理位置

美国位于北半球、西半球，领土位于大洋洲和北美洲上，美国本土东临大西洋、西邻太平洋，阿拉斯加州北临北冰洋，美国本土和加拿大和墨西哥相邻。

气候类型

美国大部分地区属于大陆性气候，南部属亚热带气候。

代表人物

无。

色彩

以白色、粉色、绿色为主。

造型

（1）墙裙。
（2）大自然中的动植物造型。

材质

（1）松木、椿木。
（2）棉、麻等天然制品、手工纺织的尼料。
（3）壁纸。
（4）自然裁切的石材。

代表纹样

碎花、条纹。

装饰要素

（1）风扇灯。
（2）小方格、均匀条纹、碎花、条纹、苏格兰图案。

自然闲适与朴实体现风格精髓。

新古典

Neo classical

风格概述

新古典主义时期开始于18世纪50年代，出于对洛可可风格轻快和感伤特性的一种反抗，也有对古代罗马城考古挖掘的再现，体现出人们对古代希腊罗马艺术的兴趣。这一风格运用曲线曲面，追求动态变化，到了18世纪90年代以后，这一风格变得更加单纯和朴素庄重。

设计理念及特点

“形散神聚”是新古典的主要特点。在注重装饰效果的同时，用现代的手法和材质还原古典气质，新古典具备了古典与现代的双重审美效果，完美的结合也让人们在享受物质文明的同时得到了精神上的慰藉。

讲求风格，在造型设计上不是仿古，也不是复古，而是追求神似。

用简化的手法、现代的材料和加工技术去追求传统式样的大致轮廓特点。

注重装饰效果，用室内陈设品来增强历史文脉特色，往往会照搬古典设施、家具及陈设品来烘托室内环境气氛。

新古典主义的设计风格是经过改良的古典主义风格。体现出欧洲文化丰富的艺术底蕴以及开放、创新的设计思想。

代表国家

法国。

地理位置

法国位于欧洲西部，西临大西洋，西北面对英吉利海峡和北海，东北比邻比利时、卢森堡和德国，东与瑞士相依，东南与意大利相连，南临地中海并和西班牙接壤。

气候类型

法国大部分地区气候为温带海洋性气候，全年温和多雨，降水分配均匀。法国南部靠近地中海的临海地带受副高和西风带交替控制，特点是夏季炎热少雨，冬季温和多雨；法国东南部为阿尔卑斯山脉西端，为高山气候，特点是气温随高度变化大。

代表人物

安德烈·帕拉迪奥。

色彩

白色、金色、黄色及暗红是新古典风格中常见的主色调，少量白色糅合，使色彩看起来更加明亮、大方，整个空间给人以开放、宽容的非凡气度，让人丝毫不显局促。

造型

（1）规整、端庄、典雅。
（2）在造型设计时不是仿古、也不是复古，而是追求神似。
（3）对历史样式用简化的手法。

材质

（1）实木。
（2）石材。
（3）家具封闭漆。
（4）亮粉、金银漆、金属质感材质。

代表纹样

玫瑰、叶形、火炬。

装饰要素

（1）铜灯、水晶宫灯。
（2）古典床头蕾丝垂幔。
（3）石材拼花。
（4）镶花刻金。
（5）镶嵌陶瓷或金属。
（6）壁炉。
（7）罗马古柱。

后现代

Postmodernism

风格概述

由于近代产业革命、工业化大生产所带来的现代主义设计排队装饰，采用大面积玻璃幕墙、室内外光洁的四壁，这些简洁的造型使“国际式”建筑及其室内设计千篇一律。久而久之，人们对此感到枯燥、冷漠和厌烦，为了突破，人们又向另一个极端发展。20 世纪 60 年代以后，后现代主义应运而生并受到欢迎。

后现代主义强调建筑的复杂性与矛盾性；反对简单化、模式化；讲求文脉，追求人情味；崇尚隐喻与象征手法；大胆运用装饰和色彩，提倡多样化和多元化。在造型设计的构图理论中吸收其他艺术或自然科学概念，用各种刻意制造矛盾的手段，如断裂、错位、扭曲、矛盾共处等，把传统的构件组合在新的情境之中，让人产生复杂的联想。

设计理念及特点

一反现代主义“少就是多”的观点，使建筑及室内设计和造型特点趋向繁多和复杂，强调象征隐喻的形体特征和空间关系。

设计时用传统建筑或室内元件（构件）通过新的手法加以组合，或者将建筑或室内元件与新的元件混合、叠加，最终表现了设计语言的双重译码和含混的特点。

大胆运用图案装饰和色彩。

在设计构图时往往采用夸张、变形、断裂、折射、错位、扭曲、矛盾共处等手法，构图变化的自由度大。

室内设置的家具、陈设艺术品往往被突出其象征隐喻意义。

代表人物

20 世纪 70 年代初，由理查德·迈耶尔（Richard Meier）、彼得·艾森曼（Peter Eiseman）、迈克尔·格雷夫斯（Michael Graves）、约翰·格瓦斯梅（Charles Gwathmey）组成一个松散的学术团体，他们成为后现代主义设计的早期代表人物。此外，后期还有汉斯·霍莱因、斯特恩（Robert A.M. Stern）查尔斯·摩尔、德国的翁格斯（Oswald Mathias Ungers）和史密斯（Thomas Gordon Smith）以及由意大利一批前卫设计师组成的“孟菲斯集团”。

西方现代主义建筑大师
Western modernist architect

室内设计流派在很大程度上与建筑设计流派在美学观点上是一致的，在表现形式和表现手法上也有许多相近之处。尽管如此，由于室内设计是在建筑的内部空间进行的，因此，它又有不同的表现特点和内容。

勒·柯布西耶（1887—1965）

勒·柯布西耶（Le•Corbusier）是现代建筑运动的代表人物，也是20世纪最重要的建筑师之一。从20年代开始，直到去世为止，他不断以新奇的建筑观点和建筑作品，以及大量未实现的设计方案使人感到惊奇。勒·柯布西耶是现代建筑师中的一位狂飚人物。

20世纪20年代初期，他在《走向新建筑》一书中否定了19世纪以来因循守旧的建筑观点以及复古主义和折衷主义的建筑风格，强烈主张创造表现新时代的新建筑。他在书中给住宅下了一个新的定义："住房是居住的机器"。他极力鼓吹用工业化的方法大规模地建造房屋。在建筑设计方法问题上，勒·柯布西耶提出：平面是由内到外开始的，外部是内部的结果。在建筑形式方面，他赞美简单的几何形体，同时又强调建筑的艺术性，并强调一个建筑师不是一个工程师，而是一个艺术家。

像大多数外国现代建筑师一样，勒·柯布西耶做得最多的是小住宅设计。20世纪20年代勒·柯布西耶就自己的住宅设计得出了新建筑的五个特点：

（1）底层的独立支柱。房屋的主要使用部分放在二层以上，下面全部或部分地腾空，留出独立的托柱。
（2）屋顶花园。意图是恢复被房屋占据的地面。
（3）自由的平面。由于把承重柱与分割空间的墙体脱离而实现。
（4）横向长窗。小平条形窗或落地窗。
（5）自由的立面。相当于垂直面上的自由平面。

在勒·柯布西耶的理论中，另一个要素是"模数"（modulor），一个以人体和黄金分割为基础的建筑比例尺度。

进入20世纪后半期，勒·柯布西耶的注意力更多地集中到建筑形式方面。他热心于在建筑设计中表现"纯粹心灵的创造"。他从在建筑中追求"机器美学"转而向地方民间建筑（主要是地中海地区的）中汲取灵感，在建筑艺术中追求粗犷、原始的怪异情调。

如果说勒·柯布西耶前期的建筑包含着较多的理性主义和现实主义的成分，那么，他后期的作品则带有浓厚的浪漫主义和神秘主义倾向。

华特·格罗皮乌斯（1883—1969）

从20世纪30年代起，华特·格罗皮乌斯（Walter Gropius）已经成为世界上最著名的建筑师之一，是公认的新建筑运动的奠基者和领导人之一。

他提出建筑要随着时代向前发展，必须创造这个时代的新建筑，早在1910年，他就主张建立用工业化方法供应住房的机构。他提出用相同的材料和工厂预制构件可建造多种多样的住宅，既经济，质量又好。这说明了格罗皮乌斯的远见，在半个世纪以前他就抓住了建筑发展的这一趋势。

格罗皮乌斯促进了建筑设计原则和方法的革新，同时创造了一些很有表现力的新建筑手法和建筑的新语汇。在法古斯工厂（Faguswerk）的设计和建造中，格罗皮乌斯采用了：

（1）非对称的构图，平面布置和体型主要依据生产上的需要。
（2）简洁整齐的墙面，外挂金属板和玻璃墙面。
（3）没有挑檐的平屋顶。
（4）取消柱子的建筑转角。

通过精确的不含糊的形式，清新的对比，各种部件之间的秩序，形体和色彩的匀称与统计表来创造自己的美学章法。这是社会的力量与经济所需要的。

密斯·凡德罗（1886—1970）

密斯（Mies Vander Rohe）的贡献在于他长年专注地探索钢框架结构和玻璃这两种现代建筑手段在建筑设计中应用的可能性，尤其注重于发挥这两种材料在建筑艺术造型中的特性和表现力。他指出：“必须了解，所有的建筑都和时代紧密联系，只能用活的东西和当代的手段来表现，任何时代都不例外。”他把工厂的型钢和玻璃提高到和古代建筑中的柱式和大理石同样重要的地位。他运用钢和玻璃发展了建筑空间的处理手法。密斯通过简捷明快的墙面处理，灵活多变的流通空间，把钢和玻璃同传统的砖木和大理石结合的经验等，成为现代建筑师广泛应用的手法。密斯通过他的钢与玻璃的建筑，为在现代建筑中技术与艺术的统一做出了成功的榜样。这是他的主要贡献。

他感兴趣的所谓结构逻辑性（结构的合理运用及其忠实表现）和自由分隔空间在建筑造型中的体现。这种结构—空间—形式的见解，发展成为专心讲求技术上的精美的倾向，其特点是全部用钢和玻璃来建造，构造与施工非常精确，内部没有或很少有柱子，外形纯净与透明，清澈地反映着建筑的材料、结构及其内部空间。他指出：“当技术实现了它的真正使命，就升华为建筑艺术。”

他提出的“少就是多”的建筑处理原则，其具体内容主要寓意于两个方面：一是简化结构体系，精简结构构件，以形成没有屏障或屏障极少的、可作任何用途的建筑空间；二是净化建筑形式，精确施工，使之成为不附有任何多余东西的、只是由直线和直角组成的规整和纯净的钢和玻璃方盒子。

以“全面空间”“纯净形式”和“模数构图”为特征的设计方法与手法，被密斯广泛套用到各种不同类型的建筑中去。

弗兰克·劳埃德·赖特（1869—1959）

赖特（Frank Lloyd Wright）是20世纪建筑界的一个浪漫主义者和田园诗人。

赖特是公认的20世纪最有创造才能的美国建筑大师。他说：“我们能找到自然生物潜在的演变规律作为一切优秀建筑的基本原理。”他写道：“人们自己也是这些自然规律的产物。”他深信这一原理不仅是有机的，而且是永恒的。他奋斗一生，全力探索这一原理，并把他根据这一原理设计的建筑物称为“有机建筑”。

赖特从自然界生物的结构与形式中汲取了丰富的创作源泉。他使用天然材料，使建筑与自然融为一体，成为自然环境不可分割的部分。赖特刻意追求有机建筑的结果，在建筑中发展许多新的空间观念和新的处理手法，对20世纪的新建筑做出了伟大的贡献。

赖特早在1910年就在住宅中按地形、朝向、景观和功能等要求，发展了在地面上，以不同方向自由伸展和灵活开放的平面，成为美国住宅建筑中最早的特点。赖特首次打破了盒子式房间的界限，并把室内空间引向室外，使室内外连成一片，成为建筑历史上闻名的流动空间。他用改变层高或随地面坡度改变标高，以及用屏风分隔等手法划分使用性质，使一个单一的空间，根据使用者的需要，具有多种功能服务。

随着空间的流通，也相应产生了许多室内处理问题。赖特不断探索墙面、窗户、门洞和天花之间的连接及其构造方式。他运用不同性质的材料、砖砌壁炉、浅色墙面、深色木隔断，互相结合，形成丰富多彩的室内装修。他把粗石墙从室外引入室内当作壁炉，造成浓郁的乡土气息。他把流动空间中不同层高的平顶与不同标高地面延伸为不同高度的平面，增加了室内层次和变化，大大丰富了室内空间。这些不同高度的平面，伸出室外就变成与自然环境密切结合的出檐、挑台、外廊和平台。

色彩与空间

色彩的基本常识

Basic knowledge of color

“四季色彩理论”“十二季色彩理论”是当今国际时尚界十分热门的话题,“四季色彩理论”由色彩“第一夫人”美国的卡洛尔·杰克逊女士发明，并迅速风靡欧美，后由佐藤泰子女士引入日本，不过“四季色彩理论”只适用于白种人。玛丽·斯毕兰女士在1983年把原来的四季理论根据色彩的冷暖、明度、纯度等属性扩展为“十二色彩季型理论”，而刘纪辉女士引进并制定的黄种人十二色彩季型划分与衣着风格单位标准已成为世界人种色彩季型划分与形象指导的国际标准，填补了世界人种色彩形象指导理论的空白。

17 世纪后半期，为改进刚发明不久的望远镜的清晰度，牛顿从光线通过玻璃镜的现象开始研究。1666 年，牛顿进行了著名的色散实验，他将一房间关得漆黑，只在窗户上开一条窄缝，让太阳光射进来并通过一个三角形挂体的玻璃三棱镜。结果出现了意外的奇迹：在对面墙上出现了一条七色组成的光带，而不是一片白光，七色按红、橙、黄、绿、青、蓝、紫的顺序一色紧挨一色地排列着，极像雨过天晴时出现的彩虹。同时，七色光束如果再通过一个三棱镜还能还原成白光。这条七色光带就是太阳光谱。对于色彩的研究，来自 18 世纪的科学家牛顿真正给予科学揭示后，色彩才成为一门独立的学科。

牛顿通过大量的科学研究成果告诉人们，色彩是以色光为主体的客观存在，对于人则是一种视像感觉，产生这种感觉基于三种因素：一是光；二是物体对光的反射；三是人的视觉器官——眼。即不同波长的可见光投射到物体上，有一部分波长的光被吸收，另一部分波长的光被反射出来刺激人的眼睛，经过视神经传递到大脑，形成对物体的色彩信息，即人的色彩感觉。

国家标准对颜色的定义为：色是光作用于人眼引起除形象以外的视觉特性（GB5698-85）。

形成色彩的三要素为：光源、物体、观察者。光是产生颜色的条件之一，没有光，就没有颜色。

按照颜色的色相、明度和彩度特征，人们将颜色进行有序排列，赋予与之相应的编号和标记，制作出完整的颜色图册和色立体，使之成为颜色的标准体系。在这类颜色表色体系中，代表性的有孟塞尔表色体系、NCS 体系、PCCS 体系、奥斯特瓦尔德表色系统等，目前国际上已广泛采用这些颜色系统作为分类和标定色彩的方法。

孟塞尔色立体是由美国教育家、色彩学家、美术家孟塞尔创立的色彩表示法。它的表示法是以色彩的三要素为基础。色相称为 Hue，简写为 H；明度叫做 Value，简写为 V；纯度为 Chroma，简写为 C。色相环是以红 R、黄 Y、绿 G、蓝 B、紫 P 心理五原色为基础，再加上它们中间色相，橙 YR、黄绿 GY、蓝绿 BG、蓝紫 PB、红紫 RP 称为十色相，排列顺序为顺时针。再把每一个色相详细分为 10 等份，以各色相中央第 5 号为各色相的代表，色相总数为 100。

不同的光和色产生丰富的色彩变化。

奥斯特瓦德色立体是由德国科学家，伟大的色彩学家，诺贝尔奖获得者奥斯特瓦德创造的。奥斯特瓦德色立体的色相环，是以赫林德生理四原色黄、蓝、红、绿为基础，将四色分别放在圆周的四个等分点上，成为两组补色对。再在两色中间依次增加橙、蓝绿、紫、黄绿四色相，合计 8 色相，然后每一色相再分为三色相，成为 24 色相的色相环。取色相环上相对的两色在回旋板上回旋成为灰色，所以相对的两色为互补色。

三原色

绘画色彩中最基本的颜色为三种，即红、黄、蓝，称之为原色。这三种原色颜色纯正、鲜明、强烈，而且这三种原色本身是调不出的，但是它们可以调配出多种色相的色彩。

间色

有两个原色相混合得出的色彩，如黄调蓝得绿、蓝调红得紫。

复色

将两个间色（如橙与绿、绿与紫）或一个原色与相对应的间色（如红与绿、黄与紫）相混合得出的色彩称为复色，复合色包含了三原色的成分，成为色彩纯度较低的含灰色彩。

色彩与形态

色彩在空间中重要性、在空间起到的重要性

如何呈现（通过什么介质）

色彩表现形式

色彩性格与空间风格

色彩与材质的关系

色彩与光的关系

色彩与文化的关系（老人、儿童、青年等人群）

地域文化、现代、时尚文化

人文关系（比如海归）

有品味的设计效果

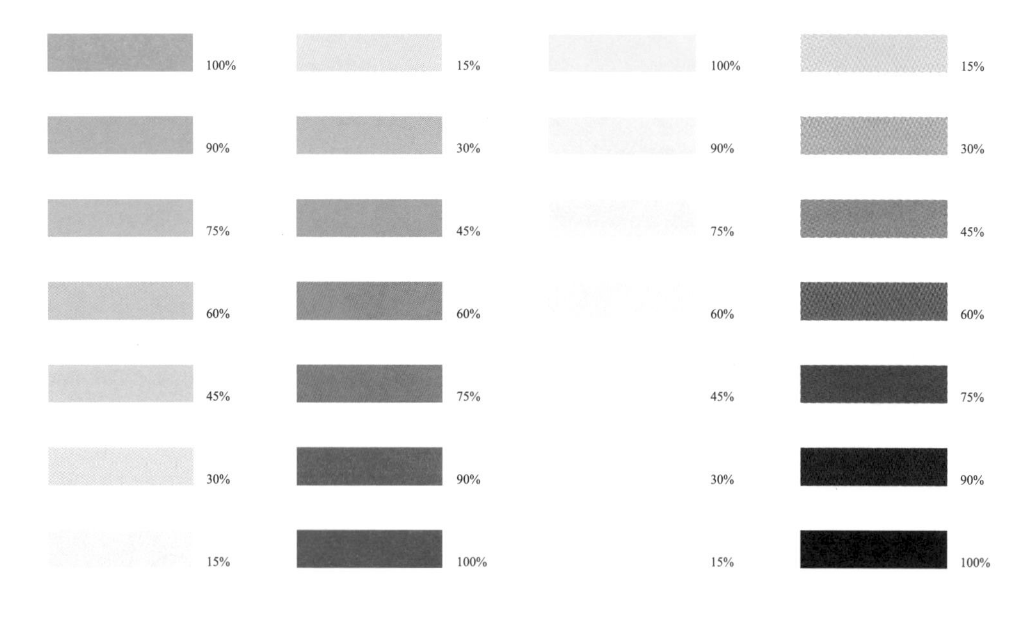
C
M
Y
K
100%
90%
75%
60%
45%
30%
15%
15%
30%
45%
60%
75%
90%
100%
100%
90%
75%
60%
45%
30%
15%
15%
30%
45%
60%
75%
90%
100%

减法混色是指颜料与颜料的混合叠加原理。其原理为物体表面吸收白光可见光光谱的颜色部分。主要应用在实际事物的颜色上，墙面漆、布艺等。

light!

加法混色是指色光的混合原理。添加新的光谱区段可以得到混合的色彩。RGB模式下的红、绿、蓝三原色通常应用于电视显示屏或视频投影仪这类显像设备中。

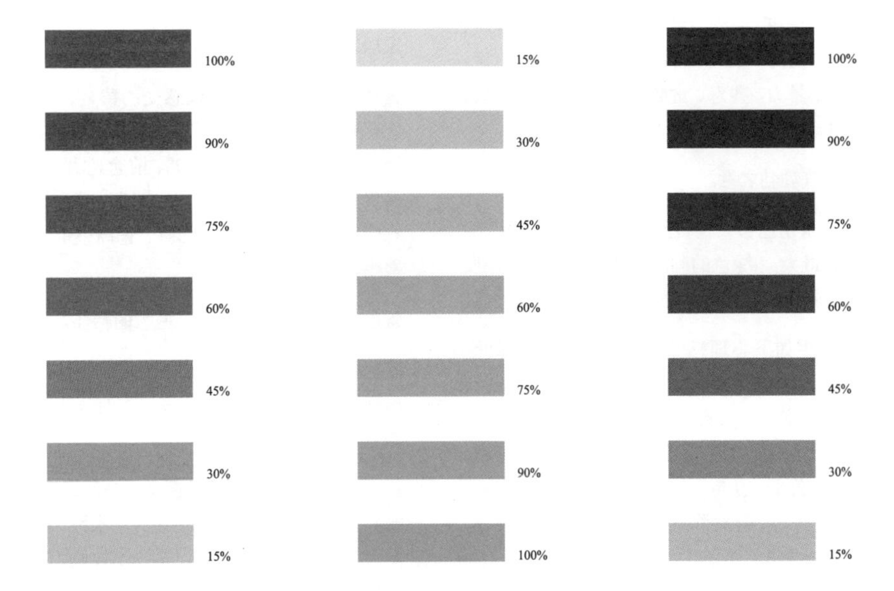
R
G
B
100%
90%
75%
60%
45%
30%
15%
15%
30%
45%
60%
75%
90%
100%
100%
90%
75%
60%
45%
30%
15%

色彩心理效果解析

Color mind effect analysis

当您准备装饰布置居室时，对色彩的搭配应以适应您的感受为前提，因为我们周围的环境和自然界的色彩是非常丰富多彩的，人们会对各种颜色产生不同的心理生理反应。

红色代表喜气、热情、大胆进取。红色系对心理能产生很大的鼓舞作用。

红色使人产生如下心理感受：热的、活泼的、宽大的、引人注目、辣辣的、令人疲劳、不透明、健康的、血、热闹、圣诞节、太阳、口红、共产党、干燥、喜气洋洋、结婚、愉快、热情、热心、热爱、艳丽、危险、火灾、权势、活力、幸福、吉祥、丰富、野蛮、忠诚、大方、革命、暴力、残忍、贪婪、愤怒、浪漫、开放、庄重、公正、激昂、恐怖。

绿色则有生气勃勃之意。

绿色多数是植物色彩。在自然界中除了天与海，绿色所占面积最大。 绿色的刺激和明度均不高，性质极为温和，属于中性偏冷的色彩，多数人喜好此色。

绿色使人产生如下心理感受：草木、草坪、绿叶、公园、绿地、田园、自然、新鲜、未成熟、羞涩的、平静、安逸、安心、安慰、舒服、远望、健全、有生物、永远、活的、和平、有保障、有安全感、可靠、信任、实在、公平、互惠、理智、理想、亲情、满足、保守、清闲、安息、能解除疲劳、纯真、中庸、纯朴、解放、平凡、卑贱。

黄色一向被用来代表财富、温馨。

黄色系是具有最亮彩系的色彩，也是与纯色和一般其他的色彩感情区别最大的色系。它包括金黄、藤黄、柠檬黄、米黄、蛋黄、土黄等色彩。黄色系明度高，最引人注目，但在暖色系中较温和，刺激性不大，所以给人带来中和的感觉。

古代帝王的服饰和宫殿常用此色，能给人以高贵、娇媚的印象，可刺激精神系统和消化系统，还可使人们感到光明和喜悦，有助于提高逻辑思维的能力。如果大量使用金黄色，容易出现不稳定感，引起行为上的任意性。因此黄色最好与其他颜色搭配用于家居装饰。

黄色使人产生如下心理感受：黄金、日光、金光、香蕉黄、木瓜黄、向日葵、光辉、刺眼、明朗、快活、健康、有自信、可发展、前途光明、希望、荣誉、高贵、贵重、有价值、大方、大胆、进取向上、财富、有信用、大地、增加、膨胀、德高望重、富于心计、警惕、猜疑。

蓝色使人联想到大海和人博大的胸怀。

蓝色是一种令人产生遐想的色彩，还具有调节神经、镇静安神的作用。蓝色还表示秀丽清新、宁静、忧郁、豁达、沉稳。

蓝色使人产生如下心理感受：幽静、深远、冷郁、安静、优雅、理智、安详、洁净、永恒、清爽、明朗、博大、深沉、广阔、忧郁、安全、权威、大海、天空、平静、忠贞、深远、悲伤、春天、和平、水、宇宙、青春、遐想、潇洒哦、飘逸、向上。

紫色，给人的感觉似乎是沉静的、脆弱纤细的，总给人无限浪漫的联想，追求时尚的人最推崇紫色。

紫色是中性色之一，它的视认性不如注目性，即视觉效果不如感受效果大。女性尤其是成熟的女性，更适宜使用紫色系。它是女性最喜欢的颜色之一，具有成熟老练的特征。

紫色使人产生如下心理感受：朝霞、紫云、化妆品、少妇、舞池、咖啡屋、艺术性、优美、情调、神秘、神圣、创新、高贵、娴淑、风韵、大方、娇媚、温柔、表现、丰富、昂贵、自傲、奢侈、华丽、粉饰、骄傲、美梦、虚幻、气氛、肃穆、向往、信守、恋爱、魅力、疼爱、浪漫的、虔诚、贞操、权威、雍容神秘、独特。

黑白色是装修时永不过时的颜色，代表时尚简洁。

黑色在心理上是一种很特殊的色彩（属无彩色），它本身无刺激性，但是可以与其他色彩搭配而增加刺激。黑色不但代表无光的夜晚，也可代表休息、一切超脱的境界。黑色具有明度要素的变化，可以加进各种不同色相里，使其色彩、纯度、明度降低。

黑色系使人产生如下心理感受：黑夜、黑布、墨水、黑炭、黑发、乌鸦、丧服、礼服、尼姑、葬仪、黑暗、不吉利、死罪、不正当、结实、坚硬、信仰、虔诚、沉默、静止、绝望、悲哀、严肃、死亡、污泥、虚无、阴间、黑猫、恐怖、解脱、北方、刚正、铁面无私、忠义憨直、粗莽、黑暗时代。

白色是中性色（属无彩色），除了温度心理外，从明视度及注目性上说，它是高而活泼的色彩，尤其是在配色上，白色的地位很高，具有能普遍参与色彩活动的特性。它的反射率最高，对生理和心理的刺激很大。白色虽然没有色相和纯度上的变化，但因反射率的不同，也会产生偏冷或偏暖的感觉，或是通过对比产生补色倾向。

白色系使人产生如下心理感受：白纸、白云、白墙、白布、白色衣服、白宫、清洁、明快、卫生、洁白、清白、明快、处女、纯粹、真理、朴素、纯洁、正直、神圣、廉洁、安静、平等、正义感、光明、恬静、清净、冰冷淡薄、不争、失败、同情、空白、节欲、坦白、西方、凶神、白眼、白皮书、白面书生。

灰色系代表高级。

灰色是种地道的中性色彩，它是由黑色加白色产生的浅黑色。它的视认性和注目性都很低，而且色彩性质比较顺从，其作用是不但不干涉其他色彩，还易于和其他色彩混合在一起，并且具有协调其他色彩的作用。灰色的色彩从浅灰色到暗灰色，层次变化很多，其色彩感觉各异。

灰色使人产生如下心理感受：阴天、水沟、水泥墙、炭灰、灰尘、阴影、烟幕、乌云、浓雾、灰心、平凡、无聊、模棱两可、消极、无奈、无主观、谦虚、粗糙、颓丧、晦气、暖昧、死气沉沉、遗忘、随便、顺服、中庸、老人。

总之，我们在考虑房间的色彩处理时，一定要熟悉一般的色彩心理效果，同时对色彩的生活效果也应引起注意。这样，您的房间才会既典雅、温馨，又有益于身心健康。

色彩的黄金法则

The golden rule of color

1. 色彩的黄金法则 60∶30∶10

这是一个很基本的法则。设计师都知道 60∶30∶10，主色彩是 60% 的比例，次要色彩是 30% 的比例，辅助色彩是 10% 的比例。对于室内空间，墙壁用 60% 的比例，家居床品、窗帘之类就是 30%，那么 10% 就是小的饰品和艺术品。这个法则是黄金法则，在任何时间任何地方都是非常准确的。

这个法则在后面讲到的很多法则都可以用到，世界最好的设计基本上都脱离不了这个法则，这是很简单的道理，但我们往往都会忽略它。其实 60∶30∶10 多少也是受到了自然界的启发。我想在我们整个生涯中，旅行就是最好的色彩课。

2. 选择配色方案

选择配色方案，一般有两种选择，一种是补色的搭配，一种是类色的搭配。学过美术的人都知道，色盘上面，两个颜色相对的就是补色的搭配，类似的颜色就是同类色的搭配。一般在需要营造那种活泼的有动感的空间时，选择红与绿、蓝与绿。那么类似色是相近的，比如黄与绿、蓝与紫。

3. 勿忘黑色

现在我们看到很多所谓现代简约风格都会利用黑色，但是要灵巧地运用黑色，而不是用太多黑色。黑色能够让任何一个色彩看起来干净，但它本身并不是一个重点，它能够给家庭营造一种对比平衡。比如巧妙地运用一把黑色的椅子，白色花瓶作为点缀，效果是十分不错的。

4. 听从自然的教导

我们生活在地球上，多看看地球上的大地和群山的颜色，是给我们最好的提示。

5. 从图案中提取色彩

在做室内设计时，最好是在家里面寻找一个比较突出的饰品，哪怕是一个配饰，突出的饰品要有色彩，黑色或是白色，其他的色彩最好是围绕它来展开。

6. 流动色彩

即一个色彩，一套房子里面，各个房间让一个色彩在不同空间不断重复，当然是重复在不同的物品上来，这叫流动色彩。

7. 色彩的反差

它指的是色彩，应该是叫色度，它不仅仅是指深浅问题，就是说当颜色对比越强烈的时候，它给人更加正规的感觉，一般用到客厅、餐厅，需要跟外面的人见面的时候，比较适合。如果色差比较小，比较接近，就适合于比较轻松、随意的空间，像卧室里面不要用色差很大的色彩，那样会让人很难安静下来。

8. 触动人心的色彩

色彩会直接或间接地影响人的情绪、精神和心理活动，应用到室内装饰中，色彩的功能就是能满足视觉享受，调节人们心理情绪，调节室内光线强弱，体现人们的生活习惯。人类都会对颜色有感觉，蓝色会使人想到天空，黄色会让人联想到太阳等等。室内设计中，要把对色彩的感觉考虑进去，这是让很多设计师容易忽略的一点。

9. 色彩的季节性

以秋天的色彩为例，所谓秋天的色彩，秋天是万物开始进入冬季的过渡，所以它是一个萧瑟的，不适于活动的、生长的环境，如果你希望家庭拥有这种让人安静的氛围，用秋天的色彩，类似芥末黄、褐色这种比较老气的颜色，很适合卧室、书房。而春天是万物生长的季节，所以春天色彩的颜色自然也是鲜明、醒目、充满活力的。它适合的空间比如餐厅，用春天的色彩，粉红色、果绿色，给人的感觉很活泼。色彩的季节性也是自然的法则之一。

10. 光与色彩

家的每一个空间在不同的季节中，根据它所处的位置，功能会有所不同。白天大部分通过自然光来照明，晚上则以人工照明为主，如果空间处在南向就是以自然光为主，处在北向主要以折射光为主。把一个色彩或一个物质放到阳光下和白炽灯下都不同。

室内色彩搭配原则

Indoor color matching principle

1. 空间配色不得超过三种，其中白色、黑色不算。

2. 金色、银色可以与任何颜色相陪衬，金色不包括黄色，银色不包括灰白色。

3. 在没有设计师指导的情况下，家居最佳配色灰度是：墙浅，地中，家具深。

4. 厨房不要使用暖色调，黄色色系除外。

5. 不要深绿色的地砖。

6. 坚决不要把不同材质但色系相同的材料放在一起，否则，会有一半的机会犯错。

7. 想制造明快现代的家居氛围，那么就不要选用那些印有大花小花的东西（植物除外），尽量使用素色的设计。

8. 当墙面的颜色为深色时，天花板必须采用浅色。天花板的色系只能是白色或与墙面同色系。

9. 空间非封闭贯穿的，必须使用同一配色方案；不同的封闭空间，可以使用不同的配色方案。

在一般的室内设计中，都会将颜色限制在三种之内。当然，这不是绝对的。由于专业的室内设计师熟悉更深层次的色彩关系，用色可能会超出三种，但一般只会超出一种或两种。

限制三种颜色的原则：

1. 三种颜色是指在同一个相对封闭空间内，包括天花板、墙面、地面和家具的颜色。客厅和主人房可以有不同配色，但如果客厅和餐厅是连在一起的，则视为同一空间。

2. 白色、黑色、灰色、金色、银色不计算在三种颜色的限制之内。但金色和银色一般不能同时存在，在同一空间只能使用其中一种。

3. 图案类以其呈现色为准。办法是，眯着眼睛看即可看出其主要色调。但如果一个大型图案的个别色块很大的话，同样得视为一种色。

室内色彩搭配原理

Indoor color matching theory

1. 防止色彩太多

应该先少用几种颜色，然后再慢慢增加。如果对整体设计没把握，就从小型的空间着手或采取以点带面的方法，比如围绕自己最喜欢的一幅画或是一款家具为中心，看看什么颜色搭配起来比较和谐。

2. 多用中性色

中性色是含大比例黑或白的色彩，如沙色、石色、浅黄色、灰色和棕色，这些色彩能给人宁静的感觉，因此常常被用作背景色。

3. 注意阳光朝向

缺乏阳光的朝东、朝北房间应多用明亮的浅色。日照长的朝南、朝西房间应用冷色。

4. 上浅下深

浅色感觉轻，深色感觉重。房间颜色应上浅下深过渡渐变。不妨把屋顶和墙壁刷成白色、米黄色等浅色系，墙裙加深一些，家具颜色更深一些。这样给人感觉十分稳定和谐。

5. 按空间大小

狭窄、低矮的房间应用冷色系扩大空间感，过大的房间可使用暖色系来变得紧凑。

6. 按功能选色

客厅使用乳白色、米黄色、浅驼色等中性色是不错的选择。卧室不宜大红、明黄等刺激神经的颜色，也不应用过深、过冷等令人压抑的颜色。厨房和卫生间铺上浅淡明亮的瓷砖，给人清爽、洁净的感觉。橙色有刺激食欲的作用，不妨在进食区充分利用。

7. 侧重色彩

对大面积地方选定颜色后，可用一种比其更亮或更暗的颜色以示渲染，如用于线角处。侧重色彩用于有装饰线的小房间或公寓，更能相映成趣。

8. 色调平衡

对比色彩的成功运用依赖于良好的色调平衡。室内装修颜色搭配的一种应用广泛的做法是：大面积使用一种颜色——冷色，然后用少量的暖色平衡。反之，以暖色为主，冷色点缀，效果同样理想，尤其是在较阴暗的房间里，这种设计更为合适。

9. 互补色的运用

把红和绿、蓝和黄这样的两种颜色安排在一起，能产生强烈的对比效果。这种配色方案可使房间显得充满活力、生机勃勃，但一定要注意比例。

10. 单一色的搭配

室内装修颜色搭配最好是用同一种基本色下的不同色度和明暗度的颜色进行搭配，可创造出宁静、协调的氛围，同时选用一个对比的元素增加视觉趣味。

11. 黑白灰的运用

黑色、白色和灰色搭配往往效果出众。棕、灰等中性色是近年来装修中很流行的颜色，这些颜色很柔和，不会给人过于强烈的视觉刺激，是打造素雅空间的色彩高手。但为避免过于僵硬、冷酷，应增加木色等自然元素来软化，或选用红色等对比强烈的暖色，减弱原来的效果。

12. 类似色的运用

类似色则是色彩较为相近的颜色，它们不会互相冲突，这些颜色适用于客厅、书房或卧室。为了色彩的平衡，应使用相同饱和度的不同颜色。

主要空间配色原则

Main color matching principle

1. 卧室的色彩

卧室是人们睡眠休息的地方，对色彩的要求较高，不同年龄对卧室色彩要求差异较大。儿童卧室，色彩以明快的浅黄、淡蓝等为主。到青年期时，男女特征表现明显，男性青少年宜以淡蓝色的冷色调为主，女性青少年的卧室最好以淡粉色等暖色调为主；新婚夫妇的卧室应该采用激情、热烈的暖色调，颜色浓重些也不妨碍。中老年的卧室，宜以白、淡灰等色调为主。

2. 厨房的色彩

厨房是制作食品的场所，颜色表现应以清洁、卫生为主，应以白、灰色为主。地面不宜过浅，可采用深灰等耐污性好的颜色，墙面宜以白色为主，便于清洁整理，顶部宜采用浅灰、浅黄等颜色。

3. 餐厅的色彩

餐厅是进餐的专用场所，也是全家人汇聚的空间，在色彩运用上应根据家庭成员的爱好而定，一般应选择暖色调，突出温馨、祥和的气氛，同时要便于清理。餐厅的地面宜采用深红、深橙色装饰。墙壁的色彩可以较为多样化，一种设计是对比度大，反映家庭个性；另一种设计是选择平淡，以控制情绪为主。

4. 客厅的色彩

客厅是全家展示性最强的部位，色彩运用也最为丰富，客厅的色彩要以反映热情好客的暖色调为基调，并可能有较大的色彩跳跃和强烈对比，突出各个重点装饰部位。色彩浓重，才能显得高贵典雅。地面宜选用深红、黑等重颜色；墙面宜根据家庭的爱好，一般以选用红、紫、黄等颜色为主；顶部的色彩则依靠金黄色的装饰灯及其光线构造出富丽堂皇的色彩效果。客厅的色彩变化，很大程度上依赖家具色彩的变化来实现，在选择客厅沙发、陈列柜等家具时，宜选择色彩对比度大的，并要求其饰面色彩较为丰富。例如，在黑色地面上安放浅黄色沙发，沙发布艺又是以绿色为主的多色彩图案，装饰效果就会十分突出。

5. 书房的色彩

书房是认真学习、冷静思考的空间，一般应以蓝、绿等冷色调的设计为主，以利于创造安静、清爽的学习气氛。书房的色彩绝不能过重，对比反差也不应强烈，悬挂的饰物应以风格柔和的字画为主。一般地面宜采用浅黄色地板，墙和顶都宜选用淡蓝色或白色。

6. 卫生间的色彩

卫生间是洗浴、盥洗、洗涤的场所，也是一个清洁卫生要求较高的空间，在色彩上有两种形式供选择：一种是以白色为主的浅色调，地面及墙面均以白色、浅灰等颜色做表面装饰；另一种是以黑色为主的深色调，地面、墙面以黑色、深灰色做表面装饰。两种效果各有特点，第一种简明、轻松，一般家庭选择的较多；第二种稳重、气派、个性强，思想活跃的人比较喜爱。

自然光与人工光源照射出来的效果是不一致的。

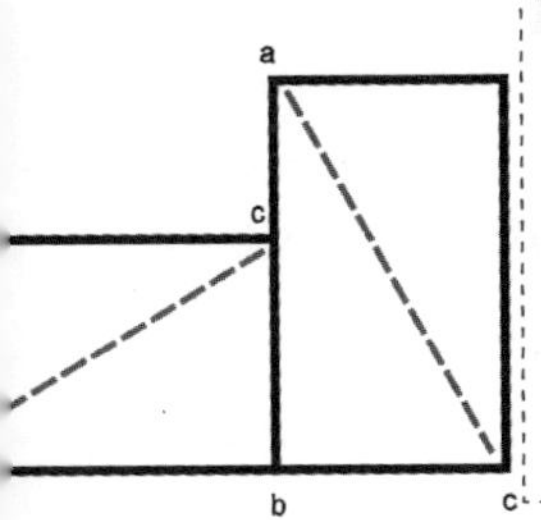

黄金分割

Golden section

黄金矩形

体现了黄金分割比例，是一种富有视觉美感的表现形式。

黄金分割方法

黄金分割的画法如下：如下图 a 所示，先画一个正方形，正方形的底边为长段，将正方形一分为二，以得出的矩形的对角线作半径画弧至至水平面，对角线与水平线相交的端点与正方形之间的线段构成黄金分割中的短段。

黄金分割线还可以以等腰三角形得出。如图 b 所示，以正方形的一个边为底边，以对边的中点为顶点，作一个等腰三角形，再在该等腰三角形中作一个内切圆，则该等腰三角形的底边的高线以黄金分割法被划分为短段和长段。

黄金分割

是一种划分比例，例如，两种尺寸之间的关系。若将线段（ac）一分为二，长段（ab）与短段（bc）之比例等于整段（ac）与长段（ab）之比例，则称此划分方法为黄金分割。

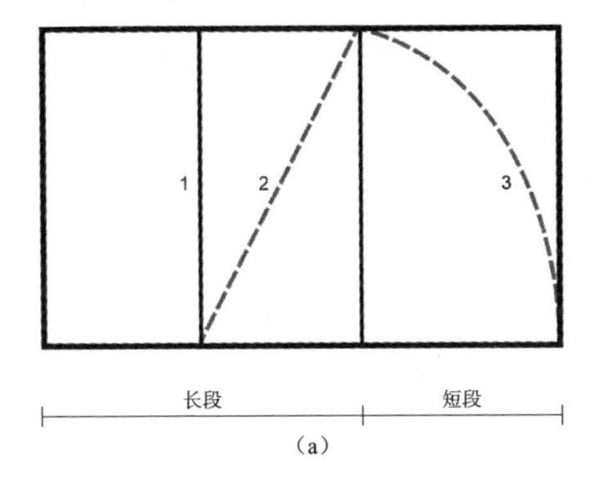

（a）

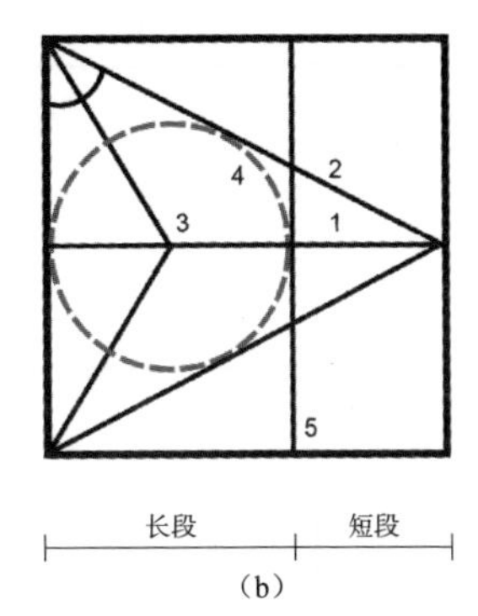

（b）

DIN 德国标准学院格式 / 分割法

DIN 德国标准学院格式是一种不同的比例划分规则。它基于如下矩形形式：当一个矩形的面积被二等分或是乘以二时，其边长比将保持不变。

假设初始矩形面积为 1m²,（DIN AO=1）, 以 DIN 法分割得出的矩形边长比率恒为 $1:2\sqrt{2}$, 即 1:1.41421356237309504880168872420 97……

世界格式

另一种分割法为世界格式，方法为按次序加倍 DIN 格式的比率：1:1.414、1.414:2、2:2.828、4:5.675 …… 90.5:128。

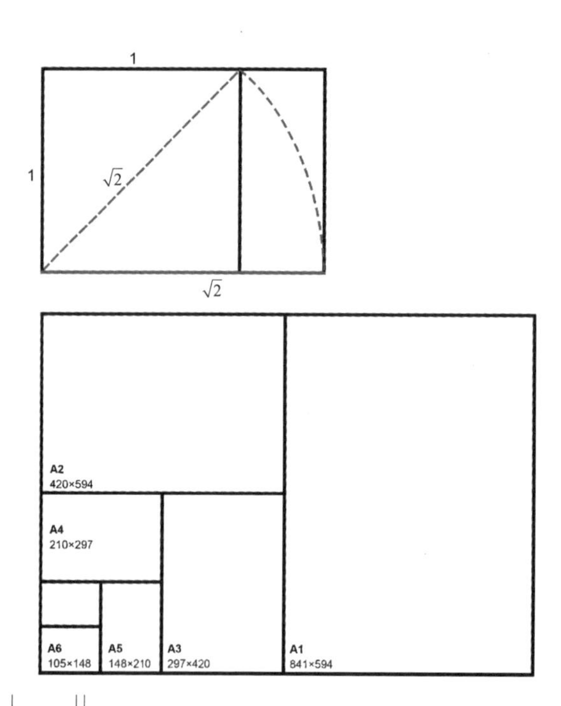

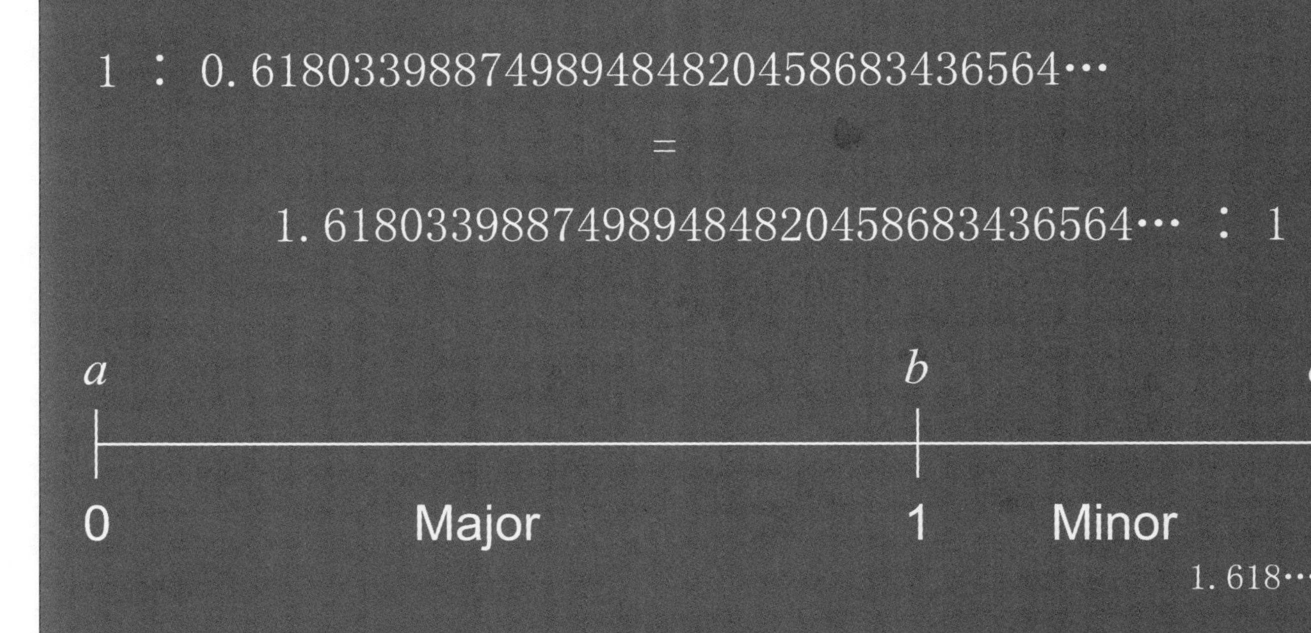
1 : 0. 61803398874989484820458683436564…
=
1. 61803398874989484820458683436564… : 1
a
b
c
0
Major
1
Minor
1. 618…

三角构图法

Trigonometric composition method

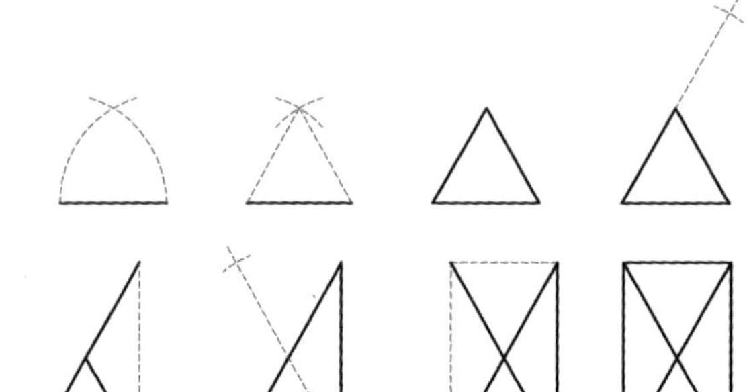

等腰三角形的内角度数取决于其各边长。另一方面，内角为 60° 的等边三角形从来都是非常实用的。

以圆弧作图法可以很容易地画出三角形，两个三角形可以构成一个矩形。早在古代，这种方法就被用于测绘建筑平面图。

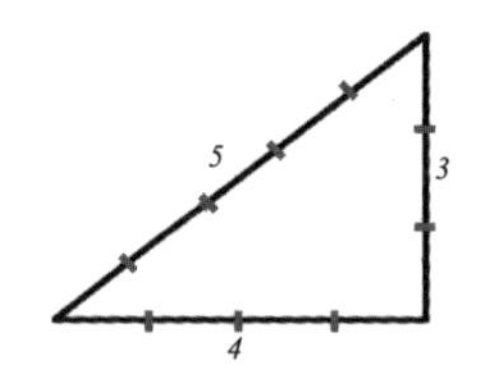

毕达哥拉斯三角形提供了另一种构画直角三角形的方法。

通过 3∶4∶5 的边长比，你总能画出一个直角三角形。

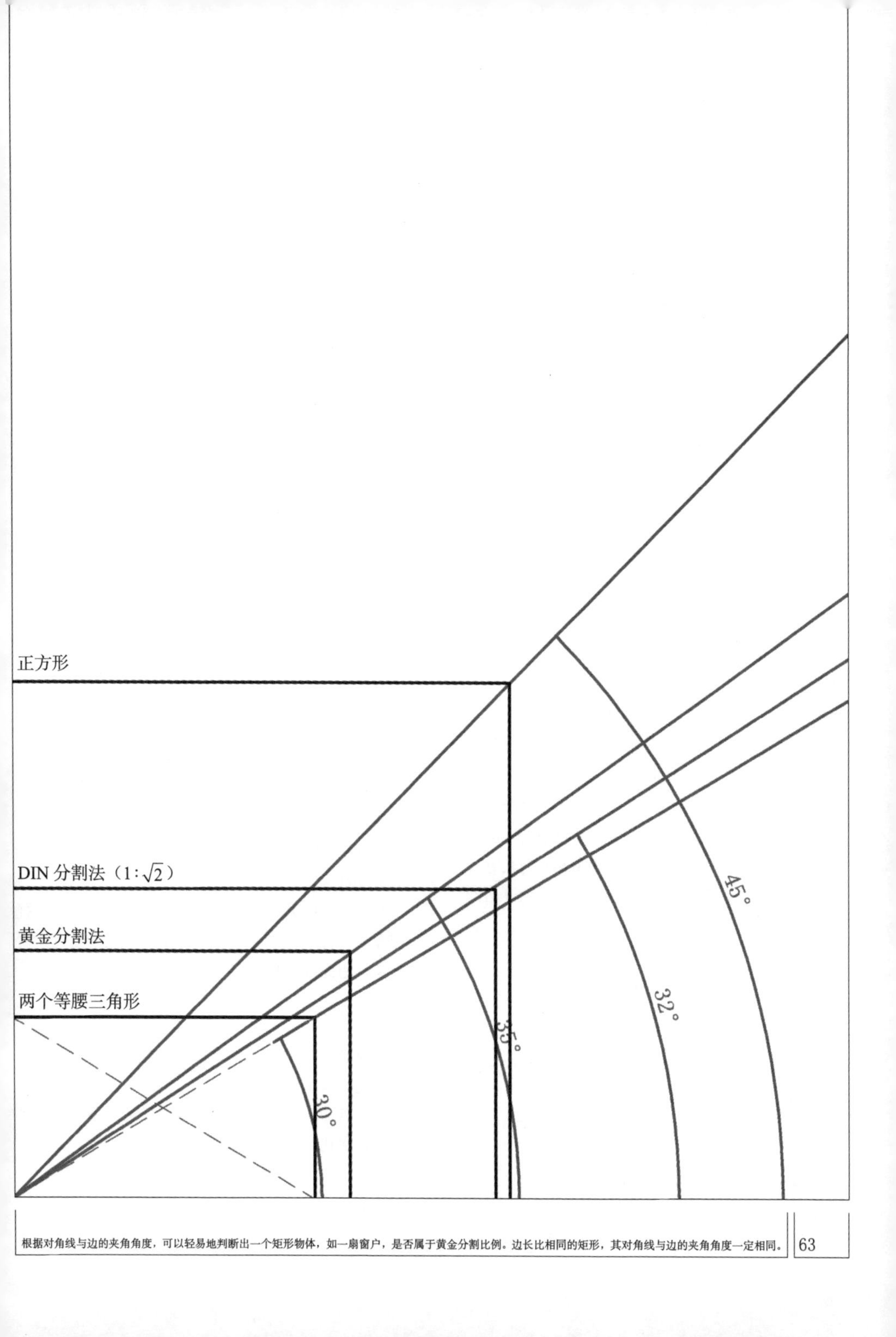

根据对角线与边的夹角角度，可以轻易地判断出一个矩形物体，如一扇窗户，是否属于黄金分割比例。边长比相同的矩形，其对角线与边的夹角角度一定相同。

人体黄金分割

Golden section of human body

人体黄金分割，是指人体经脐部，下、上部量高之比，小腿与大腿长度之比，前臂与上臂之比，以及双肩与生殖器所组成的三角形等都符合黄金分割定律，即 1∶0.618 的近似值。

黄金分割律

黄金分割律是公元前 6 世纪古希腊数学家毕达哥拉斯所发现，后来古希腊美学家柏拉图将此称为黄金分割。这其实是一个数字的比例关系，即把一条线分为两部分，此时长段与短段之比恰恰等于整条线与长段之比，其数值比为 1.618∶1 或 1∶0.618，也就是说长段的平方等于全长与短段的乘积。0.618，以严格的比例性、艺术性、和谐性，蕴藏着丰富的美学价值。

在研究黄金分割与人体关系时，发现了人体结构中有 14 个“黄金点”(物体短段与长段之比值为 0.618)，12 个“黄金矩形”（宽与长比值为 0.618 的长方形）和 2 个“黄金指数”(两物体间的比例关系为 0.618)。

黄金点

（1）肚脐：头顶－足底之分割点。
（2）咽喉：头顶－肚脐之分割点。
（3）、（4）膝关节：肚脐－足底之分割点。
（5）、（6）肘关节：肩关节－中指尖之分割点。
（7）、（8）乳头：躯干乳头纵轴上之分割点。
（9）眉间点：发际－颏底间距上 1/3 与中下 2/3 之分割点。
（10）鼻下点：发际－颏底间距下 1/3 与上中 2/3 之分割点。
（11）唇珠点：鼻底－颏底间距上 1/3 与中下 2/3 之分割点。
（12）颏唇沟正路点：鼻底－颏底间距下 1/3 与上中 2/3 之分割点。
（13）左口角点：口裂水平线左 1/3 与右 2/3 之分割点。
（14）右口角点：口裂水平线右 1/3 与左 2/3 之分割点。

面部黄金分割律面部三庭五眼黄金矩形

（1）躯体轮廓：肩宽与臀宽的平均数为宽，肩峰至臀底的高度为长。
（2）面部轮廓：眼水平线的面宽为宽，发际至颏底间距为长。
（3）鼻部轮廓：鼻翼为宽，鼻根至鼻底间距为长。
（4）唇部轮廓：静止状态时上下唇峰间距为宽，口角间距为长。
（5）、（6）手部轮廓：手的横径为宽，五指并拢时取平均数为长。
（7）、（8）、（9）、（10）、（11）、（12）上颌切牙、侧切牙、尖牙（左右各三个）轮廓：最大的近远中径为宽，齿龈径为长。

黄金指数

（1）反映鼻口关系的鼻唇指数：鼻翼宽与口角间距之比近似黄金数。
（2）反映眼口关系的目唇指数：口角间距与两眼外眦间距之比近似黄金数。

0.618，作为一个人体健美的标准尺度之一，是无可

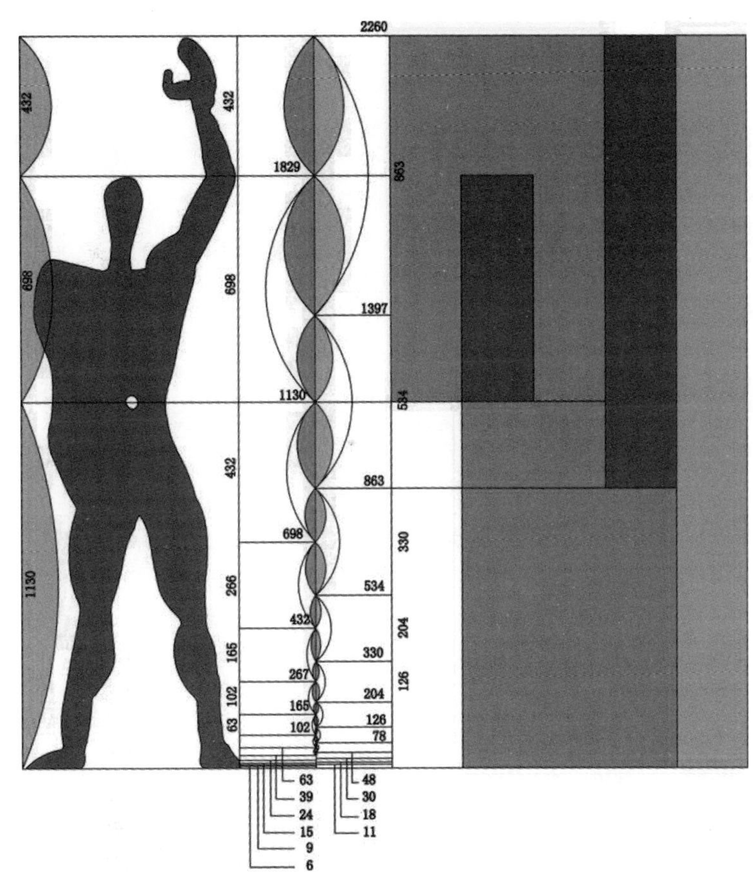

非议的，但不能忽视其存在着“模糊特性”，它同其他美学参数一样，都有一个允许变化的幅度，受种族、地域、个体差异的制约。

比例关系

比例关系是用数字来表示人体美，并根据一定的基准进行比较。用同一人体的某一部位作为基准，来判定它与人体比例关系的方法被称为“同身方法”。

包括为三种：系数法，常指头高身长指数，如画人体有坐五、立七，即身高在坐位时为头高的 5 倍，立位时为 7 或 7.5 倍；百分数法，将身长视为 100%，身体各部位在其中的比例，主要用在美术作品中；两分法，即把人体分成大小两部分，大的部分从脚到脐，小的部分为脐到头顶。标准的面型，其长宽比例协调，符合三庭五眼。三庭是指脸型的长度，从头部发际到下颏的距离分为三等分，即从发际到眉、眉到鼻尖、鼻尖到下颏各分为一等分，各称一庭共三庭。五眼是指脸型的宽度，双耳间正面投影的长度为五只眼裂的长度，除眼裂外、内此间距为一眼裂长度，两侧外眦角到耳部各有一眼裂长度。

人体测量的内容

Contents of anthropometry

1. 人体构造尺寸

主要指人体的静态尺寸。包括头、躯干、四肢等在标准状态下测得的尺寸。在环境设计中应用最多人体构造尺寸有身高、坐高、臀部至膝盖的长度、臀部宽度、膝盖高度、大腿厚度、坐姿时两肘之间的宽度等。

2. 人体功能尺寸

这个尺寸指的是人体的动态尺寸，这是人体活动时所测得的尺寸。由于行为目的不同，人体活动状态也不同，故测得的各个功能尺寸也不同。

3. 人体重量

测量人体重量可以使我们更为科学地设计人体支撑物和工作面的结构。对于室内设计来说，与重量有关的主要包括地面、椅面、床垫等结构的强度。

4. 人体推拉力

测量人体推拉力的目的在于合理地确定把手的开启力和家具抽屉的重量，进而科学地设计家具及五金构造。

室内设计常用人体尺寸的应用

（1）身高。
（2）眼睛高度。
（3）肘部高度。
（4）挺直坐高。
（5）肩宽。
（6）两肘之间宽度。
（7）臀部宽度。
（8）肘部平放高度。
（9）大腿高度。
（10）膝盖高度。
（11）臀部、膝腿部长度。
（12）臀部、膝盖长度。
（13）垂直手握高度。
（14）侧向手握距离。
（15）平躺翻身距离。

人体工程学

Ergonomics

人体工程学也称为人类工程学，是第二次世界大战后发展起来的一门新学科，以实测、统计、分析为基础的研究方法。主要功能用于通过对生理和心里的正确认识，使室内环境因素适应人类生活活动的需要，进而达到提高室内环境质量的目标。人体工程学研究系统中人、机、环境三大要素之间的关系，“人”是指作业者或使用者，人的心里和生理特征以及人适应环境的能力和环境因素对人工作、生活的影响，是研究的主要对象。“机”是指系统，是人体工程学最重要的概念和思想。“环境”是指周围对人产生的影响，如噪声、照明、气温。

人体工程学研究的主要内容包括：

（1）人体特性的研究，包括人体比例、心理学、生理学和解剖学。

（2）人机系统的整体研究。

（3）环境的安全性和舒适性的研究。

人体工程学与室内设计的关系，强调“以人为本”。

人们开始对人体尺寸感兴趣并发现人体各部分相互之关系可追溯到2000年前。公元前1世纪，罗马建筑师维特鲁威就从建筑学的角度对人体尺寸进行了较完整的论述，并且发现人体基本上是以肚脐为中心。一个男人挺直身体、两手侧向平伸的长度恰好就是其高度，双足和双手的指尖正好在以肚脐为中心的圆周上。按照维特鲁威的描述，文艺复兴时期的达芬奇创作了著名的人体比例图。

人体工程学尺寸

Ergonomic dimensions

常用家具尺寸

（1）衣柜：深度 600 ~ 650mm；推拉门宽度 700mm；衣柜门宽度 400 ~ 650mm。

（2）推拉门：宽度 750 ~ 1500mm；高度 1900 ~2400mm。

（3）矮柜：深度 350~ 450mm；柜门宽度 300 ~600mm。

（4）电视柜：深度 450 ~ 600mm；高度 600 ~ 700mm。

（5）单人床：宽度 900mm、1050mm、1200mm；长度 1800mm、1860mm、2000mm、2100mm；高度 450mm。

（6）双人床：宽度 1350mm、1500mm、1800mm；长度 1800mm、1860mm、2000mm、2100mm。

（7）圆床：直径 1860mm、2125mm、2424mm（常用）。

（8）室内门：宽度 800mm、950mm；高度 1900mm、2000mm、2100mm、2200mm、2400mm。

（9）厨卫：宽度 800mm、900mm；高度 1900mm、2000mm、2100mm。

（10）窗帘盒：高度 120~180mm；深度 120mm（单层布），160 ~ 180mm（双层布）。

（11）衣架高：高度 1800mm。

（12）书柜：长度 1500mm；高度 1800mm。

（13）酒吧台：长度 1200mm；高度 1000mm。

（14）办公桌：长度 1800mm；高度 800mm。

（15）写字台：长度 1200mm；高度 750mm。

（16）沙发

①单人式：长度 800 ~ 950mm；深度 850 ~ 900mm；坐垫高 350 ~ 420mm，背高 700 ~ 900mm。

②双人式：长度 1260 ~ 1500mm；深度 800 ~ 900mm。

③三人式：长度 1750 ~ 1960mm；深度 800 ~ 900mm。

④四人式：长度 2320 ~ 2520mm；深度 800 ~ 900mm。

⑤办公椅：高度 450mm。

⑥餐椅：高度 450mm。

⑦酒吧凳：高度 650mm。

（17）小型茶几

①长方形：长度 600 ~ 750mm；宽度 450 ~ 600mm；高度 380 ~ 500mm（380mm 最佳）。

②正方形：长度 450 ~ 750mm；高度 380 ~ 500mm。

（18）中型茶几

①长方形：长度 1200 ~ 1350mm；宽度 380 ~ 500mm 或 600 ~ 750mm；高度 430 ~ 500mm。

②正方形：长度 750 ~ 900mm；高度 430 ~ 500mm。

（19）大型茶几

①长方形：长度 1500 ~ 1800mm；宽度 600 ~ 800mm；高度 330 ~ 420mm（330mm 最佳）。

②圆形：直径 750mm、900mm、1050mm、1200mm；高度 330 ~ 420mm。

③方形：宽度 900mm、1050mm、1200mm、1350mm、1500mm；高度 330 ~ 420mm。

（20）书桌

①固定式：深度 450 ~ 700mm（600mm 最佳）；高度 750mm。

②活动式：深度 650 ~ 800mm；高度 750 ~ 780mm；此外，书桌下檐离地至少 580mm。

（21）餐桌：高度一般为 750 ~780mm；西式餐桌的高度 680 ~ 720mm

①方桌的宽度规格一般有 1200mm、900mm、750mm 三种。

②长方桌的宽度规格一般有 800mm、900mm、1050mm、1200mm 四种；长度规格一般有 1500mm、1650mm、1800mm、2100mm、2400mm 五种。

（22）圆桌：直径规格一般有900mm、1200mm、1350mm、1500mm、1800mm五种。

（23）书架

①上下一致型：深度250～400mm（每一格）；长度600～1200mm；高1800mm。

②上大下小型：下方深度350～450mm；高度800～900mm；高1800mm。

（24）活动未及顶高柜：深度450mm；高度1800～2000mm。

（25）木隔间墙厚：60～100mm。

墙面尺寸

踢脚板高：80～200mm。

墙裙高：800～1500mm。

挂镜线高：1600～1800mm（画中心距地面高度）。

卫生间

浴缸：长度规格一般有1220mm、1520mm、1680mm；宽度750mm；高度450mm。

坐便：长度750mm；宽度420mm。

冲洗器：长度690mm；宽度350mm。

淋浴器高：2100mm。

化妆台：长度1350mm；宽度450mm。

电热水器水口距地高度1700mm。

燃气热水器水口距地高度1300mm。

上进水洗衣机出水口距地高度1200mm。

淋浴器出水口距地高度1200mm。

淋浴出水口距地高度1100mm。

拖布池出水口距地高度550mm。

柱盆出水口距地高度500mm。

洗衣机要考虑是上排水还是下排水。

马桶出水口距地高度200mm。

坐便：长度730mm；高度450mm。

妇洗器：长度540mm；高度450mm。

灯具尺寸

大吊灯最小高度：2400mm。

壁灯高：1500～1800mm。

反光灯槽最小直径：等于或大于灯箱直径两倍。

壁式床头灯高：1200～1400mm。

照明开关高：1000mm。

电路

（1）挂壁空调插座底边距地的高度为1900mm。

（2）挂式消毒柜：高度1900mm。

（3）照明开关高：高度1300mm。

（4）开关板底边距地：高度1300mm。

（5）洗衣机：高度1000mm。

（6）厨房插座：高度950mm。

（7）双控开关距地高度：850mm。

（8）壁挂电视电源位距地：650mm。

（9）电源插座和弱电插座：300mm。

（10）吸油烟机插座距地：2100mm。

（11）冰箱插座距地：300mm。

（12）微波炉插座距地：1800mm。

（13）烤箱插座距地：300mm。

（14）蒸箱插座距地：900mm。

（15）壁扇插座距地：1500mm。

（16）空调柜机插座距地：300mm。

卫生间五金配件安装位置

（1）浴巾架距地：1700～180mm。

（2）浴帘挂钩距地：1900 ～2000mm。

（3）晒衣绳距地：900～2000mm。

（4）浴衣挂钩距地；1750～1850mm。

（5）杯架距地：1050～1250mm。

（6）马桶刷架距地：350～450mm。

（7）纸巾盒距地：750～900mm。

（8）卷纸盒距地：750～900mm。

（9）干手机距地：1200～1400mm。

（10）出纸器距地：1100～1250mm。

（11）扶手距地：500～680mm。

（12）肥皂盒距地：550～680mm。

（13）毛巾环距地：900～1200mm。

（14）化妆镜距地：1400～1600mm。

（15）纸巾盒距地：1100～1250mm。

（16）电话箱距地：1100～1300mm。

（17）角台距地：1100～1300mm。

（18）平台距地：1100～1300mm。

（19）皂液器距地：1000～1200mm。

（20）干发器距地：1400～1600mm。

（21）美发器距地：1400～1600mm。

影响睡眠的主要因素
Major factors affecting sleep

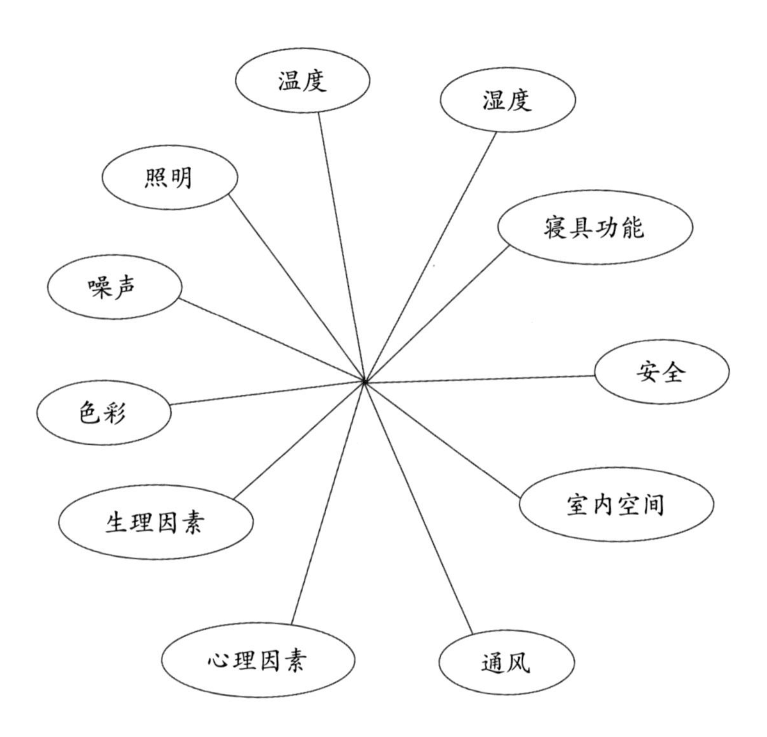

人体感觉系统

Human sensory system

1. 神经系统

人对外界的刺激作出相应的反应，通过反射传入神经元和中枢系统，刺激信号转化为指令信号，通过传出神经元到达效应器官而发生作用。一般的反射活动在脊椎上完成，大脑皮层产生高级反射，有意识和思维的功能，皮层的各个区域根据管理不同的功能分为视觉区、听觉区、嗅觉区、语言区、躯体感受区、躯体运动区等各个小区。大脑对人体的管理是一个倒置关系，即左半大脑控制右半身的运动，右半大脑控制左半身运动。大脑上部控制人的下半身，而下半个大脑则相反，控制上半身运动。大脑的左半球偏重语言功能，逻辑的、分析的和抽象的概念；右半球偏重非语言的、综合的、整体的、空间和形象的思维。左脑是串行的、线性的、收敛的；右脑是并行的、整体的、发散的。

2. 视觉生理

视觉器官是眼睛，它是人体最精密、最灵敏的感觉器官。我们接受到的外界信息 80% 是由眼睛来感知的。眼睛的构造包括眼球、眼眶、结膜、外眼肌等组成部分。眼球直径约 25mm，重量为 7g 左右。

3. 听觉生理

听觉器官是耳朵，它包括外耳、中耳和内耳三部分。外耳由耳廓和外耳道组成，耳廓负责收集声波，外耳道是声音传入中耳的通道。中耳包括鼓膜、鼓室和听小骨几个部分，听小骨能把鼓膜的震动波传到内耳，在传导的过程中声音信号被放大十多倍，使人们可以听到轻微的声音。内耳由耳蜗、前庭和半规管组成，结构复杂而精细，当声音振动波由听小骨传入耳蜗后，基底膜便把这种机械震动传给听觉细胞，产生神经冲动，再由听觉细胞把这种冲动传到大脑皮层的听觉中枢，形成听觉，人们就能听见来自外界的各种声音。

4. 嗅觉

鼻子是人体的嗅觉器官，依靠嗅觉可以辨别各种气味，也能察觉到空气中的粉尘及有害气体。人的鼻子由外鼻、鼻腔与副鼻窦组成，由骨和软骨作支架。外鼻的上端为鼻根，中部为鼻背，下端为鼻尖，两侧扩大为鼻翼。鼻腔被鼻中分割成左右两半，内衬黏膜。由鼻翼围成的鼻腔分为鼻前庭，生有鼻毛，可以阻挡灰尘吸入。人的鼻子能辨别出 200 种不同的气味，但鼻子闻一种气味时间过长，由于嗅觉中枢的疲劳，反而会感觉不到原来的气味，这种现象我们成为嗅觉疲劳。

5. 肤觉

皮肤是人体面积最大的结构之一，具有各种机能和较高的再生能力，它是人体重要的肤觉和触觉器官。皮肤由表皮、真皮及皮下组织等三个主要的层和皮肤衍生物（如汗腺、毛发、指甲等）组成。皮肤具有散热和保温的作用，具有呼吸功能。皮肤还具有人体防卫功能，它使人体表面有了一层具有弹性的脂肪组织，缓冲人体受到的碰撞，防止内脏和骨骼受到外界的直接侵害。

制 图

CAD

CAD

1. 基本要求

（1）所有设计师设计的图纸都要配备图纸封皮、图纸说明及图纸目录。

①图纸封皮须注明工程名称、图纸类别（施工图、竣工图、方案图）及制图日期。

②图纸说明须对工程进一步说明，包括工程概况、工程名称、建设单位、施工单位、设计单位或建筑设计单位等。

（2）每张图纸须编制图名、图号、比例及时间。

（3）打印图纸须按需要的比例出图。

2. 常用制图方式

（1）常用比例：1∶1，1∶2，1∶3，1∶4，1∶5，1∶6，1∶10，1∶15，1∶20，1∶25，1∶30，1∶40，1∶50，1∶60，1∶80，1∶100，1∶150，1:200，1∶250，1∶300，1∶400，1∶500。

（2）线型：

①粗实线：0.3mm，平、剖面图中被剖切的主要建筑构造的轮廓线（建筑平面图），室内外立面图的轮廓线，建筑装饰构造详图的建筑物表面线。

②中实线：0.15~0.18mm，平、剖面图中被剖切的次要建筑构造的轮廓线，室内外平顶、立、剖面图中建筑构配件的轮廓线，建筑装饰构造详图及构配件详图中一般轮廓线。

③细实线：0.1mm，填充线、尺寸线、尺寸界限、索引符号、标高符号及分格线。

④细虚线：0.1~0.13mm，室内平面、顶面图中未剖切到的主要轮廓线，建筑构造及建筑装饰构配件不可见的轮廓线，拟扩建的建筑轮廓线，外开门立面图开门表示方式。

⑤细点划线：0.1~0.13mm，中心线、对称线、定位轴线。

⑥细折断线：0.1~0.13mm，不需画全的断开界线。

3. 打印出图笔号 1~10 号线线宽设置

1 号 红色 0.1mm；

2 号 黄色 0.1~0.13mm；

3 号 绿色 0.1~0.13mm；

4 号 浅蓝色 0.15~0.18mm；

5 号 深蓝色 0.3~0.4mm；

6 号 紫色 0.1~0.13mm；

7 号 白色 0.1~0.13mm；

8、9 号 灰色 0.05~0.1mm；

10 号 红色 0.6~1mm；

10号特粗线：立面地坪线、索引剖切符号、图标上线、索引图标中表示索引图在本图的短线。

4. 剖切索引符号

（1）m：Φ12mm（在 A0、A1、A2、图纸）。

（2）m：Φ10mm（在 A3、A4 图纸）。

（3）特粗线到索引线为剖视方向。

（4）A：字高 5mm（在 A0、A1、A2、图纸）字高 4mm（在 A3、A4 图纸）。

（5）B-01：字高 3mm（在 A0、A1、A2、图纸）字高 2.5mm（在 A3、A4 图纸）。

（6）A 为索引图号，B-01 为索引图纸号，B-01 为“”

表示索引在本图。

5. 平、立面索引符号

（1）m：Φ12mm（在 A0、A1、A2 图纸）。
（2）m：Φ10mm（在 A3、A4 图纸）。
（3）A1~A4：字高 4mm（在 A0、A1、A2 图纸）字高 3mm（在 A3、A4 图纸）。
（4）B-01~B-04：字高 2.5mm（在 A0、A1、A2 图纸）字高 2mm（在 A3、A4 图纸）。
（5）箭头为视图方向。

6. 大样图索引

大样引出框
（1）m：Φ12mm（在 A0、A1、A2 图纸）。
（2）m：Φ12mm（在 A3、A4 图纸）。
（3）A：字高 4mm（在 A0、A1、A2 图纸），字高 3mm（在 A3、A4 图纸）。
（4）B-01：字高 2.5mm（在 A0、A1、A2 图纸），字高 2mm（在 A3、A4 图纸）。

7. 图标

（1）图名：字高 7mm（在 A0、A1、A2 图纸）字高 5mm（在 A3、A4 图纸）。
（2）比例及英文图名：字高 4mm（在 A0、A1、A2 图纸）字高 3mm（在 A3、A4 图纸）。

8. 文字注释

（1）引出线为箭头或点，引出线为统一体，由标注命令引线制作。
（2）文字说明：字高 4mm（在 A0、A1、A2 图纸）字高 3mm（在 A3、A4 图纸）。

9. 标高符号

（1）数字：字高 2.5mm（在 A0、A1、A2 图纸）字高 2mm（在 A3、A4 图纸）。
（2）符号为等腰直角三角形。
（3）数字以 m 计单位，小数点后留三位。
（4）零点标高写成 ±0.000，正数标高不注“ ”，负数标高应注“－”。
（5）同样位置不同标高标注。

10. 轴线符号

（1）n：Φ10mm，字高 4mm（在 A0、A1、A2 图纸）。
（2）n：Φ8mm，字高 3.5mm（在 A3、A4 图纸）。

11. 尺寸符号

（1）尺寸标注是尺寸为统一体，如需调整尺寸数字，可采用 edit（ed）命令。
（2）尺寸界线距标注物体 2~3mm，第一道尺寸线距标注物体 10~12mm，相临的尺寸线间距 7~10mm。
（3）半径、直径标注时箭头样式为实心闭合箭头。
（4）标注字高 2.5mm（在 A0、A1、A2 图纸）字高 2mm（在 A3、A4 图纸）。
（5）标注文字距尺寸线 1~1.5mm。

12. 一般制图分层

（1）墙体层（WALL）。
（2）家具层（FURNITURE）。
（3）填充层。
（4）窗层（WINDOW）。
（5）布置层。
（6）尺寸层（DIM）。
（7）文字层（TEXT）。
（8）轴线层（DOTE）。
（9）轴线标注层（AXIS）。
（10）分格层。制图时分清各层便于调整图纸，节省时间。

13. 线条分色制图时将墙体、家具、填充线、文字、分格线等用线条颜色区分，便于在电脑显示时一目了然。

14. 图框插入按比例插入图框，首先制作 1∶1 图框，将图框放大，与图比较看是否配合。如不配合缩放与之配合。如要作 1∶30 的图框，第一次图框放大 40 后不合适，再次缩放输入 3/4，即可得到 1∶30 的图框。

15. 其他

（1）CAD文件在从其他文件粘贴进来后，容易出现无用图层，可purge（pu），清理无用图层。

（2）文字的大小是根据图纸的比例变化的，如A3图纸，比例为1∶50，注释文字打印出的尺寸应该是3mm，在文字制作时，文字尺寸大小输入150mm。

（3）一套图中可能会有不同的比例，在按比例插完第一个图框后，遇到不同比例的图，应根据比例的大小缩放。如有一张图纸比例为1∶50是正确的，现在要给另一张图插图框，假设这张图要插1：40的图框，那就复制1∶50的图框，然后缩放输入4/5即得。文字的大小亦可采用这种办法。

（4）同一个CAD界面下，如果打开多个CAD文件，可按着Ctrl键点Tab键转换，可以直接在文件标签栏点文件名进行切换，ATOCAD 2014也有了类似的功能。

（5）在多重复制同一个物体时，可将这一物体作成图块，如果修改了任意一个图块参照，则其他同名图块也随之改变；如果不建立图块，则每个都需要修改。

（6）建立CAD文件时要有选择的将平面图、立面图、详图分为几个文件。

（7）最好不要将图形都画在0层上，0层主要用来定义图块。定义图块时，先将所有图元设置为0层（有特殊时除外），然后再定义块，这样在插入块时，插入时是哪个层，块就是哪个层了。

（8）不能在DEFPOINTS层建立图元，此层默认是不打印的，在图层上的图形会打印不出来。

（9）在CAD软件的使用过程中，虽然一直说是画图，但实际上大部分都是在编辑图。因为编辑图可以大量减少绘制图员不准确的概率，并且可以提高效率。

（10）在使用绘图命令时，一定要设置捕捉，用F3切换。

（11）在使用绘图和编辑命令时，大部分情况下，都要采用正交模式，用F8切换。

（12）图纸大小：A0——1194mm×840mm；

A1——840mm×597mm；A2——597mm×420mm；

A3——420mm×297mm；A4——297mm×210mm。

（13）将CAD文件转化成位图文件。第一种方法是在CAD的菜单中，选择“输出”，再选择bmp的后缀存储，可以把CAD的屏幕显示内容变成位图文件，但文件分辨率太小。第二种方法可将CAD文件转化成为较大分辨率的位图文件，添加一个光栅图像如JPG\TGA\PNG等格式的虚拟打印机。

（14）将EXCEL表格导入CAD可以利用AutoXlsTable插件或是先将EXCEL表格复制，在CAD里的下拉编辑菜单的选择性粘贴即可得，导入CAD后将表格打开后即可CAD修改。

CAD 快捷键

CAD shortcut key

序号	快捷键	命令说明	序号	快捷键	命令说明
1	L	直线	42	LE	引线
2	XL	参照线	43	D	标注样式
3	ML	双线	44	HE	编辑填充
4	PL	多段线	45	DCE	圆心标注
5	POL	多边形	46	SPE	编辑曲线
6	REC	矩形	47	PE	编辑多段线
7	A	圆弧	48	MLE	编辑双线
8	C	圆	49	ATE	编辑参照
9	SPL	样条曲线	50	ED	编辑文字
10	EL	椭圆	51	MA	属性复制
11	I	插入块	52	LA	图层
12	B	块定义	53	CH	属性编辑
13	PO	点	54	DIV	等分
14	H	填充	55	ME	定数等分
15	REG	面域	56	PRE	定距等分
16	T	插入文字	57	DI	计算距离
17	E	删除	58	U	回退一步
18	CO	复制	59	P	实时平移
19	MI	镜像	60	Z+W	窗口缩放
20	O	偏移	61	Z+P	恢复窗口
21	A	阵列	62	CTRL+P	打印
22	M	移动	63	CTRL+S	保存文件
23	RO	旋转	64	CTRL+O	打开文件
24	SC	比例缩放	65	CTRL+N	新建文件
25	S	拉伸	66	Z+[]	实时缩放
26	LEN	拉长线段	67	F8	正交
27	TR	修剪	68	F10	极轴
28	EX	延伸	69	CTRL+C	复制
29	BR	打断	70	CTRL+V	粘贴
30	CHA	倒直角	71	F1	帮助
31	F	倒圆角	72	F2	窗口切换
32	X	炸开	73	F3	自动捕捉
33	DLI	线性标注	74	F4	数字控制
34	DCO	连续标注	75	F5	平面控制
35	DBA	基线标注	76	F6	显示方式
36	DAL	斜点标注	77	F7	栅格
37	DRA	半径标注	78	F8	正交
38	DDI	直径标注	79	F9	栅格捕捉
39	DAN	角度标注	80	F10	极轴
40	TOL	公差	81	F11	对象追踪
41	DCE	圆心标注			

图例

Legend

序号	材料种类	图例	序号	材料种类	图例	序号	材料种类	图例
1	黏土砖		13	天然石材		25	马赛克	
2	混凝土		14	大理石		26	鹅卵石	
3	钢筋混凝土		15	镜子		27	地毯	
4	水泥砂浆		16	实木		28	原土建砖墙体	
5	18mm 细木工板（大芯板）		17	地板		29	原土建混凝土墙及柱（即承重墙及柱）	
6	石膏板		18	地砖		30	新加砖墙体	
7	5mm 夹板		19	木方		31	轻钢龙骨石膏板隔墙	
8	9mm 夹板		20	细木工板		32	钢化玻璃隔墙	
9	中密度板		21	泡沫塑料材料		33	拆除后原土建墙体位置	
10	岩棉 / 玻璃棉 / 海绵		22	窗帘（织物窗帘、百叶帘）		34	240mm 墙体	
11	金属		23	窗帘（双层）		35	120mm 轻质隔断墙	
12	玻璃		24	墙面壁布、壁纸		36	轻质隔断保温墙	

工程图纸文件类型

工程图纸文件类型	类型代码名称	英文类型代码名称
厂区平面图	厂区	SP
拆除平面图	拆除	DP
设备平面图	设备	QP
现有平面图	现有	XP
立面图	立面	EL
立面图	剖面	SC
大样图	大样	LS
详图	详图	DT
三维视图	三维	3D
清单	清单	SH
简图	简图	DG

常用类型代码列表

工程图纸文件类型	类型代码名称	英文类型代码名称
图纸目录	目录	CL
设计总说明	说明	NT
楼层平面图	平面	FP

常用专业代码列表

专业	专业代码名称	英文专业代码名称	备注
总图	图	G	含总图，景观测量，地图，土建
建筑	建	A	含建筑，室内设计
结构	结	S	含结构
给水排水	水	P	含给水，排水，管道，消防
暖通空调	暖	M	含采暖，空调，通风，机械
电气	电	E	含电气（强电）通信（弱电）消防

常用阶段代码列表

设计阶段	阶段代码名称	英文阶段代码名称	备注
可行性研究	可	S	含预可行性研究研究
方案设计	方	C	——
初步设计	初	P	含扩大初步设计阶段
施工图设计	施	W	——

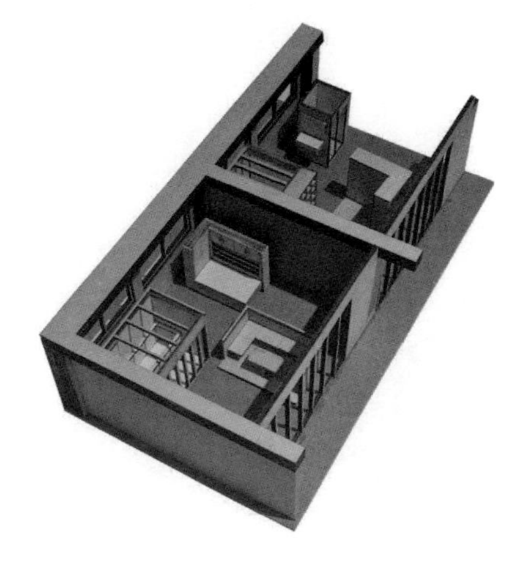

一个立体的草图，用简单的材料构建三维空间的结构关系，为人们提供一个观察和检验设计作品的平台，实物比例缩小展示，可以直观、清晰地了解其特点及效果。如同效果图一样，模型制作也能充分利用计算机辅助设计。一个简单的三维立体模型，表现出设计者的基本感念，提供了一个空间感，便于观察结构关系和光影关系。

工作模型
Work model

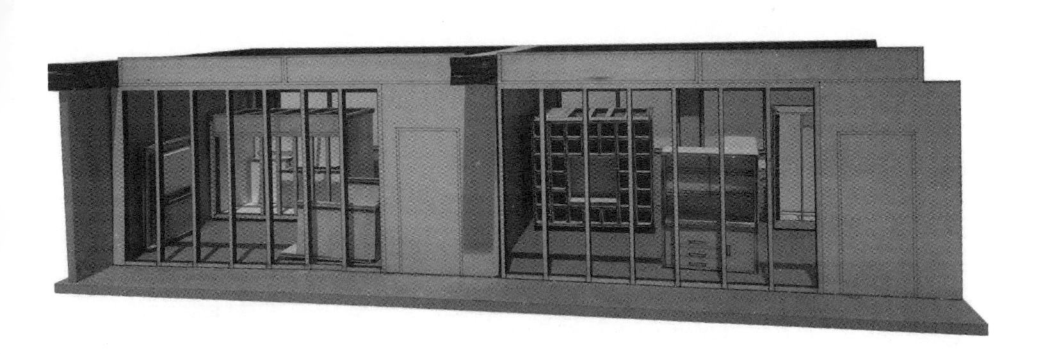

手绘草图
Sketch

手绘草图体现设计师的创造性思维，能够捕捉瞬间的思想火花，直接表达设计理念。设计师所必备的基本功，不需要画得很精准，只要表达出你想要的东西，这是在与甲方沟通中的有效技能，使观察者能够直观地感受到空间的魅力和设计的功能性。

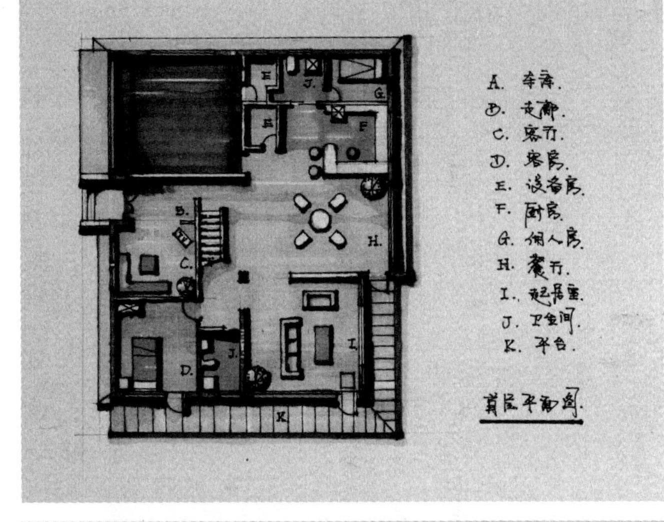

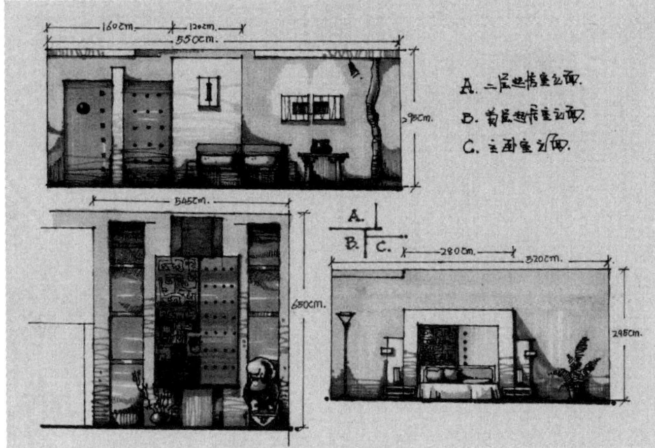

施工图审核的原则和要点

Principles and key points of construction drawing examination

1. 施工图纸必须由有设计资质的单位签署，没有经过正式签署的图纸不具备法律效力，更不能进行施工。

2. 施工图纸应遵循制图标准，保证制图质量，做到图面清晰、准确，符合设计、施工、存档的要求，以满足工程施工的需要。

3. 施工图设计应依据国家及地方法规、政策及其他相关规定标准化设计，应着重说明装饰在遵循防火、生态环保等规范方面的情况。

4. 施工图采用的处理方法是否合理、可行，对安全施工有无影响；是否有影响设备功能及结构安全的情况。

5. 核对图纸是否齐全，有无漏项，图纸与各个相关专业之间配合会否正确。

6. 审核图纸中符号、比例、尺寸、标高、节点大样及构造说明有无错误和矛盾。

7. 审核图纸中对设计提出的一些新材料、新工艺及特殊技术、构造有无具体交代，施工是否具有可行性。

8. 审核选定的材料样板与图纸中的材料做法说明是否吻合。

单位换算

Unit conversion

长度

1 千米 =1000 米
1 米 =10 分米
1 米 =100 厘米
1 分米 =10 厘米
1 厘米 =10 毫米

重量

1 吨 =1000 千克
1 千克 =1000 克
1 千克 =1 公斤

面积

1 平方千米 =100 公顷
1 公顷 =10 000 平方米
1 平方米 =100 平方分米

体（容）积

1 立方米 =1000 立方分米
1 立方分米 =1000 立方厘米
1 立方分米 =1 升
1 立方厘米 =1 毫升
1 立方米 =1000 升

数学运算符号

+ 加号
− 减号
± 加 / 减号
× 乘号
÷ 除号
< 小于号
> 大于号
≦ 小于等于号
≧ 大于等于号
= 等号
≠ 不等号
∞ 无穷大
≈ 约等号
∩ 交集符号
∪ 并集符号
⊥ 垂直符号
∟ 直角符号
⊿ 直角三角形符号
% 百分号
° 度数符号

罗马数字

I.............. 1
II 2
III............ 3
IV 4
V 5
VI............ 6
VII........... 7
VIII 8
IX............ 9
X 10
XI............ 11
XII........... 12
XX........... 20
XL........... 40
XLI.......... 41
IL 49
L.............. 50
LX........... 60
LXX 70
XC........... 90
C 100
CC.......... 200
CD.......... 400
D 500
DC.......... 600
CM 900
XM 990
M............ 1000

常用字体
Common fonts

黑体

ABCDEFGHIJKLMNOPQRSTUVWXYZ
abcdefghijklmnopqrstuvwxyz
1234567890?!()&"" “” ;,/ - —

宋体

ABCDEFGHIJKLMNOPQRSTUVWXYZ
abcdefghijklmnopqrstuvwxyz
1234567890?!()&"" “” ;,/- —

楷体

ABCDEFGHIJKLMNOPQRSTUVWXYZ
abcdefghijklmnopqrstuvwxyz
1234567890?!()&"" “” ;,/ -—

仿宋

ABCDEFGHIJKLMNOPQRSTUVWXYZ
abcdefghijklmnopqrstuvwxyz
1234567890?!()&"" “” ;,/ -—

符号和尺寸

Symbols and dimensions

常用室内家具陈设及配件

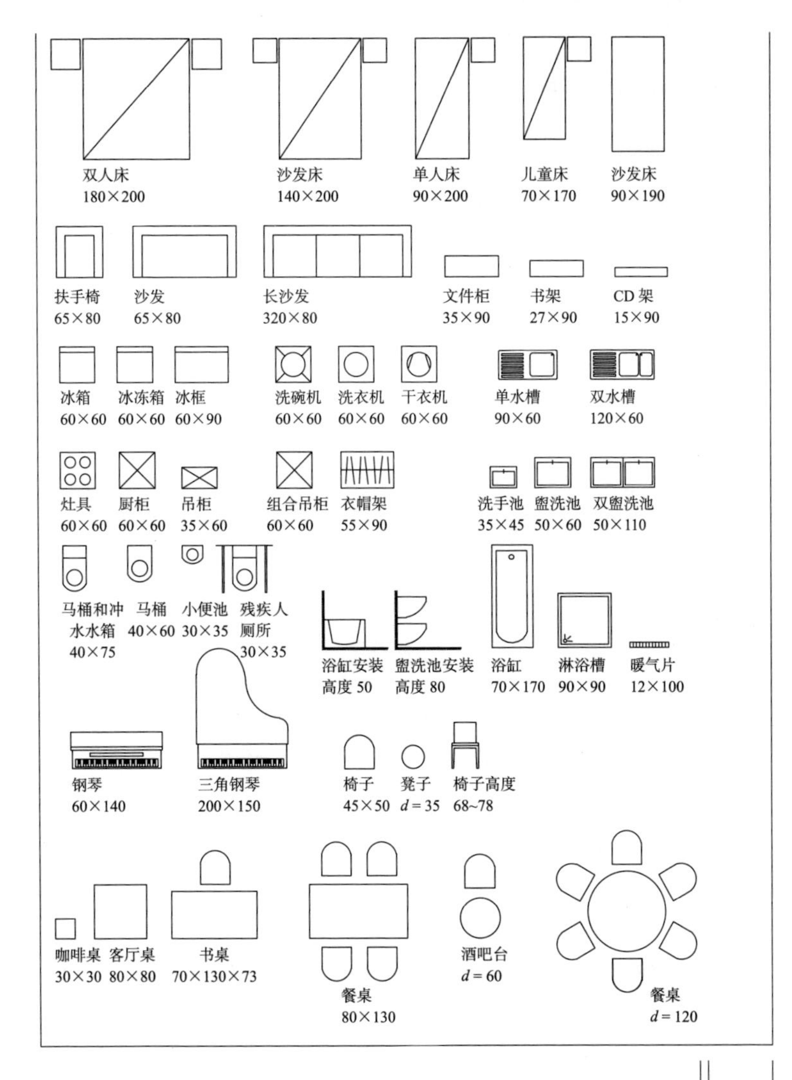

以上尺寸单位为 cm

绘图单位
Graphic units

线条粗细，以毫米（mm）为单位

0.13 mm
0.18 mm
0.25 mm
0.35 mm
0.50 mm
0.70 mm

字号

4 pt Hg
5 pt Hg
6 pt Hg
7 pt Hg
8 pt Hg
9 pt Hg
10 pt Hg
11 pt Hg
12 pt Hg
14 pt Hg
16 pt Hg
18 pt Hg
20 pt Hg
22 pt Hg
24 pt Hg
28 pt Hg
32 pt Hg
36 pt Hg
40 pt Hg

平面标准
Graphic standards

段落对齐方式

留边对齐（左对齐）	中轴对齐（居中）	两端对齐
相邻两行长度相差 25%，需手动调整。	每行以中线为准对称一致。	为了保持段落整齐，字间距、字符间距、每行长度和字号等需要适当微调。

文档格式

Document format

文档格式的选择依数据如何使用而定。

图像处理程序格式（如 Photoshop 的 PSD 格式）、版式设计程序格式：取决于输入筛选程序，TIFF 和 EPS 是最常用的格式。

网页编辑格式：GIF、JPEG 和 PNG 格式。

PICT 格式：即图片格式（PICTURE FORMAT），是一种简化的文档应用格式，仅适用于彩色打印和激光打印机，不适用于胶版印刷。用于存储像素图片和矢量图片。像 MACROMEDIA DIRECTOR 6.0 这类软件就需要以 PICT 格式的文件进行多媒体应用。可压缩成 JPEG 格式。数据交换仅在 MAC OS 操作系统中支持。

PICT 2 格式：色彩范围大约扩展至 1600 万色。数据交换仅在 MAC OS 操作系统中支持。

JPEG 格式：它是 Joint Photographic Expert Group（联合图像专家小组）的缩写，用于压缩像素图像的文档格式，是破坏性压缩格式，不适用于呈现大幅图像和微小细节。在 JPEG 格式的图片上可以找到压缩痕迹。压缩成 JPEG 格式可以降低 PICT、EPS、TIFF、DCS 和 GIF 图像的文件大小。压缩比率可达 1∶20 以上。存储为 JPEG 格式时，图片品质和压缩比率两者必须选择其一，图片品质可随压缩级别的改变而相应地连续改变。数据交换可跨系统操作。

TIFF 格式：它是 Tag Image File Format（标签图像文件格式）的缩写，适用于像素图像。支持 RGB 模式、CMYK 模式、LAB 模式的图形以及灰度图、位图和索引图。由 Photoshop 生成的路径、等级和滤镜通道都可以储存为 TIFF 格式。数据交换适用于所有操作系统的跨平台格式。从 MAC 转换到 PC 时不要使用 LZW 压缩算法。预览图像时，使用 IBM 和 PC 版本。

EPS/EPSF 格式：它是 Encapsulated Postscripe Format（封装页面语言格式）的缩写，适用于像素图像，尤其适用于需要高品质精细扫描和显色的矢量图。可进行适当的数据压缩，但操作要十分仔细。需要注意是，在自定义色彩模式（在数字色度表中）下，可以压缩成 JPEG 格式，EPS 图像被直接压缩成 JPEG 格式，无法进行分色。数据交换适用于所有通用操作系统。文件中可保存原始文件。

GIF 格式：用于互联网应用的像素图像格式，为无损压缩格式，适用于像素图像、线段图像和图形图像。通常作为创建互联网动画的基本文档格式，最多可显示 256 色。数据交换用于互联网的色彩深度为 256 色的独立平台图像格式。

隔行 GIF 格式：当浏览器载入该格式的图片时是分阶显示出来的。由于隔行 GIF 图像的背景颜色能够清晰地显示出来，所以在显示过程中给人以图像剪影的视觉感。数据交换见 GIF 格式。

PDF 格式：用于非独占应用式文档显示和发布。采用 PDF 格式的文档内可包含文字、图片、矢量图、视频和音频文件。无需在计算机上安装相关字体就可以准确地显示出字符形式。互联网浏览器支持 PDF 格式文档。

BMF 格式：即位图（Bitmap），适用于像素图像。色彩深度可达 32 位（百万色）。与 JPEG 和 PNG 格式相比，文件较大。数据交换适用于所有平面设计程序的通用文档格式。

PNG 格式：适用于显示器和互联网应用的像素图像。图像信息无损压缩，支持滤镜通道，不支持动画制作。数据交换用于显示图的通用文档格式。

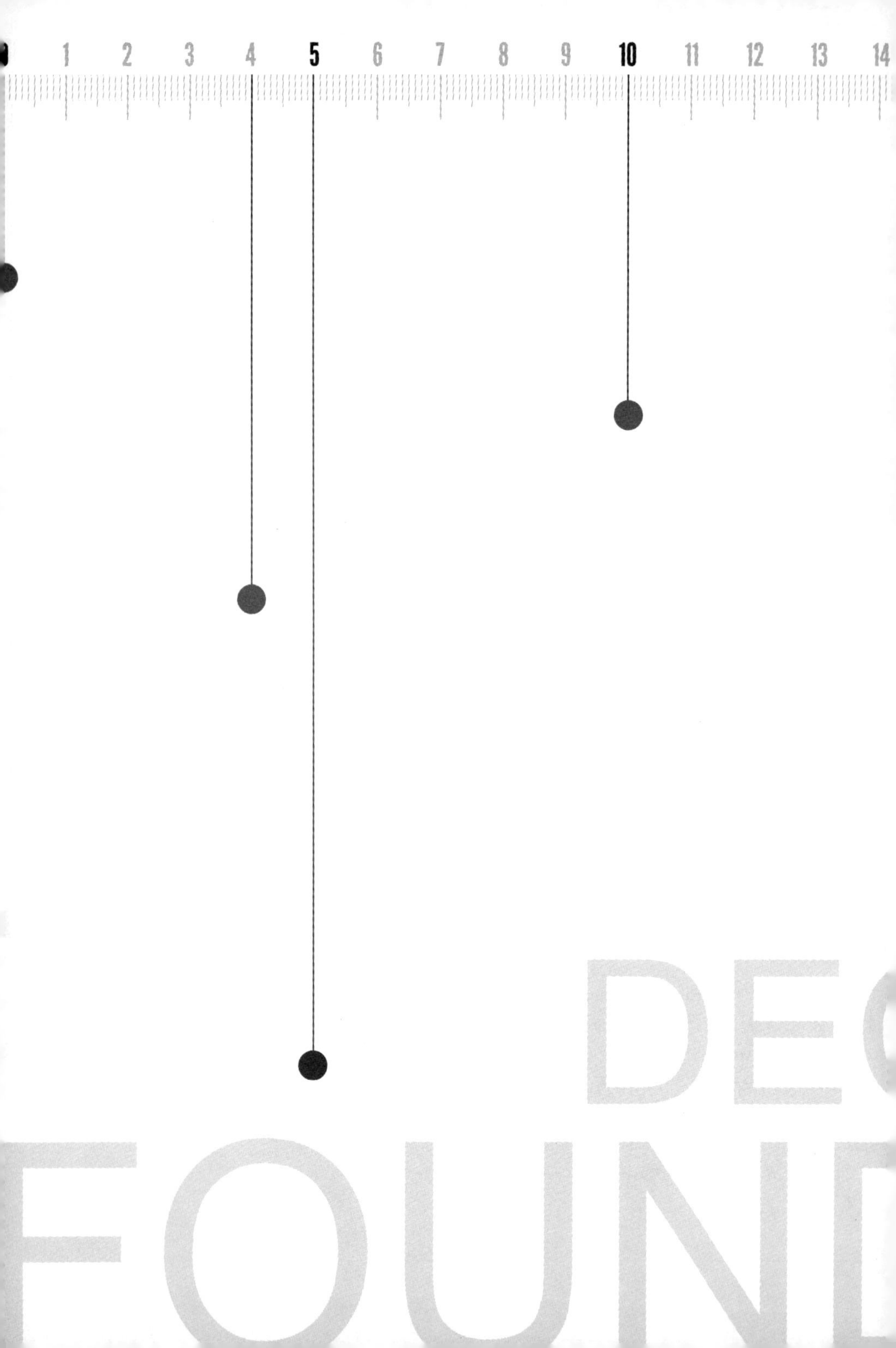
1
2
3
4
5
6
7
8
9
10
11
12
13
14
DEC
FOUND

装修基础
ORATION
ATION

装修流程与设计

装修流程

Decoration process

1. 学习装修相关知识，多咨询有装修经验的人。

2. 逛装饰城，多听厂家介绍，多问为什么。

3. 比较装饰公司，选择适合自己的。

4. 初步确定装修预算和设计风格。

5. 讨论初步设计方案。

6. 参观与你确定的设计方案、报价相似的样板间，然后量房。

7. 确定设计方案和报价。

8. 选择一个好的施工队，记下项目经理和工人的名字及联系方式。

9. 签订合同，装修公司最后提供的图纸和报价单，应表达清楚每个部位的尺寸、做法、用料（包括品牌、型号）及价格，补充合同也需要，交首期工程款。

10. 准备开工，带好证件到物业办理手续，拆改项目要写清楚。

11. 现场交底，设计师和项目经理以及业主一起到现场，讲解设计施工细节，客户签字验收材料后方可开工。

12. 水路改造、墙体拆改（承重墙不能拆），做防水，更换防盗门，暖气改造，房间窗户改造。

13. 中期验收，包括电路是否合格，水路是否通畅，贴瓷砖（瓷砖空鼓率要小于 5%），计算增减项目，交中期工程款。

14. 定制家具。

15. 安装成品门和地板。

16. 安装洁具、橱柜、灯具及五金件。

17. 安装窗帘布艺。

18. 家具和家电到位调试，布置装饰画和绿植。

19. 完工验收，交尾期工程款，填写保修单。

20. 开荒保洁。

空间需求分析

Spatial demand analysis

在空间的设计中，需求分析尤为重要，比如人员的数量和喜好等，只有对人和空间的需求了然于胸，才能给客户规划出合理的功能空间，可以从以下几方面入手。

客厅

客厅日常活动的人数是多少？是否在家里有小型聚会？是否经常有朋友来做客？人数多少？沙发的面料有无特殊需求？是否喜欢听音乐？是否需要背景音乐？是否会在客厅看书？是否需要鱼缸？

餐厅

是否常在家里就餐？常就餐的人数？是否在餐厅看电视？是否有藏酒的爱好？是否每天都喝酒？是否常吃西餐？是否需要独立酒吧？

厨房

是否会亲自下厨？中厨和西厨是否要各自设置？除基本电器外是否还需要洗碗机、消毒柜、蒸炉等？是否需要净水机、软水机、垃圾处理器等？

主人房

床具是否需要加大？是否需要梳妆台？是否常在卧室里看书？是否需要在卧室看电视？是否需要按摩椅？是否需要保险柜？是否需要大量储衣物功能？衣服类别各占的百分比？

主卫生间

是否需要按摩浴缸？是否需要洁身器？是否需要背景音乐？马桶功能是否要求完全封闭？是否需要小便器？是否需要桑拿房？

书房

书房是否需要有会客、品茶或其他功能？习惯以何种姿势看书？多少人会同时使用书房？书籍是否很多？是否吸烟？

儿童房

除床具、衣柜、书柜等基本功能以外，是否留出游戏区？玩具数量是否很多？房间的规划是否需要考虑年龄段（年龄，今后的变更）的要求？

客房

是否有固定或常来的客人？常来的人数多少？是否需要看电视？有没有长辈亲朋长期居住或季节性居住？

庭院

对于花草的养殖有无特殊要求？是否需要安防系统？是否需要水景？是否会在此烧烤？是否需要孩子的玩耍区？是否在此品茶？

其他

家庭人员的结构，从事的职业，有何特殊兴趣或爱好，整体风格的定位，家居的色彩的喜好（冷色或暖色），材质的喜好，家私类（沙发、餐桌等）的风格定位，灯光的氛围及形式，在设计装修中有没有什么忌讳、禁忌，有无宗教信仰，对哪些地域文化生活感兴趣，家里是否有宠物，平日喜好何种体育项目，使用什么运动器材，是否需要智能家居（灯光调节控制和灯光场景模式、窗帘遥控、安防报警、摄像监控等）。因在户型图中没有地下室的功能，故要了解家中有没有固定的停车位，在装修计划中的预期投资额。

装修需求分析

Furnishings demand analysis

家庭基本生活功能的满足

1. 室内空间宽敞，人人有其室。

2. 做饭、就餐、洗浴、入厕、睡眠、会客、读书，休闲各有其地。

3. 冬天有暖气，夏天有凉风，住得舒适。

4. 室内自然采光良好，照明完善。

5. 防盗、隔音、私密效果好，不被干扰。

6. 物品各有储藏，不杂乱无章。

7. 室内动线划分合理。

户型分析

首先要考虑建筑本身的结构特点，如水、电、气、暖、采光等位置要合理；其次要考虑客户功能的需求。设计师在规划户型时主要考虑以下几个方面：

动静分区、干湿分区、风格定位、户型定位应准确，还要考虑自然通风、光线明亮、安全性、随意伸展空间、环保性、室内动线清晰、交通流线简洁、收纳性、晾晒空间等。

设计师应当为客户做一个整体的家装预算，包括各种主材、家具、家电等。

客户为实现理想家的梦想，在选择装修公司时，或者在装修过程中，还有一种需求，称之“服务期望”。当客户接触某个装修公司时，或者与某个家装公司签约时，会对这个公司心存一种期望。这个期望分成几个层次：

第一层：经济期望，便宜，实惠；
第二层：质量期望，能把我家装好；
第三层：过程期望，顺顺利利，完美装修；
第四层：服务期望，能帮自己解决一切装修问题；
第五层：售后期望，永远没有问题，有问题随叫随到。

新房验收

New House acceptance

1. 准备工作

相关证件包括身份证原件和复印件、购房发票、装修合同及施工图纸、装饰公司资质和营业执照复印件、工人照片2张、装修押金、工人身份证复印件2张。

2. 办理相关手续

（1）领取入住通知书，发钥匙，领取业主证，填写《业主家庭情况登记表》《住户手册》《服务指南》《住宅使用说明书》《住宅质量保证书》。
（2）与物业公司签订装修协议。
（3）拆改暖气协议（其中包括不要求做地暖，主要是影响楼体承重）。
（4）拆改非承重墙体协议。
（5）防水协议。
（6）燃气改造协议。
（7）消防安全责任书。

3. 交合理费用

物业管理费（可一次性预收半年或一年的费用）、煤气开户费、有线电视开户费、网络开户费（代收代缴）、暖气费（一般是交一年的费用）、水电费（代收代缴）、生活垃圾费、停车位费用、装修押金、管理费（一般包含电梯费、装修垃圾费、保洁费）、装修垃圾费（室内拆除一面非承重墙体按100元/每面墙另计）。

4. 验房相关工具

电笔（总入户电线）、手电、锤子、乒乓球、卷尺、软管、打火机（烟道）、彩色粉笔（墙面问题）、水桶（下水是否好用）、龙头（确认上水水量）、望远镜（从室外观察自家外墙有无破坏）、带显示等插头（电路是否通畅）。

5. 验房标准

（1）房屋的《住宅质量保证书》。
（2）《住宅使用说明书》。
（3）《竣工验收备案表》。
（4）面积实测表。
（5）管线分布竣工图（水、强电、弱电、结构）。

设计师潜规则
Designer's hidden rules

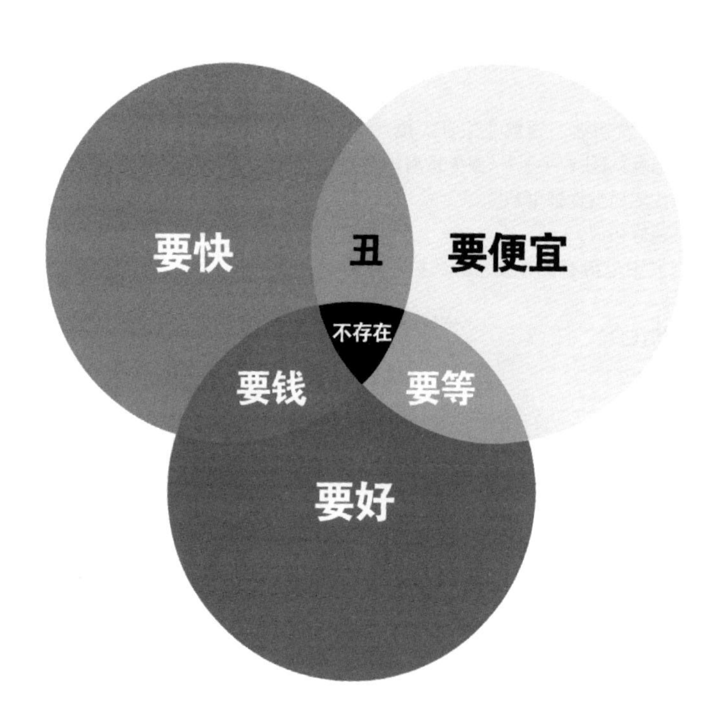

 天下没有免费的午餐，贵的东西除了贵，什么都好，便宜的东西除了便宜，什么都不好。

家装合同签订细节

Details of home decoration contract signed

1. 营业执照和联系方式

必须有工商局统一颁发的营业执照，还要有固定的营业地址。联系方式是用于出问题联系签署合同方的重要依据，法定代表人必须填写，合同甲乙双方合同当事人的联系方式，一定要填写清楚。有的家装合同，在委托代理人、工程设计人以及施工队负责人的联系方式上都仅填写公司的电话，这是不够的，一旦工程发生问题时，找对方公司能够管事儿的人就成为大问题。

2. 工程面积和质量标准的选择

工程面积最好填写使用面积，装修房子的人最在乎的自然是装修的质量，在合同中有“质量标准这一条”。大家都认为工程质量越高越理想，但是俗话说“一分钱一分货”，所以如果希望过低的报价选用过高的质量标准是不现实的。北京市的“居住建筑装修装饰工程质量验收标准”就能满足我们大多数消费者的要求了。

3. 验收问题

家装合同把验收阶段分为隐蔽工程验收、饰面工程验收、工程竣工验收。各阶段具体到工程上应该有一个明确的解释，并且需要有一个时间表。

4. 付款方式

付款方式必须是分期付款，在节点验收后付款。关于家居装修付款方式中与支付二期工程款有关的一个概念是“工程进度过半”。这个概念解释起来五花八门，有的说指工期过半，有的解释为“木工收口”等，从行业角度也难以解释，所以合同双方填写内容应是一个双方都接受的概念。

5. 违约

家庭装修过程中甲方的违约一般是指延误工程款的支付，乙方的违约责任是指工程因乙方责任造成的延期。

6. 其他约定条款

合同一般还有一项条款“其他约定条款”，就是说，如果合同双方还有某些合同条款需要加在合同里，也可以有补充条款。

7. 数量、项目、位置落实清楚

填写时应该把项目、数量、位置等搞清楚，如果合同当中不能充分地把应该说明的内容反映出来，可以用补充的表格进行详细说明。

8. 材料

基础合同里约定辅材的采购数量和品牌型号，一般由装饰公司提供，但是什么时候采购运输到工地需要根据工程进度安排，采购的材料是否能够得到业主的认可，需要有一个验收手续以及装修方的监理人员，所以，合同中还应该明确材料供应时间以及验收人。

自我营销

Self-marketing

自我营销是一种由个人或者团体作为主体参加的活动，个人或者团体通过自我介绍履历表等形式手段，采用包括惊奇性、创意性、幽默性等策略，展示自我形象、人品以及情感，以达到个人或团体预期目的的活动。

室内设计师的自我营销的包装：语言、肢体、服饰、外在形象、情境、媒体宣传、转介绍、车子及配饰。

媒体包装：微信朋友圈、微信公众号、微博、视频、杂志、网站、报纸及相关出版物。

专业包装：参加装饰协会和相关活动论坛举办的活动，取得执业资格证，参与制定行业标准，作为学校客座讲师。

其他推广：作为材料厂家及产品代言等。

所谓“包装”，并不是以各种外在手段来赋予自身优秀外表的假象，而是通过这些方法来提升自身的内在修养，并将这些内在素质充分利用在工作中，发挥个人的独特审美价值，以及在设计中传达出精神层面的生活方式。

建立人脉
Making Connections

1. 学会换位思考。

2. 学会适应环境。

3. 学会大方。

4. 学会低调。

5. 嘴要甜。

6. 要有礼貌。

7. 言多必失。

8. 学会感恩。

9. 遵守时间。

10. 信守承诺。

11. 学会忍耐。

12. 有一颗平常心。

13. 学会赞扬别人。

14. 待上以敬，待下以宽。

15. 经常反省自己。

销售十大心决
Selling ten big decisions

1. 介绍你相信的产品。

2. 与客户沟通时表达要清楚、简单。

3. 向客户巧妙地传递信息。

4. 了解客户的挑战和需求。

5. 好的演示至关重要。

6. 对客户要热情。

7. 直接并清楚地回答客户的问题。

8. 如果不知道客户提出的问题，查清楚再回答。

9. 记住幽默是伟大的润滑剂。

10. 销售永不完美，但可以做得更好。

客户经理怎样与客户建立良好的关系

How do customer managers establish good relationships with customers?

首先，要了解客户，只有了解了客户，才能“投其所好”地与其相处。

“察言观色法”

第一次与新客户接触，我们要善于当好“看众”与“听众”。通过他的言语和表情来分析其性格所属，在以后的交往中就可以根据其性格特点来采用恰当的方式沟通。

“弦外之音法”

可以采取一些适当的方法，通过该客户的一些邻居或朋友来侧面了解其性格与特点，以及家庭情况等，以便针对客户的实际情况，给予其必要的服务与帮助。

“身临其境法”

与客户交朋友不是一见钟情，需要长期的相处，才能“日久生情”。

其次，要善于理解客户，平凡之中见真情。当客户有怨气时，要将心比心；当客户有困难时，要以心换心，以一颗热忱的心换取一颗友谊的心。

再次，要真诚地服务客户，共创成功增感情。

服务客户是客户经理的主要职能，客户的评价一方面是看服务水平，另一方面就是看服务态度。在日常工作中，要帮助客户学习和了解相关装修知识，学会真假材料的识别，推荐适合他的设计师，经常给客户带来新的材料信息，客户一定会感受到你的真诚，你也一定能得到客户的认同。

沟通技巧

Communication skills

谈单的时候要尽可能坐在客户的右侧，需要提前准备好纸张、速写本、彩色笔等。谈单过程中，一边与客户交谈，一边将客户的想法画出来。最好是在谈的过程中立即根据客户的想法做一个简单的布置图，这个环节非常重要。需要注意的是，在第一次谈单的过程中一定要给客户留下较为深刻的印象。

因为每个方案无论大小，都是设计师对自己心中设计理论体系的阐述。

1. 根据客户的需求，阐明自己的设计理念，并且动用自己擅长的任何引导或说服手段打动客户，使他接受并喜欢我们的理论。这个工作在提交设计图纸前就该进行，因为我们强调的理论（比如功能至上，反对形式等），对于某些客户来说，需要时间来考虑并确定设计理念和风格。这个阶段可以使客户先提升设计水平，并有充分的准备来接受设计师的理念。

2. 准备一个精彩的设计说明，文字的魅力是对图纸的一个补充。同时设计说明也使很多难以用话语表达的意念从容地表达出来，对于抽象事物的阐述文字比话语更系统，更具有参照性。这个步骤的目的是让客户感觉到设计师工作扎实到位，并且体现一定的专业素质，使客户对设计师产生好感。

3. 用最负责任的态度讲述平面布置图。几乎 90%的功能组成在这里都有最直观的展现，注意平面布置图要和其他图纸保持统一。讲述平面布置图时，目的不是使客户了解平面布置的方案状况，而是使客户欣然接受设计师提倡的追求功能至上“以人为本”的理念，从而认同设计师的设计方案。

4. 讲述效果图之外的其他图纸。这个步骤的目的是让客户充分了解每个细节，进一步了解设计师工作的设计理念。如果方案没有太大的缺陷，这个步骤将会很流畅。

5. 效果图是最敏感、最易产生异议的，需要放在最后。如果以前的步骤顺利，效果图不大好，你可以说“效果图永远没有我为你打造的空间更生动，这正是空间的灵动和电脑的悲哀 "。如果前面的步骤不顺利，漂亮的效果图会挽回局面，你可以说“这么美妙的环境，其实就是前面枯燥的数据，这正是现代设计完全数据化的魅力 "。

把控客户心理

Controlling customer psychology

从客户需求的层次来说，分为表层需求和深层需求；从客户表达需求的程度来说，分为表露需求和隐形需求；从客户表达信息的真实程度来说，分为真性需求和假性需求；从客户谈判的策略来说，分为底限需求和追加需求。

表层需求和深层需求

一般是指客户家装的日常功能性需求。日常生活功能是客户的表层需求，而新生活功能则是客户的深层需求。设计师在做好表层需求的同时，要想办法挖掘客户的深层需求，通过深层需求打动客户。

我们分析过客户的家装服务期望，价格的经济实惠则是客户的表层需求，客户真正期望的“过硬的家装质量、完善的施工过程、良好的中期服务和售后保修”才是客户的深层需求。深层需求才是签单的根本，但这并不是说表层需求不重要。

表露需求和隐形需求

一般是指客户自己表达出来的家装意愿，但这往往不完全，或者说不真实，在表露需求的背后有一个隐形需求，是客户所没说出来的。对于客户的表露需求，设计师应该辩证地分析。如果是家装的主体部分，客户可能更多地描述他对日常生活的功能需求，甚至连这些功能以他不专业的水平，也不能完全表露出来，所以设计师不能仅仅以客户所表达的装修要求来做方案，而是要按照客户生活的实际需要，将所有隐形的需求勾勒出来。

真性需求和假性需求

就是客户真正的内心渴望，这种渴望在家装谈判中，由于受到策略的干扰，有时就会出现不真实的需求。有些客户为了压价，故意说成自己想找施工队装修，这是假性需求。还有一些客户说某公司价格怎么低，你们这么贵，他所透露的出来的信息，多半也是假性需求。

底限需求和追加需求

底限需求是指客户所表达的签单价格底限。底限需求分为真底限和假底限，真底限也就是客户自己在心中所设定的签单价格底限，如“最高签单价格不能超出 35，000 元”，那这个 35，000 元就是真实的底限。但客户不会告诉你他想签单的价格，所以他报出一个略低于这个价格的数字，作为他签单的价格底限，这为客户所报的价格底限就是假底限。

客户心中的真底限是多少呢？当客户说出心里承受价格后，设计师不要急于去降价，应能充分把握客户的真底限。设计师可以通过附加值、质量保证、风险最低等有效手段来谈好价格。

设计取费原则与验收

业务惯例

Business practice

确定设计费

根据建筑类型确定设计费。

方案设计阶段	15%	或	
设计深化	20%	25%	初步设计
施工文件	40%	50%	施工文件
投标 / 谈判	5%		
施工管理	20%	25%	施工管理
	100%	100%	

相关经验

1. 支付系数 = $\frac{\text{直接工作人工费}}{\text{总人工费}}$

支付系数说明总人工费的百分之多少被用于支付工资。百分比越高越好，通常在 55%~85% 之间，低于 65% 则不太理想。但多数情况下它往往只有 50%。

2. 增值系数 = $\frac{\text{收益额}}{\text{直接人工费}}$

增值系数表示投资额与工资的倍数关系，通常在 2.5 ~3.0 之间，它将依据不同的公司或时期而变化。

3. 管理费率：管理费总额与直接人工费总额相关。10% 的管理费率意味着在一个产生效益的项目中每 100 元的工作需花费 10 元。

4. 利润：等于总收益减去总费用。以总收益的百分比表示。

5. 合同清单

（1）详细的工作范围；
（2）双方当事人的责任；
（3）依进度按月付款；
（4）延期付违约金；
（5）施工管理阶段的期限；
（6）费用概算责任；
（7）为费用一偿还契指定临时利润率（逐年变化）；
（8）聘用定金，针对酬金而不是费用；
（9）签约日期及合同时效；
（10）就工作的人员、时间和地点达成一致意见；
（11）双方当事人终止合同的途径；
（12）对工作范围的改变，达成双边协议，并对酬金做相应调整；
（13）法庭和仲裁补救办法以及由谁来支付法律费用；
（14）双方当事人签署姓名与日期；
（15）责任限额；
（16）供货时限；
（17）落于书面文字。

6. 报酬及采购

室内设计师的报酬远比其他专业人员复杂得多。室内设计师们可收取设计费用，也可作为总承包人，在家具的采购与安装过程中，从批发价与零售价的差额中获得利润。

例子

室内设计师选择了一件零售价为 1000 元的家具，制造商提供了 50% 的交易折扣并确定为“目的地交货价”。设计师购买这件家具需要支付 1000 的 50%，即 500 元。之后，设计师可能以这个价格将该家具转卖给客户：零售价 1000 元（1000 元 -500 元 =500 元转售收入）+ 税

假定折扣为 25%（1000 元 ×0.25=250 元 + 税）

500 元制造商与设计师之间的差价减去 250 元设计师获得的转售收入（+ 税）

采用美国建筑师学会的酬金分配标准。
国产大品牌材料的利润在 30% 左右，进口材料的利润在 50% 左右。

室内设计取费
Charge for interior design

****** 装饰有限公司**
室内设计协议书

委托方（甲方）：______________

联系电话（座机）：____________ 手机：_________________

联系地址：____

E-mail：_____________________ 微信：_________________

承接方（乙方）：**** 装饰有限公司 ___ 分公司（______ 设计中心）

乙方设计师姓名：______________ 设计师联系电话：_______________

店面电话：_____________________

联系地址：_____________________

E-mail：______________________ 微信：_____________________

甲方委托乙方承担本协议所列室内装饰工程项目设计方案，经双方友好协商，签订本设计协议，作为共同遵守的依据。

第一条 项目概况

1. 项目名称：

2. 工程地址：

3. 户型类别：□平层□复式□独栋别墅□ LOFT □工装□其他；

4. 工程建筑面积：____________________ m^2；（注：甲方自行加建面积另行收取设计费用。）

5. 设计周期：____________ 天；

6. 设计费标准：甲方委托乙方负责室内设计，并由乙方负责施工，设计收费标准为：_______ 元 / m^2；

7. 付款方式：甲方委托乙方负责室内设计，并由乙方负责施工的，甲方需支付设计费共计人民币（大写）：__________ 元（小写：____________ 元）；此费用于本协议签订当日一次性付清。

8. 如甲方不选择乙方施工，则甲方需补齐双倍设计费后，乙方才可将设计图纸及效果图（纸质、电子版）交给甲方；

9. 在甲方于乙方签订《施工合同》并支付工程首期款后，乙方才可将设计图纸交给甲方。

第二条　设计内容

本协议中设计方案包含内容的界定：

一、完整室内设计施工图纸

1. 涉及区域内原始平面图；

2. 涉及区域内平面墙体拆改图；

3. 涉及区域内平面布置图；

4. 涉及区域内顶面布置图；

5. 涉及区域内相关立面图；

6. 涉及区域内地面材质分布；

7. 涉及区域内强弱电改造位置施工示意图（包括插座、开关、电话、照明布置点位布局图）；

8. 涉及区域内水路改造点位布局示意图；

9. 节点拼图；

10. 涉及区域内 _____ 个主要空间（____________________）的彩色 3D 效果图。如甲方需增加效果图，则增加效果图费用另计，每张 _____ 元。

注：1. 效果图为设计效果参考图，不作为甲方评价最终装修效果的标准；

2. 效果图张数需在签署本协议时在第 10 条中明确填写；

3. 效果图张数标准参考下表。

房屋类型	建筑面积 /m^2	优惠时效果图张数	不优惠时效果图张数
平层	100（含）以下	2	4
	100~200（含）	3	6
	200 以上	4	8
复式	100~200（含）	3	6
	200 以上	4	8
别墅	200~300（含）	4	8
	300~500（含）	5	10
	500~800（含）	7	14
	800 以上	10	20

二、《室内装饰设计预算表》

1. 涉及区域内工程部分总体预算和各项预算明细；

2. 涉及区域设备、材料部分总体报价预估及各项预估明细。

三、建议主材配套方案（《主材预算单》）

涉及区域内主要主材预算单（如橱柜、洁具、砖类等主材的品牌、价位、款式等）。

第三条　设计服务标准

1. 图纸绘制

（1）平面图应清楚、准确地标注每个房间的尺寸及结构尺寸，重点部位应画出三视图、节点大样图，拆改部分须有标注，并画出墙体改动图。
（2）顶面天花图应清楚、准确地标注每个房间标高、顶面造型断面造型尺寸和所用材料说明。
（3）所做项目在图纸上应清楚、准确地标注尺寸、材质说明以及所在房间名称，重点部位应画出三视图、节点大样图。
（4）在新建结构平面图上应清楚、准确地标注改造的强弱电路开关及插座位置。
（5）灯位图应着重标明居室天花布灯情况，标明灯的种类及位置；电路图应着重标明开关的种类、位置及控制灯的情况。
（6）水路布置图应着重标明居室装修后上水与下水的部位与走向。
（7）强弱电布置图着重标明空间各种插座的位置。
（8）设计图纸在甲方全部认可后，须有甲方签字确认。

2. 设计操作流程

（1）合同签订生效后，甲乙双方约定上门测量的时间和地点。乙方设计师在测量后的约定时间内提交初步设计方案，由甲方审定确认。如果甲方对初步设计方案提出异议后，双方重新确定提交初步设计方案的时间。
（2）整体设计方案完成后，甲方如有更改意见，可继续与乙方设计师沟通，乙方根据协商方案更改设计图纸，图纸完成日期另行约定。
（3）双方在签订施工合同并交纳工程首期款前，全套设计方案由乙方保存，甲方不可将设计图纸及工程造价带出乙方办公区域，视频录制及拍照都不可以备份。
（4）设计合同所涉及的设计费用仅限完成甲方与乙方设计师前期约定的风格，如果甲方需要更改设计风格，则需重新缴纳设计费并签订新的设计合同。
（5）根据国家相关规定，乙方无权设计修改原有墙体结构（非承重墙体除外），甲方若需改动原有的承重墙体结构，甲方需取得国家相关部门的审批，并自行承担相关费用及后续责任。
（6）本协议履行期间，因甲方需要，造成乙方发生的差旅费用（包括护照的办理）由甲方承担，此费用不包含在上述设计费中。

3. 施工期间

（1）乙方设计师在施工期间根据工作需要到工地服务次数不少于 5 次（不涉及方案确定的协调、落实类工作，可委派助理设计师执行）。
（2）开工当日，乙方设计师必须到场为甲方及施工队进行设计思路交底，重点部位需要重点说明。
（3）工程中期验收，乙方设计师应与甲方及施工监理、现场负责人一起到现场进行验收。
（4）工程竣工，所涉及设计方面的工作项目施工完结后，与工程监理、现场负责人、客户进行完工验收。
（5）施工中出现设计疑问，乙方设计师在安排好其他工作的前提下，必须及时解决问题。如需更改方案（局部），由甲方提出书面申请发至店面经理，乙方设计师必须在约定的时间内将更改后的设计图纸与甲方确认。但在施工过程中，甲方可免费申请一次更改局部设计方案，甲方自第二次起申请更改设计方案，乙方将根据更改设计该方案的难易程度收取相应的设计服务费，并在乙方施工的同时办理施工延期协议书。
（6）如甲方只设计不施工，则设计师只负责出设计方案，工程方面设计师不提供技术交底，不对材料、工艺、施工质量、施工进度及工程环保方面进行指导工作。
（7）如甲方未通知设计师，私自要求施工队更改设计内容而造成施工过程中产生的问题，乙方设计师对甲方私自更改的部分不负责任。

4. 主材及配饰产品选择

（1）乙方设计师不得私自为甲方代购相关家居产品，如甲方私自委托乙方设计师为甲方代购相关家居产品，由此产生的一切后果，乙方公司不承担任何法律责任。
（2）甲方不在设计公司购买主材，则乙方设计师只提供 1 次陪同甲方选择主材服务。

第四条　双方的权利与义务

一、甲方的权利与义务

1. 甲方有义务正确、及时地为乙方设计师提供开展设计工作所需的相关资料（水路、电路、原始结构图等），并为乙方人员测量工程现场提供必要条件；

2. 甲方有义务在本协议有效期内积极配合乙方工作，按约定时间对乙方提供的设计方案进行沟通和意见反馈，并及时对设计方案给予书面确认。如因甲方导致乙方设计工作不能按期完成，由此引发的责任由甲方承担；

3. 甲方有义务对最终设计方案以书面签字的形式进行确认；

4. 甲方在按设计协议缴纳设计费后，且与乙方签订家装合同，在设计施工过程中，如需乙方设计师提供相关的服务与技术支持，甲方至少提前 1 天通知乙方设计师，并确定时间；

5. 为了便于乙方更好地开展工作，甲方有义务向乙方设计师提供详尽的个人爱好、生活背景、人性需求等相关信息。

二、乙方的权利与义务

1. 乙方设计师有义务为甲方提供准确、细致的现场测量并获得准确的数据；

2. 乙方有义务在设计周期内完成完整的设计方案及工程报价的制定，有权利要求甲方在设计方案及报价调整满意后给予书面签字确认；

3. 甲方按设计协议缴纳设计费用且与乙方签订施工合同后，在工程开工时，乙方有义务向甲方提供全套图纸；

4. 如甲方未能配合乙方按时完成设计方案的交流和调整，经 2 次以上的双方协商设计周期延期后，仍未能与乙方进行交流或确认，乙方有权终止或无限期暂停本协议的执行；

5. 乙方有权利拒绝甲方提出的本协议未涉及的或侵害到乙方利益以及与国家相关法律、法规相违背的一切要求，并且不承担由此产生的一切后果。

第五条　双方确认的其他内容

1. 甲方需为乙方提供原始图纸、相关资料以及到现场测量提供条件；

2. 甲方有义务对最终方案以书面签字形式进行确认，作为施工图设计的依据。如签订本设计协议后，乙方无法联系到甲方的，则在有效期内甲方仍可与乙方设计师联系沟通，设计协议有效期到期（为协商延期）即视同乙方完成设计工作；

3. 经双方审定、确认后的设计方案，单方不得擅自修改；

4. 本协议中规定的设计费用不计入甲乙双方另行签订的装修施工合同施工款项中。

第六条　违约责任

1. 设计协议经双方签字确认后，甲方必须按合同约定支付设计费用。因甲方未按时支付相关费用，乙方有权解除协议并拒绝将设计图纸及效果图（纸质、电子版）交给甲方；

2. 协议签字生效后，因甲方单方面提出终止协议，甲方所交设计费不予退还；

3. 因乙方设计原因造成甲方对设计方案不满意，乙方设计师需按照甲方的要求重新调整设计方案，二次调整无效后，甲方有权利要求更换同级别设计师，设计费不退；

4. 甲方私下委托乙方设计师单独设计，引起纠纷，乙方公司不承担任何责任；

5. 甲方私下委托乙方设计师代购非乙方公司服务范畴内的材料，所引起的纠纷，乙方公司不承担任何责任。

第七条　协议生效及其他

1. 本协议一式两份，甲乙双方各执一份，具有同等法律效力。自双方签字盖章及甲方交付给乙方设计费后生效；

2. 本协议有效期自签订之日起 12 个月内有效；

3. 本协议未尽事宜，如双方不能自行协商解决，可向消费者协会等机构申请调解解决，如协商或调解失败，可按照另行达成的仲裁条款或仲裁协议申请仲裁；

4. 如因不可抗力造成协议终止，双方互不承担违约责任。

甲方：　　　　　　　　　　　　　　　　乙方：

年　　月　　日　　　　　　　　　　　　年　　月　　日

备注

设计费：占整个装修的费用的 10% ~ 20%，装修档次越高，设计费所占比例越高。

人工费：占整个装修费用的 45%。

材料费：占整个装修费用的 40%。

毛利润：占整个装修费用的 15% ~ 20%。

装修材料费用合理的分配比例可为：卫生间与厨房占 50%，厅占 30%，其他房间占 20%。

装修预算

Decoration budget

基础装修费用

1. 人工辅料：包含的项目、数量、内容、位置、工艺做法。其他细节另见配料表，表中详细说明了所用材料的型号、品牌、等级、规格和批次等。

2. 税金：装修增值税税率为 11%，装修小规模纳税人的征收率为 3%。

3. 工程管理费：规模较小的公司为 8%，中大型公司为 12%。

4. 成品保护费：一般按照地面面积收取 20 元 /m^2，也可以根据具体情况按项目收取。

装修面积计算

1. 顶面刷漆：房间长 × 宽 + 吊顶周长 × 吊顶高度。

2. 墙面刷漆：房间周长 × 高－门窗洞口的一半。

如果门窗洞口包裹：房间周长 × 高－门窗洞口尺寸。

3. 地砖：房间长 × 宽 +5% 损耗（异形砖 +30% 损耗）。

4. 墙砖：房间周长 × 高（吊顶下沿）－门窗洞口尺寸的一半。

5. 铝扣板：房间长 × 宽 + 异形部分长 × 宽。

6. 橱柜：延长米计算（地柜占 70%，吊顶占 30%）。

7. 地角线：（房间地面周长－门洞尺寸）+5% 损耗。

8. 石膏线：房间顶面周长 +5% 损耗，欧式石膏线对花拼贴 +30% 损耗。

9. 窗户：立面长 × 宽。

10. 防水：淋浴两面墙长 ×1800mm 高 + 其他墙面长 ×300mm 高。地面面积小于 2m^2 的建议四面墙都做到 1800mm 高。

11. 水路：延长米（球阀不算长度单独计费）。

12. 电路：延长米 + 插座线 300mm+ 灯头线 300mm。

13. 石材：窗台长 × 宽 +30% 损耗，过门石长 × 宽。

14. 地板：房间长 × 宽 +5% 损耗。45° 铺贴方式：房间长 × 宽 +35% 损耗。

15. 窗帘：长 × 宽 ×2.5 倍打褶（样板房一般是 3.5 倍打褶）。

16. 壁纸：长 × 宽 +20% 损耗（拼花贴法 +50% 损耗）。

17. 开关面板：按照功能分别准备，白板一般多准备 3 个左右。

主材预算费用

1. 电器设备（电视、电冰箱、洗衣机等）。

2. 家具（沙发、床、柜子、餐桌椅等）。

3. 装饰材料（瓷砖、橱柜、洁具、灯具、窗帘等）。

4. 互联智能产品（背景音乐、智能安防、家庭影院、智能电器控制等）。

可以按空间来划分，比如：客厅所需家具的品牌、数量、尺寸、价格等。按照整个空间来进行详细预算。

报价技巧
Quotation skill

一条黄金法则：开价一定要高于实际想要的价格。无论以何种条件成交，最重要的是要让对方感觉自己赢得了谈判。

一般价格高，服务也会好。道理其实很简单：高价一定会增加产品或服务的附加价值。高价会给人一种产品更好的第一感觉，人们会相信高价一定会有高价的理由，这就是所谓的“一分钱一分货”。

1. 掌握时机

报价最好的时机，就是在引起客户的兴趣，等他们主动询问时。

2. 模糊或明确，若客户随意询问，应给一个概括式的回答

例如，我们的商品有许多款，价格从几千元到几万元不等。若对方直接问起某种型号，则应提供明确的答案。

3. 勿轻易降价

若客户刚讨价还价时，就立刻答应，则未必能取得客户好感，反而让对方觉得有机可乘，起初的立场应保持坚定，然后再慢慢调整松动。每次降价的空间应越来越小，让客户相信已经杀到底线。降价次数不超过三次，过多地降价只会让客户相信，价格依旧有很大压缩空间，最后即使成交，利润也很有限。

4. 利用已成交者最高成交单

让客户看到一样的产品他买的价格比别人低。

美国著名的汽车销售代表汉森，以前是个数学老师，没有去过超市，有一次，他的妻子病了，汉森自己去超市买菜，在他去超市的路上，看到一个卖马铃薯的菜农，汉森走过去，问菜农马铃薯一磅多少钱，菜农说："仍是老价钱，一美金一磅。"于是汉森买了 20 磅回家，回家后一问妻子才知道，自己买的马铃薯比超市贵得多。

汉森自己分析道：“在那时，我朦胧地意识到，仍是老价钱，就是廉价！但二者其实没有关系，但稀奇的是自己与菜农成交的时候，自己一点也不觉得贵，其实，这就是有效的报价方式，用最为平实，让人习以为常的报价词语来形容价格，而不是用理性的数字，这样的方式客户容易接受很多！”

5. 塑造产品价值

客户购买的不是价格，而是价值，所以在报价是要塑造自己产品的价值，让客户感觉物超所值。

6. 化整为零法

就是将自己的报价折合成小单位，让客户第一感觉能够接受，好比，我天天消费一包香烟，如用月为单位计算就是三十包，以年计算就是 360 多包，不同的方式会引起不同的效果或心理反应。

7. 整合资源法

就是将产品的价值、功能重新整合，报价不变，但新赠产品外的一些功能或一些产品，让客户感觉与其他的商家或同产品比较起来，更便利、更实惠。

采用不平衡报价策略时，应对施工方案实施可能性大的提高报价，对实施可能性小的降低报价。

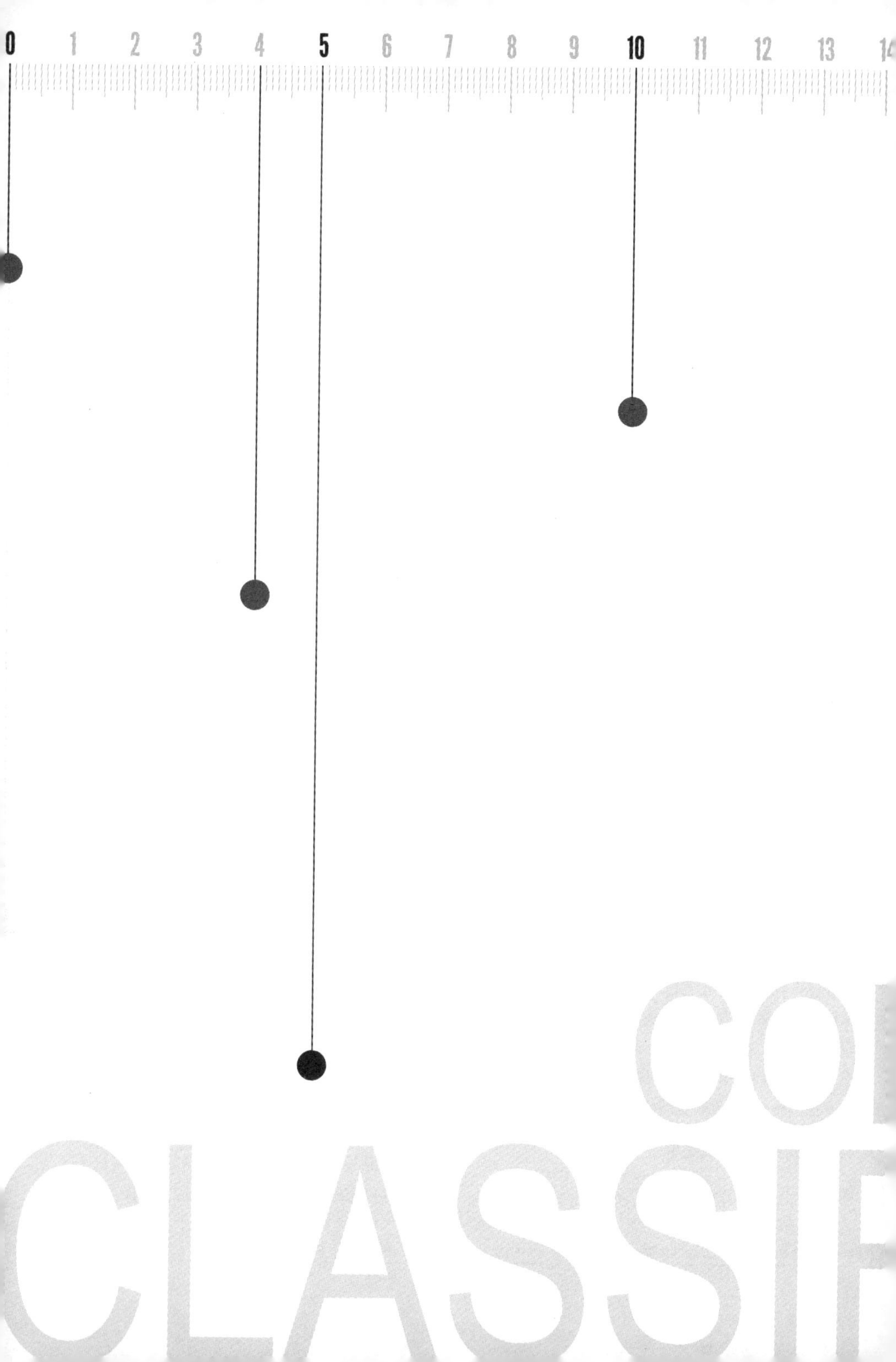
0 1 2 3 4 5 6 7 8 9 10 11 12 13

施工分类

材料选样的基本原则

Basic principles of material selection

1. 色差

常见的材料样板，可能面积过小并且有时常用白色或其他硬板衬托，这时候就不容易发现材料尤其是天然材料的色差和纹理的视觉效果，这与实际空间中的色彩运用存在较大差异。

2. 质感

材料的质感会影响其功能使用和整体视觉效果。

3. 光泽

材料的不同，其光泽会影响空间的视觉效果。

4. 耐久性

材料的耐久性是关系到材料质量的重要因素之一，老化、腐蚀、虫蛀、裂缝等现象，都影响到其耐久性。

5. 安全性

材料的强度、易燃、有毒等安全问题不可忽视，对材料的绿色环保要求更是当今体现其安全性的重要内容。所用材料应符合国家标准的规定。

选用新型材料一定要看实物，在空间中的效果及安全程度。

拆除方法

Dismantling method

门窗拆除

门窗拆掉后应码放在不需要拆的隔墙处，以备晚上运输组二次搬运。

墙体、窗洞口的拆除

（1）石膏板隔墙

将石膏板用撬棍撬开并码放整齐待运，再将保温岩棉打成捆，最后用大锤和撬棍将轻钢龙骨拆掉并分别打成捆待运（龙骨长度不宜超过 2m，方便搬运）。

（2）非承重砖墙、开窗洞口的拆除

用破碎炮、液压钳、风镐、水钻、电镐、墙锯、水锯和切割机等施工机械将墙体从上部向下依次分块拆除，配合手锤及撬棍进行细部拆除处理，一块一块拆，严禁采用淘掘或推倒的方法。

（3）吊顶拆除

石膏板、矿棉板吊顶的拆除，要按顺序一块一块拆掉，工人站在移动脚手架上先将石膏板逐块拆下码放整齐，再将吊件用手动压力钳将吊件剪断，分别打成捆待运。拆除吊顶时吊杆等物品要根据甲方要求进行保留或者拆除。

（4）地毯地板的拆除

先将地毯卷起，再将拆除的地板打捆并用绳索拴牢，码放整齐待运。

（5）灯具、洁具散热器的拆除

首先由水电专业工人断掉水电总闸，将灯具、洁具拆除，在拆除灯具时，将线头用绝缘胶布包好以防漏电。洁具拆除时先将软管和八字阀拆除，然后将污水总管连接处用布堵死。拆除散热器时一定要先关上阀门。

水 管

Water pipe

1.PP-R 管又称为热熔管，是一种新型管材，已经取代传统的镀锌管。PP-R 管具有重量轻、耐腐蚀、不结垢、保温节能、使用寿命长的特点，最高工作温度可达 95℃，使用卫生、安全、可靠。PP-R 管每根长 4m，管径从 20~125mm 不等，并配套各种管件。PP-R 管有冷水管和热水管之分，但无论冷水管还是热水管，管材的材质应该是一样的。

近年来，在 PP-R 管的基础上又开发出铜塑复合 PP-R 管、铝塑复合 PP-R 管、不锈钢复合 PP-R 管，进一步加强了 PP-R 管的强度。PP-R 管不仅用于冷热水管道，还可用于纯净饮用水系统。PP-R 管在安装时采用热熔工艺，可做到无缝焊接，也可埋入墙内。它的优点是价格便宜，施工方便。

2.PVC 管是由硬聚氯乙烯树脂加入各种添加剂制成的热塑性塑料管，适于水温不大于 45℃、工作压力不大于 0.6MPa 的排水管道。连接方式为承接、粘结、螺纹等均可。PVC 管具有重量轻、内壁光滑、流体阻力小、耐腐蚀性好、价格低等优点。PVC 管有圆形、方形、矩形等多种形式，直径为 10~250mm 不等。PVC 管中含铅，一般用于排水管，不能用作给水管。

3. 镀锌钢管过去一直被广泛用于输水管道。镀锌钢管的材质坚硬，具有一般金属的高强度，不易折断，有一定抗冻胀和冲击性能，现在常用于煤气管道（无缝钢管），管道接口密封必需采用厚白漆。

PP-R 管

直接头

堵头

45° 弯头

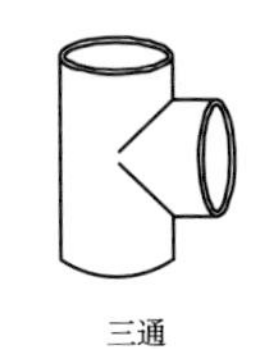
三通

弯头

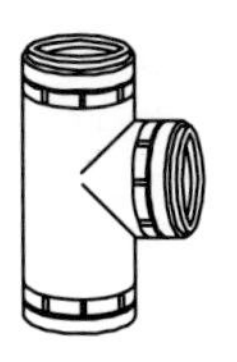
三通（活接）

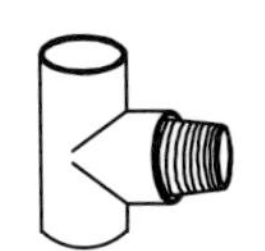
外螺纹

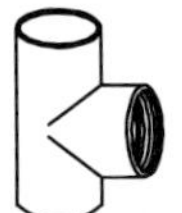
内螺纹

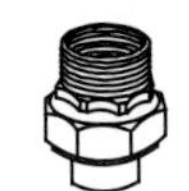
活接阀头（外螺纹）

活接阀头（内螺纹）

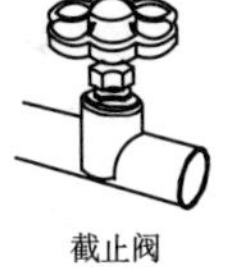
截止阀

球阀

PVC 管

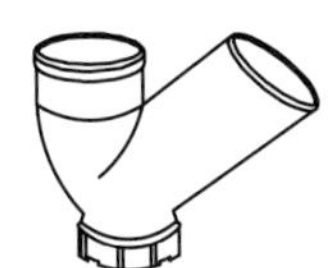
存水弯头

异型弯头

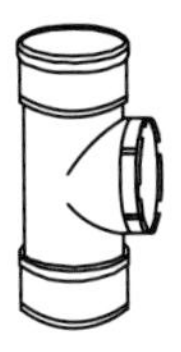
三通

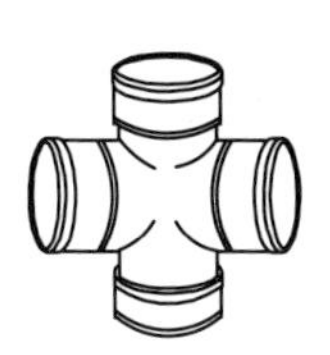
四通

90° 弯头（带检查口）

清扫口

弯头

风帽

管卡

垫子

镀锌钢管

外接头

内接头

内外螺纹

锁紧螺母

镀锌堵头

镀锌弯头

镀锌三通

镀锌大小头

异径四通

四通

月弯

外螺纹月弯

电线
Wire

室内装饰装修所用的电线一般为护套线和单股线两种。

1. 单股线：即单根电线，内部是铜芯，外部包 PVC 绝缘套，需要施工工人来组建回路，并穿接专用阻燃 PVC 线管或镀锌线管。单股线的 PVC 绝缘套有多种色彩，如红、绿、黄、蓝、紫、黑、白和绿黄双色等，在同一装饰工程中用线的颜色及用途应一致。阻燃 PVC 线管表面应光滑，壁厚要求达到手指用劲捏不破的程度，也可以用国际的专用镀锌管做穿线管，方可入墙埋设。

2. 护套线：为单独的一个回路，包括一根火线和一根地线，外部有 PVC 绝缘套进行保护。PVC 绝缘套一般为白色或黑色，内部电线为红色和彩色，安装时可以直接埋设到墙内。电线以卷计量，每卷线材应为 100m, 其规格一般按截面面积划分，照明用线选用 1.5mm², 插座用线选择 2.5mm²，空调用线不小于 4mm²。

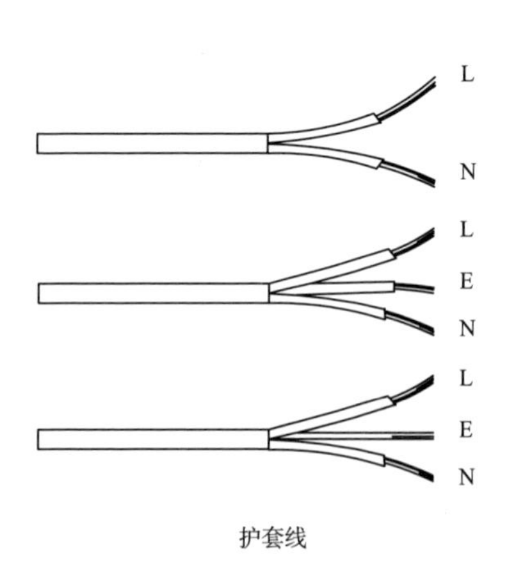

护套线

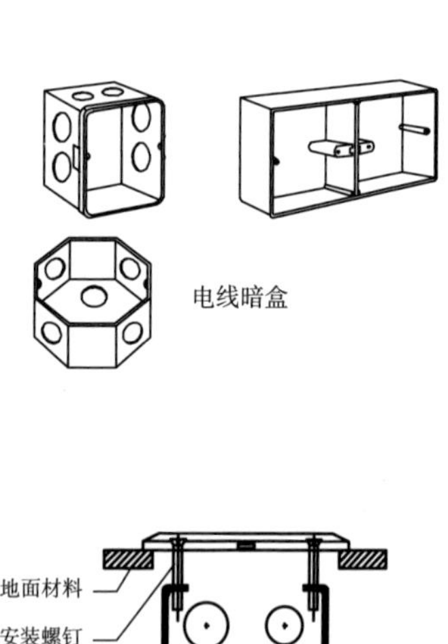

电线暗盒

地面插座剖面图

防水材料

1. 水泥砂浆类防水材料：这是一种常见的卫生间防水涂料，要按照一定比例配以水泥砂浆，形成均匀液体才可使用。在进行配料时，要使用搅拌器搅拌，搅拌过程中慢慢加入粉料，混合搅拌（可加适量水调节黏度，但最好在粉料加入前加水），要充分搅拌，直到均匀无粉团，无沉淀为止，配好的料应在2~3h内用完。

2. 聚合物高分子类防水材料：聚合物高分子类防水材料由多种水性聚合物合成，比如混合各种添加剂的优质水泥，就属于聚合物高分子类防水材料的一种。聚合物的柔性与水泥的刚性结为一体，其抗渗性与稳定性极佳。它的优点是施工方便，造价低，节约成本且环保。

3. 丙烯酸类卫生间防水材料：丙烯酸类防水涂料的最大的优点是，当涂料上完后，涂料本身会形成结膜，结膜有很强的弹性和延展性，很适合用作卫生间的防水材料。它还可以在潮湿基层上施工，黏结强度高，与基层和外保护装饰层结合牢固，无污染，无异味，绿色环保。

4. 聚氨酯类防水材料：聚氨酯类防水材料对墙面黏性好，涂抹后对墙壁的追随性高，卫生间、厨房这些需要做防水的地方本身就是一个潮湿的环境，如果黏性不好，很容易发生空洞，导致漏水。聚氨酯类防水材料涂膜坚韧、拉伸强度高、延伸性好；耐腐蚀、抗结构伸缩变形能力强，在恶劣的条件下不裂纹、不流淌；耐老化、耐磨，并具有较长的使用寿命。但有气味，黑色不环保，不美观。

施工做法

处理好要做防水位置基面，把基面处理成坚固、平整、干净、无灰尘、油腻、蜡等以及其他碎屑物质；基面有孔隙、裂缝、不平等缺陷的，须预先用水泥砂浆修补抹平，伸缩缝建议粘贴塑胶条，节点须加一层无纺布，管口填充建议使用堵漏灵或管口灌浆料。墙体转角处应抹成圆弧形（或V字型），确保基面充分湿润，但无明水，也可以使用堵漏灵在下水口周围进行涂刷。

基面防水施工

用毛刷或滚刷直接涂刷在基面上，力度使用均匀，不可漏刷。一般需涂刷2遍（根据使用要求而定），每次涂刷厚度不超过1mm。

前一次略微干固后再进行第一次涂刷（刚好不粘手，一般间隔1~2h），前后垂直十字交叉涂刷，涂刷总厚度一般为1~2mm。

如果涂层已经固化，涂刷另一层时应先用清水湿润。特别要注意墙的转角部位要处理成圆弧形再进行涂刷，且涂刷不能过厚（总厚度不超过2mm）。

穿件管道都要用套管套好，套管和墙体的孔洞要用堵漏灵填充好，且涂刷防水材料要刷至套管10mm高并不能过厚。

立面的防水施工

注重防水涂刷的位置和高度。一般墙体距地面上方涂刷300mm高；淋浴区周围墙体上方涂刷1800mm高或至墙顶位置；有浴缸的位置上方涂刷比浴缸高300mm。如果卫生间小于2m^2，建议涂刷至墙顶。

试水试验

防水涂料涂刷完形成防水层后（大概24h），蓄水20mm高，24~48h后看水有无明显减少或去楼下看楼顶是否有湿水点，没有就表示防水施工合格。

涂料
Coating

1. 水溶性内墙乳胶漆

水溶性内墙乳胶漆无污染、无毒、无火灾隐患，易于涂刷，干燥迅速，漆膜耐水、耐擦洗性好，色彩柔和。水溶性内墙乳胶漆，以水作为分散介质，环境污染问题小，透气性好，避免了因涂膜内外温度压力差而导致的涂膜起泡弊病，适合未干透的新墙面涂装。

2. 溶剂型内墙乳胶漆

溶剂型内墙乳胶漆，以高分子合成树脂为主要成膜物质，必须使用有机溶剂为稀释剂。该涂料用一定的颜料、填料及助剂经混合研磨制成，是一种挥发性涂料，价格比水溶性内墙乳胶漆和水溶性涂料要高。在潮湿的基层上施工时易起皮起泡、脱落等。

3. 通用型乳胶漆

通用型乳胶漆适合不同消费层次要求，是目前占市场份额最大的一种产品。最普通的为无光乳胶漆，效果白而没有光泽，刷上确保墙体干净、整洁，具备一定的耐刷洗性，具有良好的遮盖力。典型的是一种丝绸墙面漆，手感跟丝绸缎面一样光滑、细腻、舒适，侧墙可看出光泽度，正面看不太明显。这种乳胶漆对墙体要求比较苛刻，如若是旧墙返新，底材稍有不平，灯光一打就会显出光泽不一致。因此对施工要求比较高，施工时要求活做得非常细致，才能尽显其高雅、细腻、精致的效果。

4. 抗污乳胶漆

抗污乳胶漆是具有一定抗污功能的乳胶漆，对一些水溶性污渍，例如水性笔、手印、铅笔等都能轻易擦掉，一些油渍也能沾上清洁剂擦掉，但对一些化学性物质如化学墨汁等，就不会擦到恢复原状，只是耐污性好些，具有一定的抗污作用，但不是绝对的抗污。

5. 抗菌乳胶漆

抗菌乳胶漆除具有涂层细腻丰满、耐水、耐霉、耐候性外，还有抗菌功能，它的出现推动了建筑涂料的发展。目前理想的抗菌材料为无机抗菌剂，它有金属离子型无机抗菌剂和氧化物型抗菌剂，对常见微生物、金黄色葡萄球菌、大肠杆菌、白色念珠菌及酵母菌、霉菌等具有杀灭和抑制作用。选用抗菌乳胶漆可在一定程度上改善生活环境。

6. 叔碳漆

叔碳漆的基料是基于叔碳酸乙烯酯的共聚物。由于叔碳酸乙烯酯上有一个庞大的多支链的叔碳基团，对基料分子链起到保护作用，并具有溶剂性的增塑作用，因此叔碳漆具有出色的漆膜性能，同时具有优异的耐受性能、装饰性能及施工性能。

7. 水性黑板漆

水性黑板漆被广泛应用到儿童房、个性化餐厅、阳台等空间的局部墙面，尤其是儿童房，可以说有孩子的地方，一定要用水性黑板漆。 水性黑板漆是以“罐”为单位，用清水勾兑即可施工。水性黑板漆比传统溶剂型黑板漆更环保。

墙角线

Corner line

墙与地面之间的过渡部分

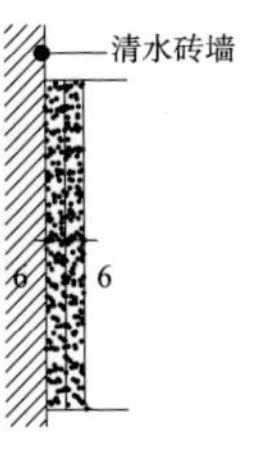

水泥踢脚

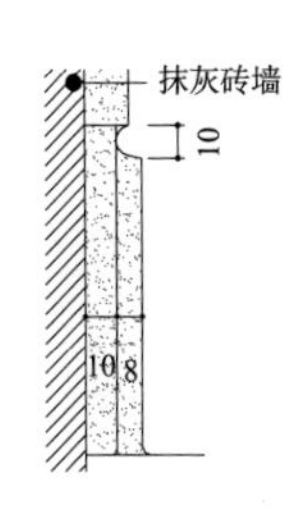

水泥踢脚

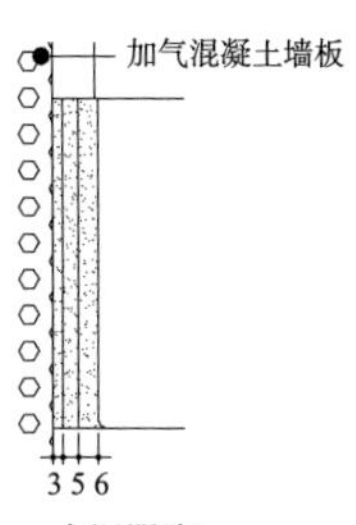

水泥踢脚

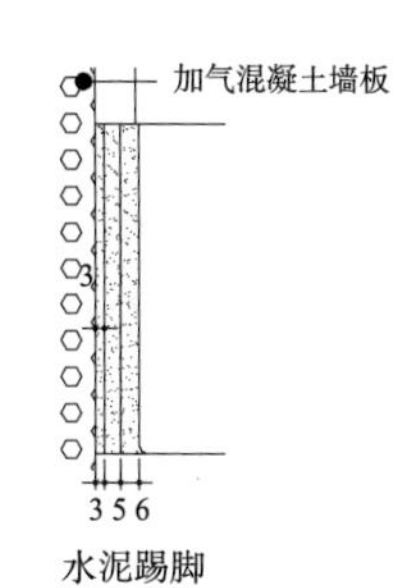

水泥踢脚

加气混凝土墙板

5

建筑胶水泥（掺色）面层（三遍做法）

5 厚 1:0.5:2.5 水泥石灰膏砂浆罩面压实赶平

5 厚 1:1:6 水泥石灰膏砂浆
打底扫毛或划出纹道刷界面剂
一道甩毛（甩前先将墙面用水湿润）

55

建筑胶水泥踢脚

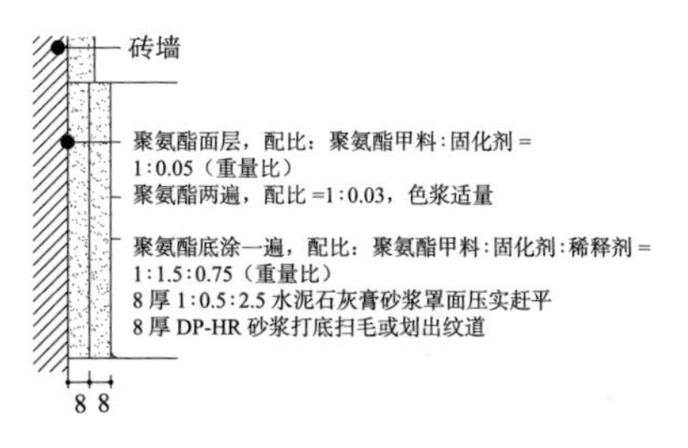

聚氨酯踢脚

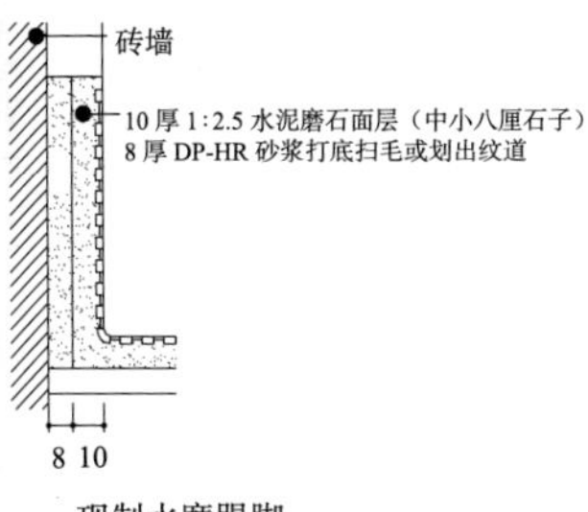

现制水磨踢脚

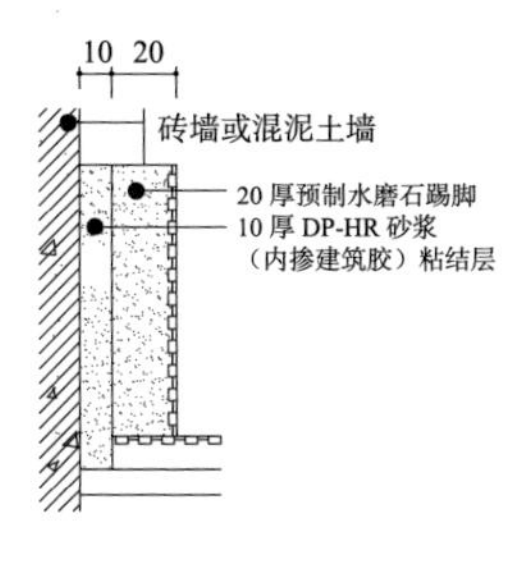

预制水磨踢脚

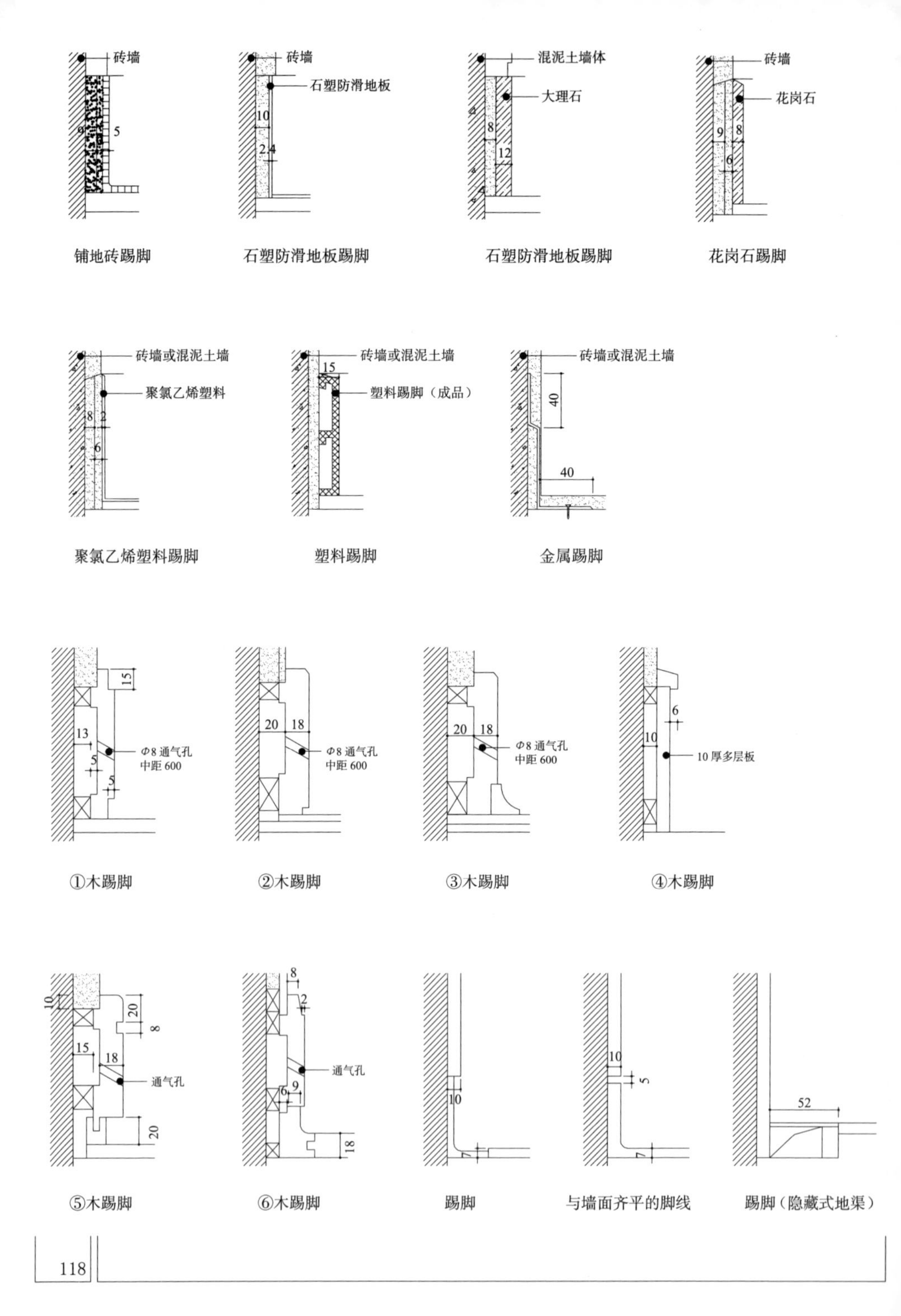
砖墙
9
5
铺地砖踢脚
砖墙
石塑防滑地板
10
2.4
石塑防滑地板踢脚
混泥土墙体
大理石
8
12
石塑防滑地板踢脚
砖墙
花岗石
9
8
6
花岗石踢脚
砖墙或混泥土墙
聚氯乙烯塑料
8
2
6
聚氯乙烯塑料踢脚
砖墙或混泥土墙
15
塑料踢脚（成品）
塑料踢脚
砖墙或混泥土墙
40
40
金属踢脚
15
13
Φ8 通气孔
中距 600
5
5
①木踢脚
20
18
Φ8 通气孔
中距 600
②木踢脚
20
18
Φ8 通气孔
中距 600
③木踢脚
6
10
10 厚多层板
④木踢脚
10
20
8
15
18
通气孔
20
⑤木踢脚
8
2
通气孔
6
9
18
⑥木踢脚
10
踢脚
10
5
与墙面齐平的脚线
52
踢脚（隐藏式地渠）

角钢、槽钢、工字钢

Angle steel, channel steel, I－beam

钢材有角钢、槽钢、工字钢等多种，均具有良好的机械性能，可焊接。广泛应用于建筑钢材、混泥土结构中。

角钢

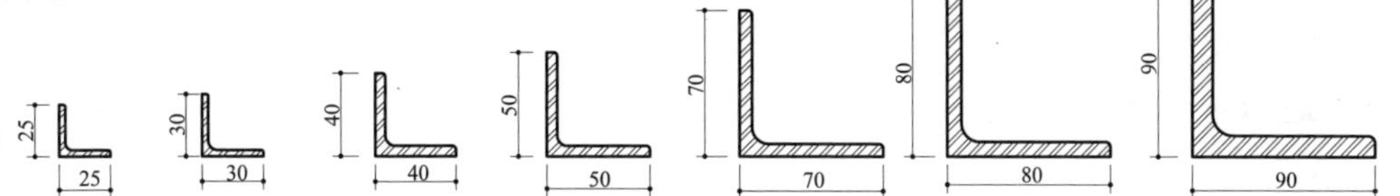

工字钢

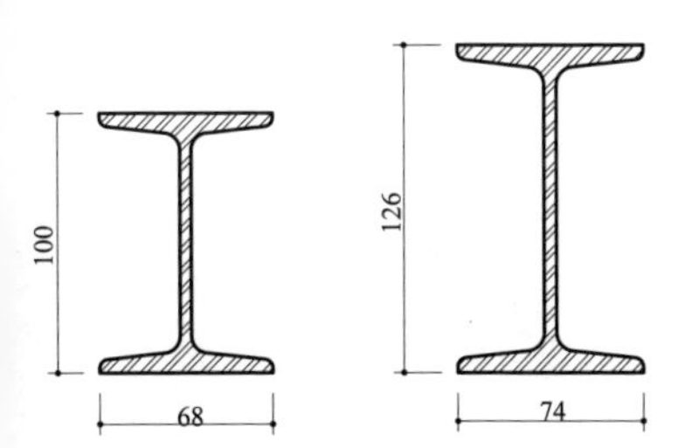

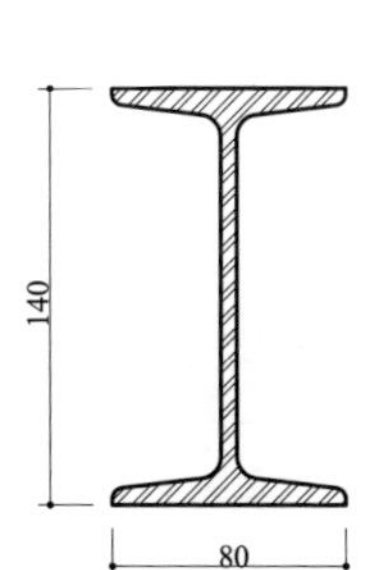

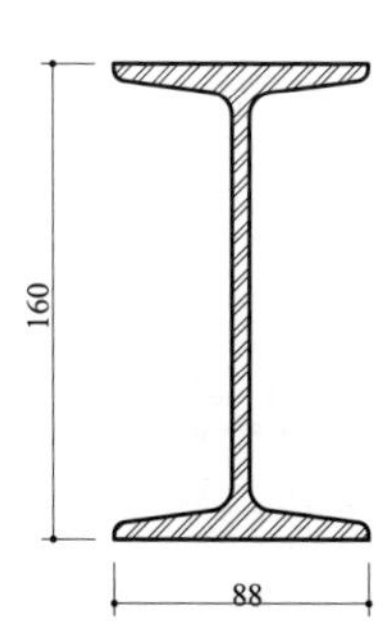

槽钢

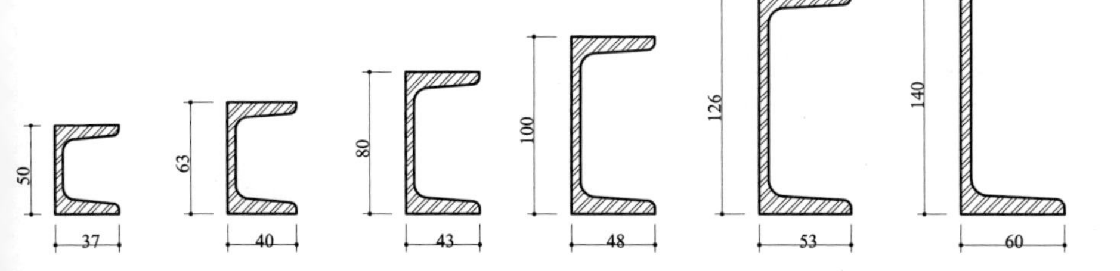

砌体材料

Masonry materials

1. 砖

（1）耐火砖

（2）非耐火砖（土坯砖）

2. 混凝土块材（或混凝土砌块）

3. 石块

4. 玻璃砖

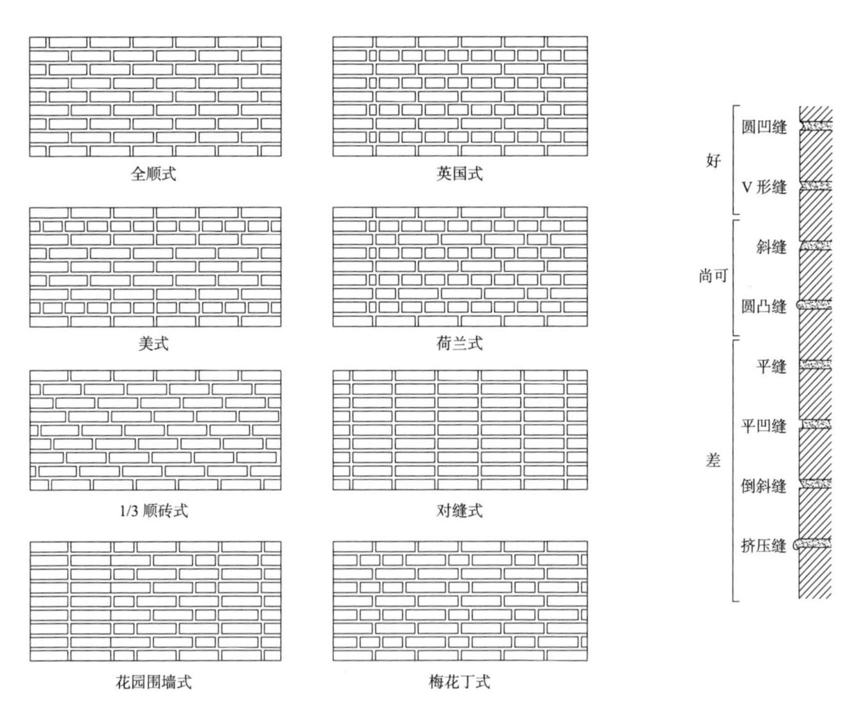

砌墙砌式　　砌合灰缝

木材缺陷

Wood defect

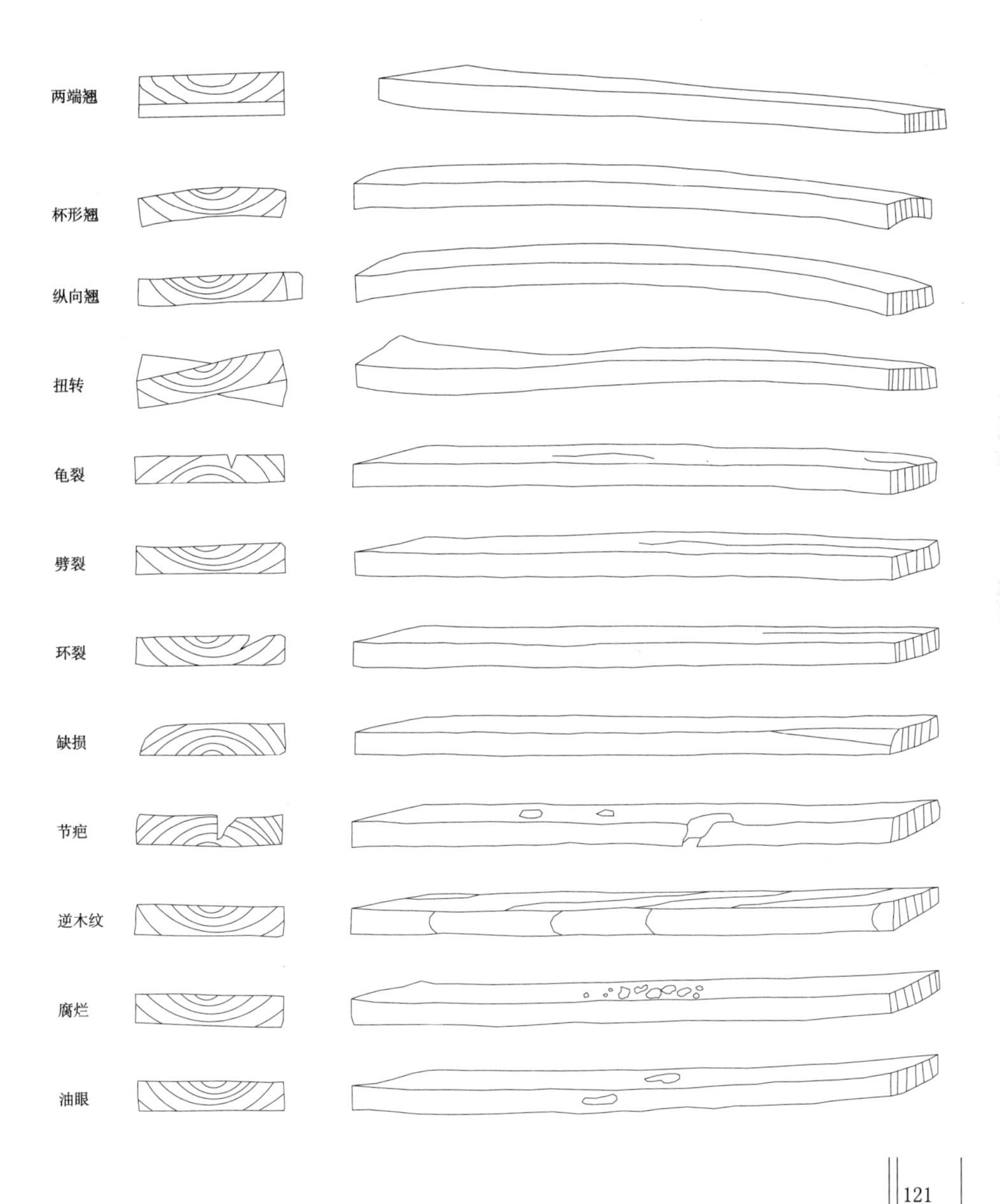

饰面板拼接

Panel splicing

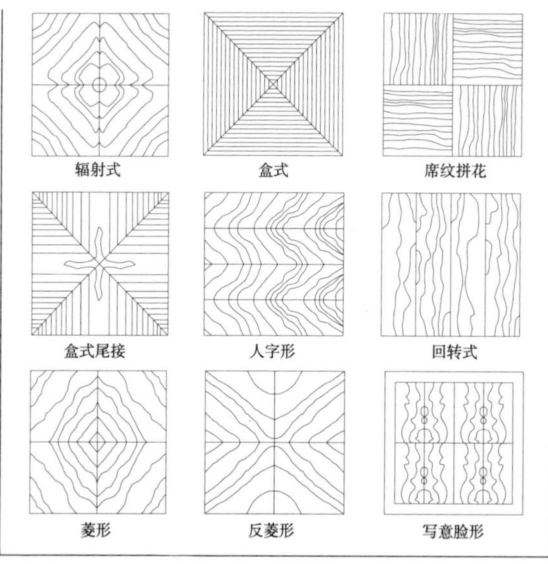

特殊木饰面板的拼接花式

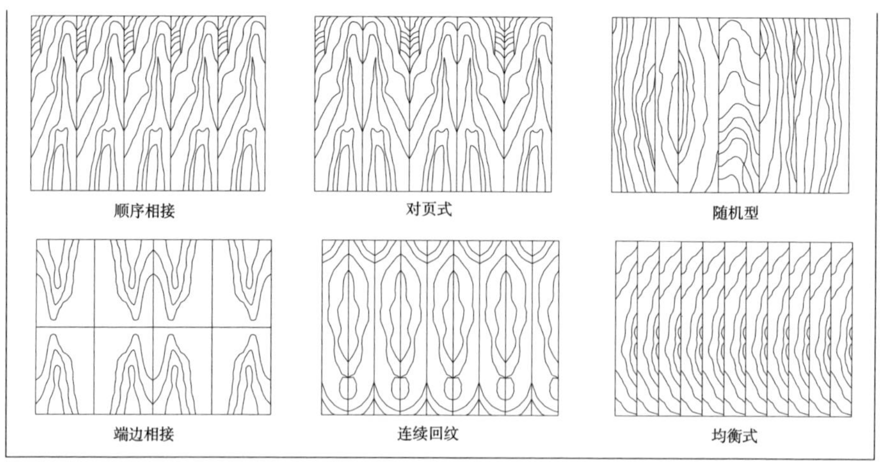

饰面板拼接类型

家居保洁

Housekeeping

家居保洁，顾名思义就是在家居的环境中从事卫生清洁工作。是指通过专业保洁人员使用清洁设备、工具和药剂，对居室内地面、墙面、顶棚、阳台、房、卫生间等部位进行清扫洁，对门窗、玻璃、灶具、洁具、家具等进行针对性的处理，以达到环境清洁、杀菌防腐、物品保养的一项活动。保洁工作中比较重要的原则一般是从上向下，从里到外的清洁顺序，或者从大到小的方式。

工作步骤

1. 清理现场的大型垃圾，比如：地板包装纸、成品保护膜、现场施工费料。

2. 对顶面、墙面、地面依次进行粗略清扫。

3. 擦拭灯具、柜门及柜子、固定家具、窗户等，厨房的橱柜和洁具也在擦拭范围内。

4. 地面清洁要根据所需要的保洁材料选择相应的保护剂。

5. 清理过程中不要破坏家具设备。

家居保洁包括开荒保洁和家居保洁两类

1. 开荒保洁

开荒保洁一般是指新房装修或粉刷后的第一次全面彻底的保洁。

2. 家居保洁

家居保洁是指人住后的日常清洁维护，例如擦拭玻璃、地板打蜡、清洗油烟机等。

家居保洁具体项目

1. 玻璃清洗：先用毛擦沾上稀释后的玻璃水溶液，均匀地从上到下涂抹玻璃，污渍严重的地方多涂抹几次，然后用玻璃刮刀从上到下刮干净，再用干毛巾擦净留下的水痕，玻璃上的水痕用机皮擦拭干净。

2. 卫生间保洁：用湿毛巾沾上清洁剂从上到下全方位地擦拭，着重处理开荒保洁留下的死角，洁具及不锈钢管件等，然后用干毛巾全方位地擦拭一遍。

3. 清洗厨房：用湿毛巾再一次全方位地擦拭一遍，着重地面与边角等处，厨具及各种不锈钢管件，然后用干毛巾再重复一次，用不锈钢养护液擦拭各种不锈钢管件。

4. 卧室及大厅保洁：用鸡毛掸子清除墙面上的尘土，擦拭开关盒、排风口、空调口等。

5. 门及框的保洁：把毛巾叠成方块，从上到下擦拭，去掉胶水点等污渍，擦拭门框、门角等易被忽视的地方，全面擦拭后，喷上家私蜡。

6. 地面清洗：着重处理开荒保洁遗留下的漆点、胶点等污渍，然后用清洗机对地面进行清洗。

7. 地角线保洁：用湿毛巾全面擦拭，着重处理没有清洁掉的漆点，再用干毛巾擦拭后分材质喷上家私蜡。

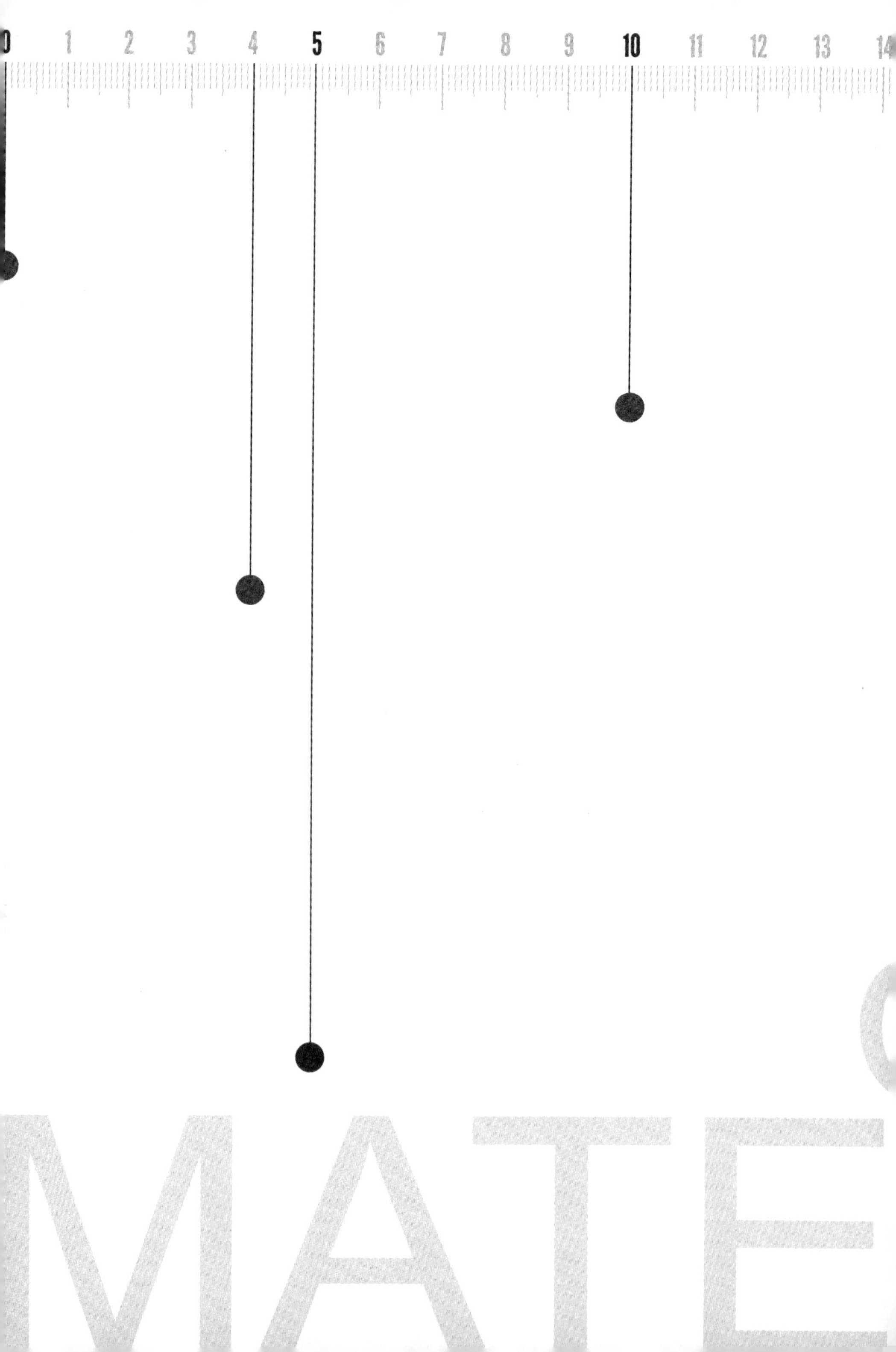
0 1 2 3 4 5 6 7 8 9 10 11 12 13 14
MATE

常用材料

顶棚材料

铝扣板

Aluminous gusset plate

铝扣板是铝制品，安装方法因为是扣在龙骨上，所以称为铝扣板。铝扣板厚度一般以 0.4~0.8mm 为主，高端产品厚度为 10mm 及以上。造型有条形、方形及菱形等，图案造型有冲孔板和造型板。

家装时一般有两个地方需要安装铝扣板，卫生间和是厨房，有些家阳台也选择铝扣板。卫生间的天花板可以选择镂空花型，哑光、亮光、珠光均可。厨房的天花板要选择平板型为宜，避免造型过于复杂，尽量选择易于清理的亮光板和珠光板。

选购铝扣板时，可以使用磁铁来验证，如果能吸住，证明是不锈铁假冒的伪劣产品。

矿棉板品种与边头形式

Mineral wool board variety and edge type

矿棉板是以矿物纤维棉为原料制成，基本都是白色，最大的特点是具有很好的吸声、隔热效果。其表面有滚花和浮雕等效果，图案有满天星、微孔、毛毛虫、十字花、中心花、核桃纹、条状纹等。矿棉板能隔音、隔热并防火，任何制品都不含石棉，对人体无害，并有抗下陷功能。常用规格有 300 mm×600 mm，600 mm×600 mm，600 mm×1200 mm。可以用于影音室的顶面和墙面，隔断噪声，营造安静的室内环境。

复合粘贴矿棉板

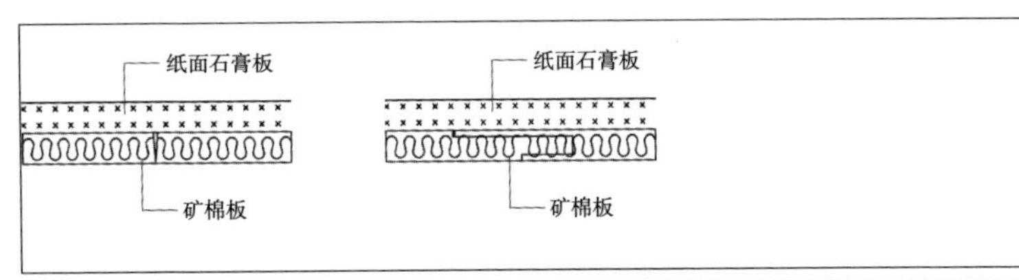

边头形式

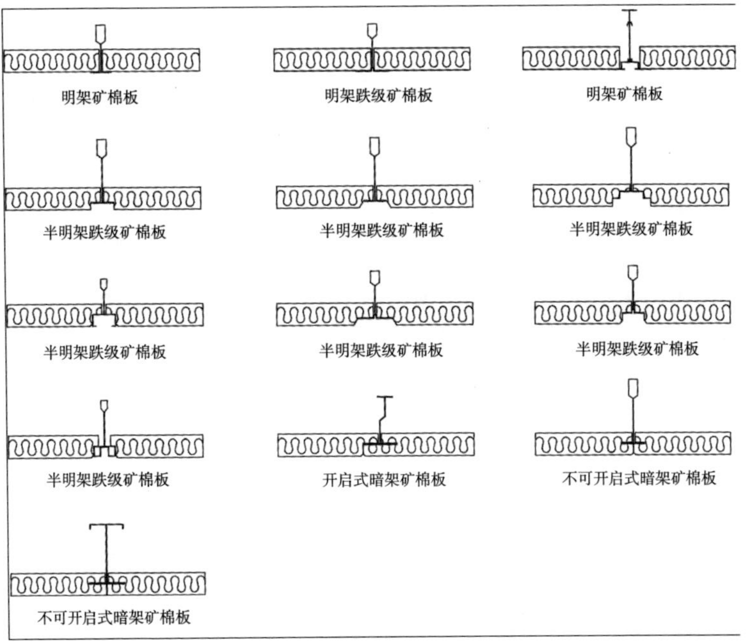

矿棉吸声板吊顶

矿棉顶棚板采用钢厂优质矿渣原料精心制造。作为矿棉板的主要成分，不使用石棉，不会出现针状粉尘，不会经呼吸道进入人体，造成危害。

有效抵抗水汽进入，防止胶结物质遇水逆返，使胶结物质在潮湿环境下仍保持良好的胶结力，不含甲醛。

矿棉板具有优良的防火、吸声、装饰、隔热等性能，广泛应用于公共建筑和居住建筑室内吊顶。

根据矿棉板裁口方式、板边形状的不同，有复合粘贴、暗插、明架、明暗结合等灵活的吊装方式。

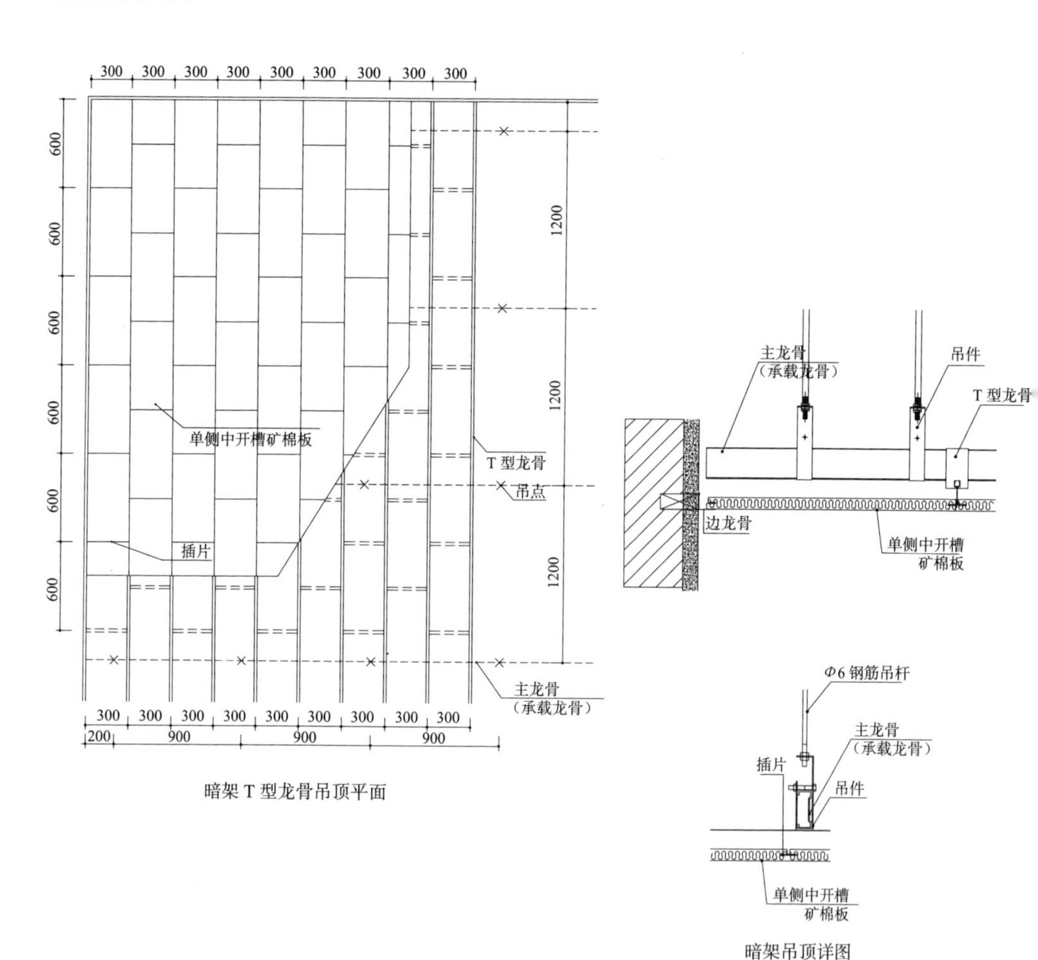

暗架 T 型龙骨吊顶平面

暗架吊顶详图

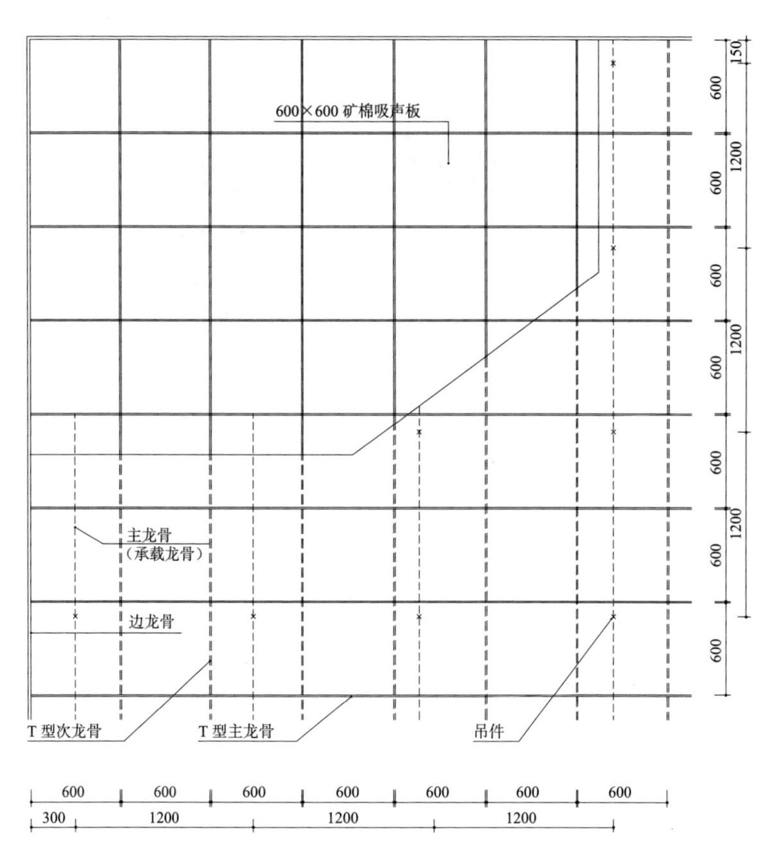

600×600 矿棉板明架吊顶平面

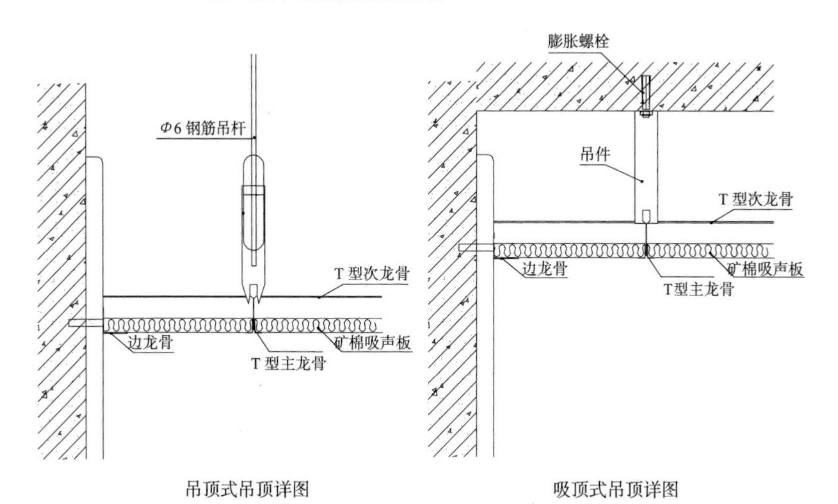

吊顶式吊顶详图

吸顶式吊顶详图

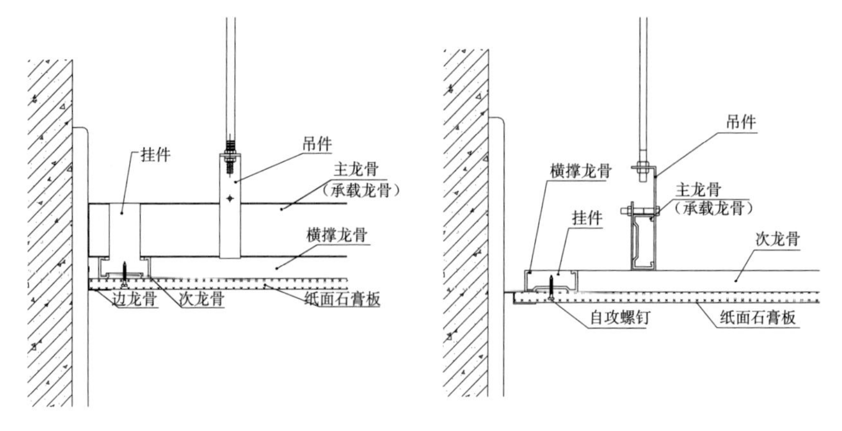

不上人吊顶详图

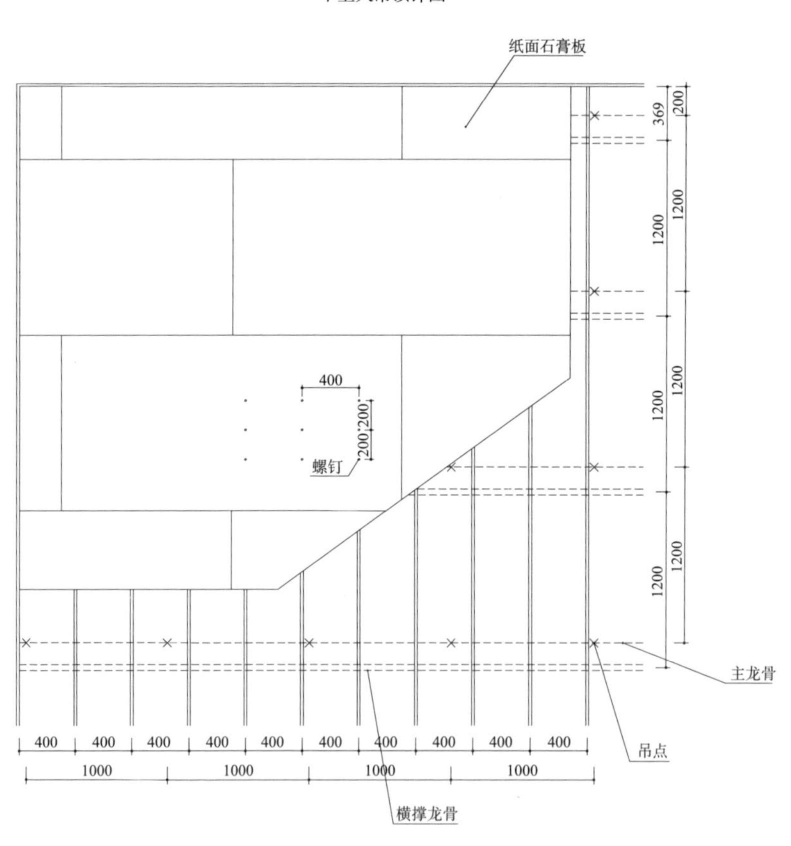

不上人吊顶平面

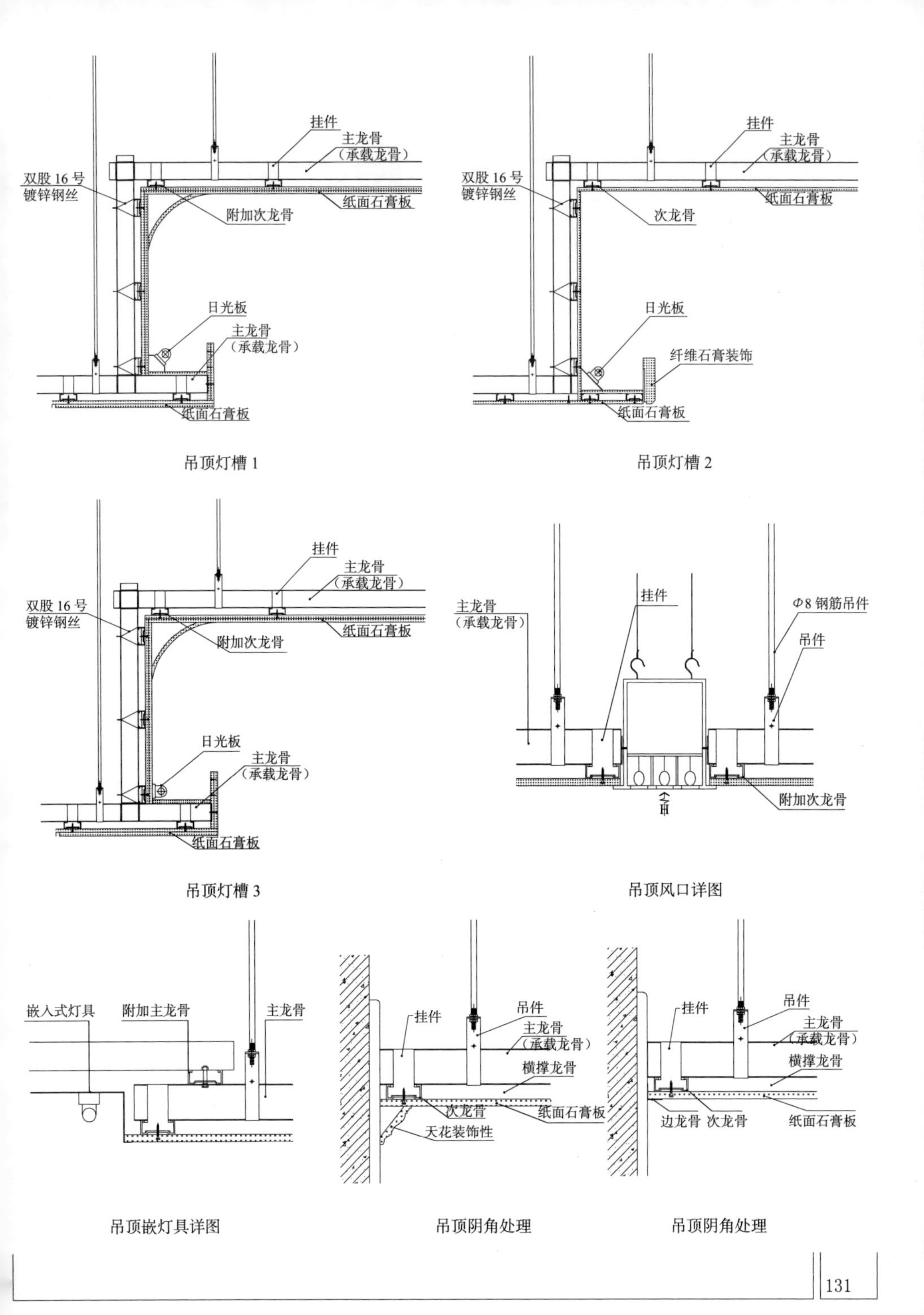

挂件
主龙骨
（承载龙骨）
双股 16 号
镀锌钢丝
附加次龙骨
纸面石膏板
日光板
主龙骨
（承载龙骨）
纸面石膏板
吊顶灯槽 1
挂件
主龙骨
（承载龙骨）
双股 16 号
镀锌钢丝
次龙骨
纸面石膏板
日光板
纤维石膏装饰
纸面石膏板
吊顶灯槽 2
挂件
主龙骨
（承载龙骨）
双股 16 号
镀锌钢丝
附加次龙骨
纸面石膏板
日光板
主龙骨
（承载龙骨）
纸面石膏板
吊顶灯槽 3
主龙骨
（承载龙骨）
挂件
Φ8 钢筋吊件
吊件
附加次龙骨
吊顶风口详图
嵌入式灯具
附加主龙骨
主龙骨
吊顶嵌灯具详图
挂件
吊件
主龙骨
（承载龙骨）
横撑龙骨
次龙骨
纸面石膏板
天花装饰性
吊顶阴角处理
挂件
吊件
主龙骨
（承载龙骨）
横撑龙骨
边龙骨
次龙骨
纸面石膏板
吊顶阴角处理

轻钢龙骨纸面石膏板吊顶

顶棚按组成顶棚的轻钢龙骨品种来分有上人顶棚（有承载龙骨的顶棚）和不上人顶棚（无承载龙骨的顶棚）两种。

上人顶棚由于有些顶棚的内部（即楼板与顶棚的上部之间）需要设置线路、管线和设备等，为了便于上人检查，故顶棚除了要承受自身的重量外，还要承受人员在顶棚内部进行检修的附加荷载，这类顶棚称为上人顶棚。上人顶棚在龙骨的选择上要采用能承受较大荷载的龙骨——承载龙骨（主龙骨），此外，吊杆与楼板的连接要更加牢固。

不上人顶棚不需要承受人员检修所附加的荷载，而仅需要承受顶棚自身的重量以及较小的线路、设备的荷载。

由于有的室内空间净高有限，一般可以考虑采取不上人吸顶顶棚。

（螺钉必须钉在龙骨上，螺帽必需凹于石膏板并涂抹防锈漆）

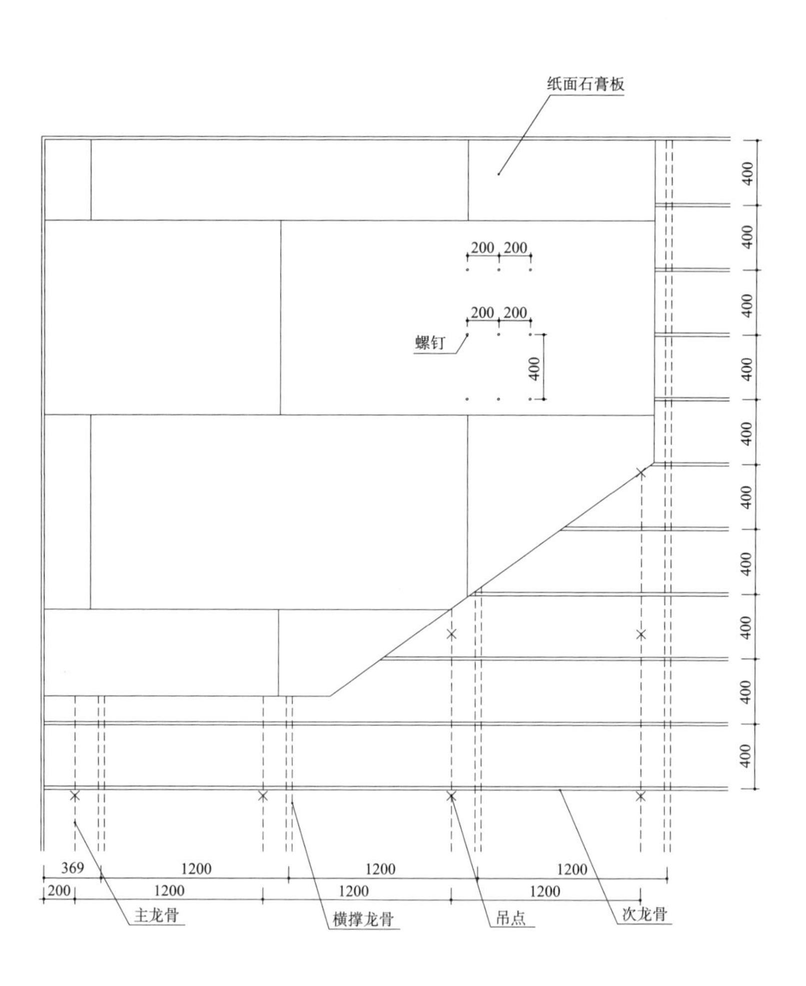

上人吊顶平面

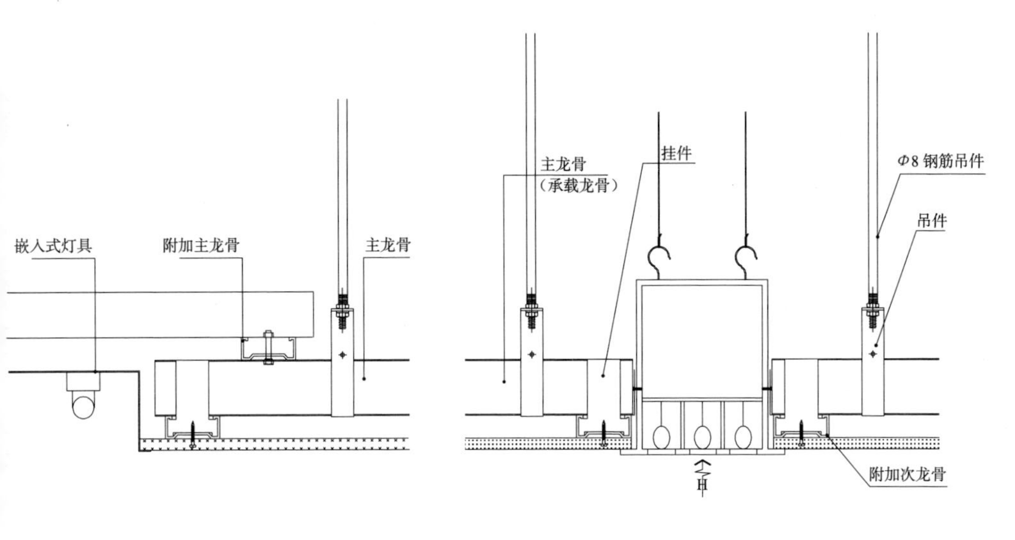

吊顶嵌灯具详图

吊顶风口详图

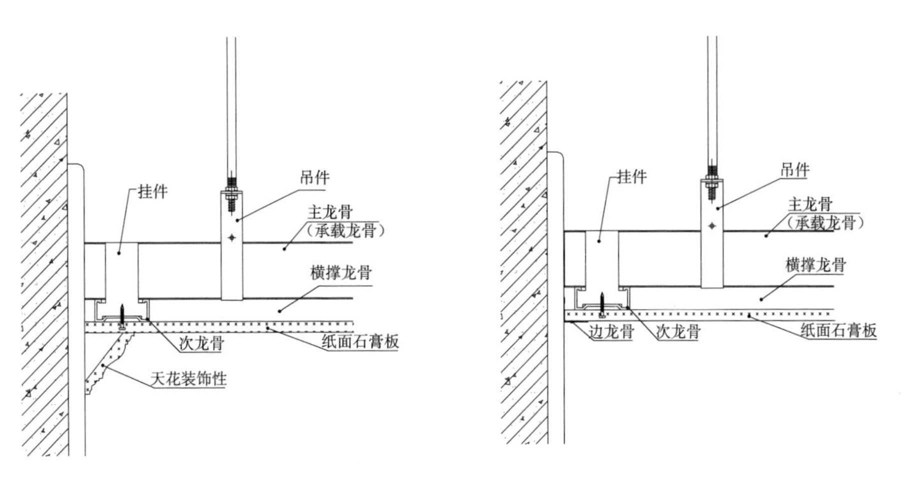

吊顶阴角处理

吊顶阴角处理

吊顶灯槽图

- 金属
- 主龙骨（承载龙骨）
- 双股 16 号镀锌钢丝
- 荧光灯
- 纸面石膏板

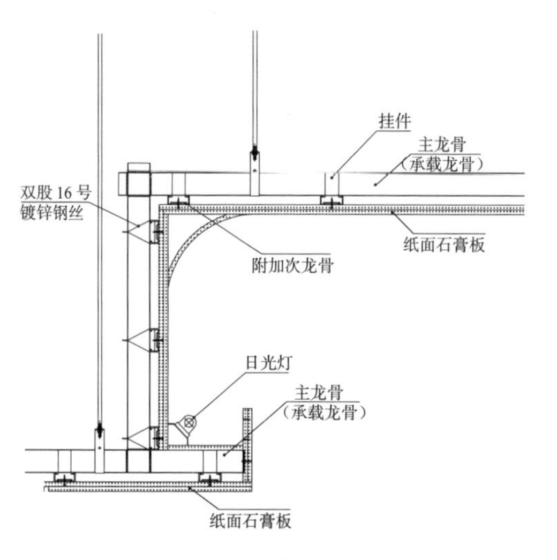

吊顶灯槽 1

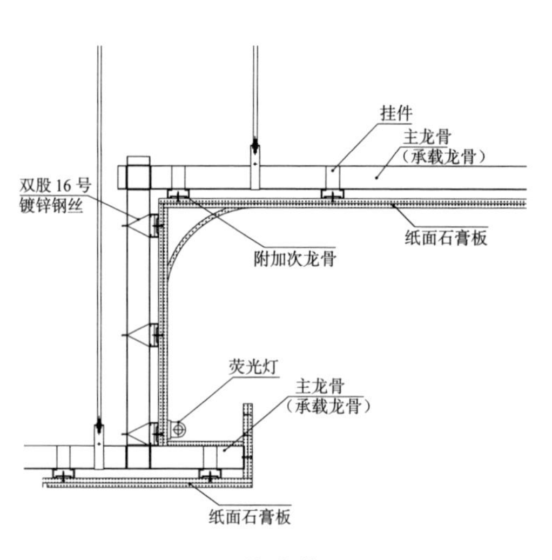

吊顶灯槽 2

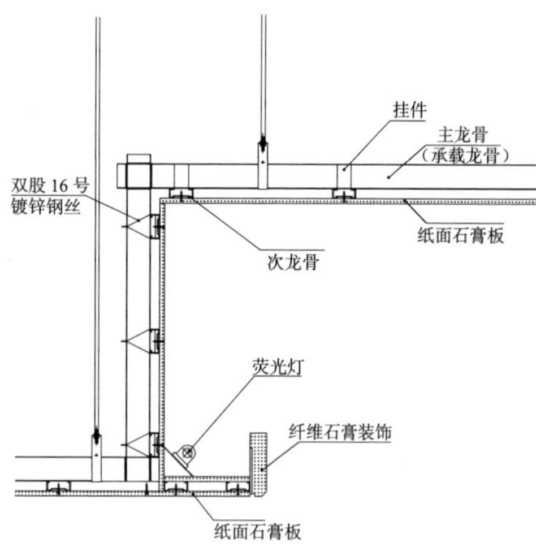

吊顶灯槽 3

金属板吊顶

金属板（网）吊顶系统由金属面板或金属网、龙骨及安装辅配件（如面板连接件、龙骨连接件、安装扣、调校件等）组成。

金属板吊顶是采用铝及铝合金基材。钢板基材、不锈钢基材、铜基材等金属材料经机械加工成形，而后在其表面进行保护性和装饰性处理的吊顶装饰工程系列产品。金属板（网）吊顶广泛应用于公共建筑、民用建筑的各种场所吊顶，品种繁多、变化丰富。

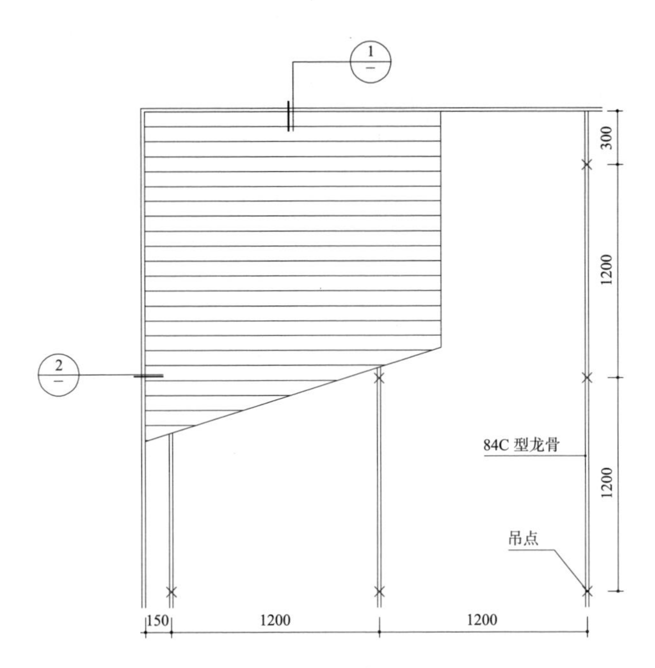

84 宽铝合金条吊顶平面

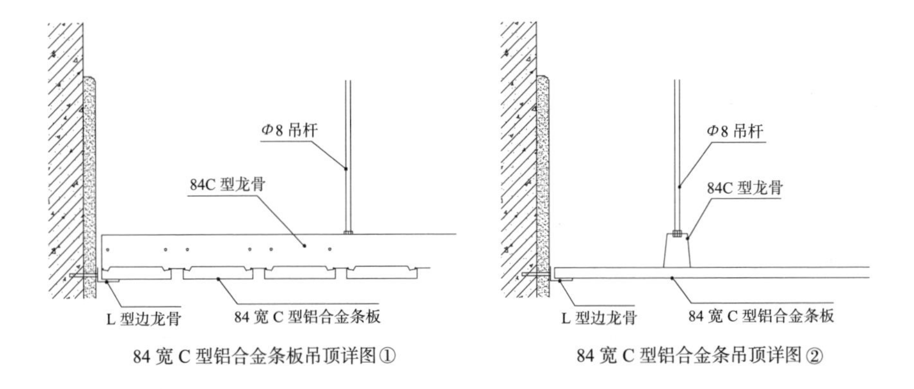

84 宽 C 型铝合金条板吊顶详图①　　84 宽 C 型铝合金条吊顶详图②

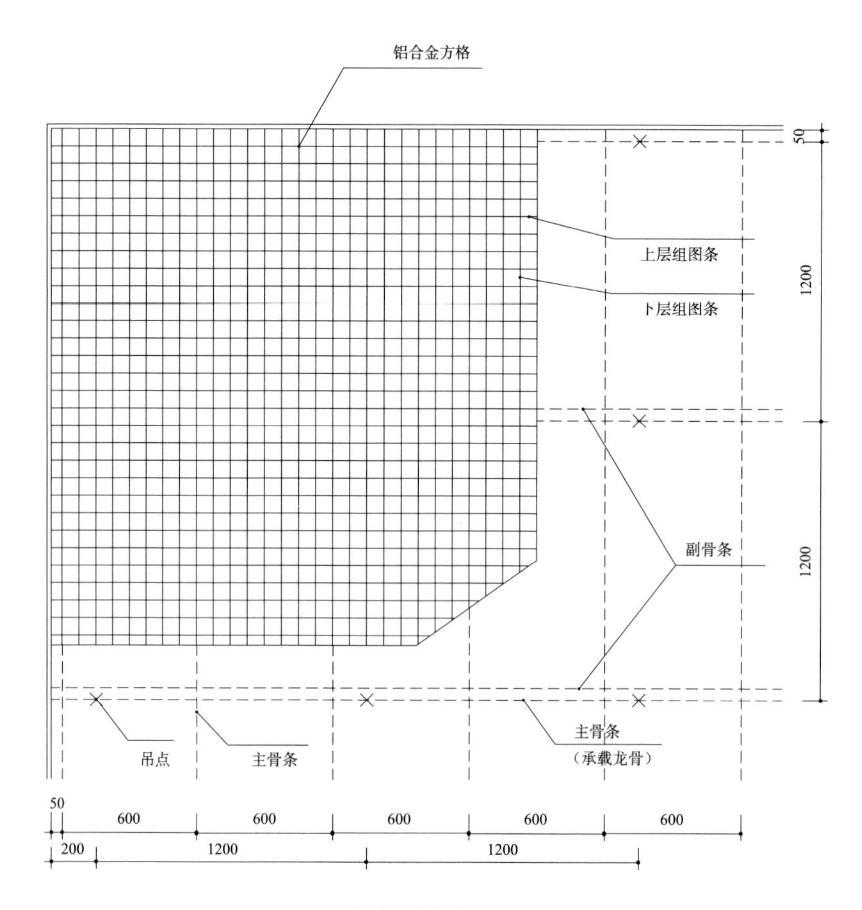

铝合金方格吊顶平面

格片高	格片宽	方格中距	主骨条长	副骨条长 下层组条长	上层组条长
50	10	75	1810	590（1190）	1190
50	10	90	1810	590（1190）	1190
50	10	100	1810	590（1190）	1190
50	10	120	1810	590（1190）	1190
60	10	150	1810	585（1185）	1185
80	10	200	1810	585（1185）	1185
100	20	300	1820	1180	1180
	30		1830	1170	1170

柔性（软膜）吊顶

柔性（软膜）吊顶是新材料与技术的结晶。历经市场检验，功能已日趋完善。已经广泛应用到会所、体育场馆、办公室、医院、学校、大型卖场、家居、音乐厅和会堂等民用建筑室内吊顶。
柔性吊顶由软膜、软膜扣边、龙骨三部分组成。

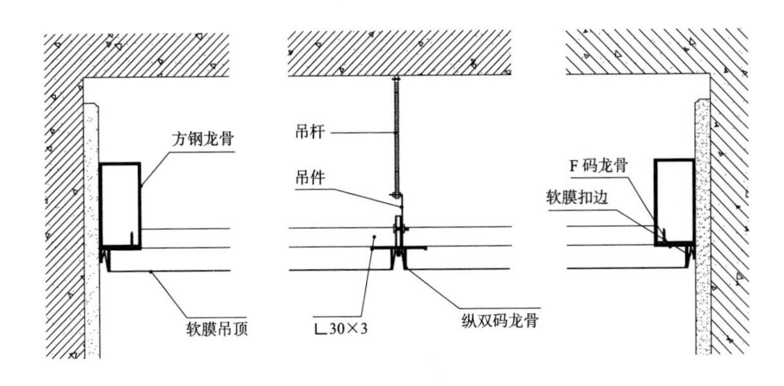

柔性（软膜）吊顶构造图

铝格栅

Aluminum grille

铝格栅具有开放的视野，通风、透气，其线条明快整齐，层次分明，体现了简约明了的现代风格，安装拆卸简单方便，已成为近几年风靡装饰市场的主要产品。铝格栅主要可分为凹槽铝格栅和平面铝格栅，标准厚度为 10mm 或 15mm。

安装流程：

（1）确定好高度，在墙上用墨斗弹出水平线。
（2）用铁质膨螺胀栓把吊筋固定，轻钢龙骨要保持水平（如果格栅跨度不超过 3m 就不需要吊筋了）。
（3）用水泥钉把铝角线沿水平线钉好。
（4）铝格栅放在地面组拼完整。
（5）把组拼好的格栅天花放在铝角铁上面，在中间位置用细铁丝直接扎紧在轻钢龙骨上。

铝塑板

Aluminum composite panel

铝塑板由薄铝层和塑料层构成，分为单面铝塑板和双面铝塑板两种。规格为 1220mm×2440mm，厚度一般 3~5mm 左右。

铝塑板装饰性好，主要用于形象墙、展柜、厨卫吊顶等。

在选购铝塑板时，应用游标卡尺测量一下厚度是否达到要求，再用磁铁检验是铁还是铝。

防盗门

Anti-theft door

按防盗安全级别共分 4 级，分别为甲、乙、丙、丁四级，从高到低，依次递减。

按照结构特点来分，主要有推拉式栅栏防盗门、平开式栅栏防盗门、塑料浮雕防盗门和多功能豪华防盗门等几种类型。平开式是目前市场上需求量最大的一种防盗门。防盗门除了防盗外，还牵涉到保温、隔音及美观等诸多方面。

平开门从形式上分为普通平开门、门中门、子母门和复合门。普通平开门即为单扇开启的封闭门。门中门既有栅栏门又有平开门的优点，它外门的部分为栅栏门，在栅栏门后有一扇小门，开启小门可起到栅栏门通风等用途，关闭小门起到平开门的作用。子母门一般用于家庭入户门框较大的住宅，既保证平时出入方便，也可让大的家具方便搬入。复合门也称一框两门，前门为栅栏门，后门为封闭式平开门。

防盗门面板是钢板，里面衬有防盗龙骨并填满填充物。防盗门中的填充物一般是蜂窝纸、矿渣棉、发泡剂等。蜂窝纸的防火性能好，但保温、隔音性能较差。发泡剂保温、隔音性能好，但防火性能差一些。矿渣棉的综合性能较好。工艺质量应特别注意检查有无焊接缺陷，诸如开焊、未焊、漏焊、夹渣等现象。看门扇与门框配合是否密实，间隙是否均匀一致，开启是否灵活，所有接头是否密实，油漆电镀是否均匀牢固、光滑等，用手在门板上按一下会不会颤动。

防盗门锁有机械锁、自动锁和磁性锁等。主要体现在其关键部件（锁具）的智能化，其中包括已经开始广泛使用的各类电子防盗锁，如指纹、密码、IC 卡锁等。随着技术的进步，物联网安全门除了用智能锁具代替传统的机械锁具外，还将与具有安防、家电控制、老人小孩看护等功能的智能家居系统结合，并且能够实现联网报警、视频监控、数据传输和远程控制等功能，这些都是智能化的体现。

执行标准 GB 17565—2007《防盗安全门通用技术条件》。

窗户

Windows

塑钢窗户

应观察型材外观情况，颜色应该是青白色的，而不是通常人们认为的白色。注意组成门窗的框和扇的型材颜色是否一致，外观是否均匀，型腔分布是否合理。塑钢门窗型材配方中通常要加入碳酸钙作为添加材料，而有些厂家为降低成本，如果加入量过多，则成为钙化了的塑料，这种塑料制成的门窗表面缺少光泽，显得粗糙，硬而脆，看起来有种像石块的粗犷感。对于塑钢窗，除了组装的各种型材装配间隙要考虑外，密封条是否均匀、牢固也很重要，接口间隙应不大于 1mm，这反映窗的密封性能。各种间隙值在国家标准中都有规定，各种型材连接处间隙值越小，配合越紧密，组装工艺越精湛，这反映组装水平和组装工具的精度。

按照国家标准的要求，塑钢门窗的框、扇的内腔需装配加强型钢，有 1.2mm、1.5mm、2.0mm 三种厚度的加强型钢，以确保塑钢的坚固性和使用寿命。而有些厂家为了降低成本，则不安装或装入不符合要求的加强型钢。

在选购产品时，通常有以下检查方法：

（1）重量法估计，称门窗的重量，安装加强型钢的门窗分量重，反之则轻。
（2）用磁铁放在门窗的框和扇上，如果磁铁吸附，则里面有加强型钢，反之则无。
（3）观察门窗的框和扇上是否有紧固型钢的螺钉，也可证明是否装配有加强型钢。观察玻璃和五金件，玻璃应平整、无水纹，玻璃与塑料型材不直接接触，有密封压条贴紧缝隙。五金件应齐全，位置正确，安装牢固，使用灵活。门窗表面应光滑平整，无开焊断裂。密封条应平整、无卷边、无脱槽、胶条无气味。门窗关闭时，扇与框之间无缝隙。门窗开启滑动自如，声音柔和，绝无粉尘脱落。若是双层玻璃，夹层内应没有灰尘和水汽。

断桥铝合金窗户

两面为铝材，中间用 PA66 尼龙作为断热材料。这种创新结构设计，兼顾了尼龙和铝合金两种材料的优势，同时满足装饰效果和门窗强度及耐老化性能等多种要求。超级断桥铝型材可实现门窗的三道密封结构，显著提高门窗的水密性和气密性。

1. 分类

（1）按开启方式分为固定窗、上悬窗、中悬窗、下悬窗、立转窗、平开门窗、滑轮平开窗、滑轮窗、平开下悬门窗、推拉门窗、推拉平开窗、折叠门、地弹簧门、提升推拉门、推拉折叠门和内倒侧滑门。
（2）按性能分为普通型门窗、隔声型门窗和保温型门窗。
（3）按应用部位分为内门窗和外门窗。

2. 性能

（1）保温性好：断桥铝型材中的 PA66 尼龙导热系数低。
（2）隔音性好：其结构经过精心设计，接缝严密，室内噪声低于 30dB。

（3）耐冲击：由于断桥铝型材外表面为铝合金，因此它比塑钢窗型材的耐冲击性能更好。
（4）气密性好：断桥铝合金窗的各隙缝处均安装多道密封胶条，气密性好。
（5）水密性好：门窗设计了防雨水结构，可以将雨水完全隔绝于室外。
（6）防火性好：铝合金为金属材料，不燃烧。
（7）防盗性好：断桥铝合金窗一般配置优良五金配件及高级装饰锁，使盗贼束手无策。
（8）免维护：断桥铝合金窗型材不易受酸碱侵蚀，不会变黄褪色，几乎不必保养。

3. 中空玻璃

（1）中空玻璃——铝热法
铝元素是活泼的金属元素，但在空气中其表面会形成一层致密的氧化膜，使之不能与氧、水发生作用。在高温下能与氧反应，放出大量热，这种高反应热使铝可以从其他氧化物中置换金属。
（2）中空玻璃——干燥剂
中空玻璃干燥剂主要适用于中空玻璃夹层气体中水分和气体的吸附，避免玻璃结雾，使中空玻璃即使在很低温度下仍然保持光洁透明，提高中空玻璃的保温隔音性能，充分延长中空玻璃的使用寿命。
（3）中空玻璃——密封胶
①防气体泄漏能力。
②抗水汽渗透能力。
③抗紫外线能力。
④防渗水能力。

门

Door

位置、规格和结构类型

建议最小距离

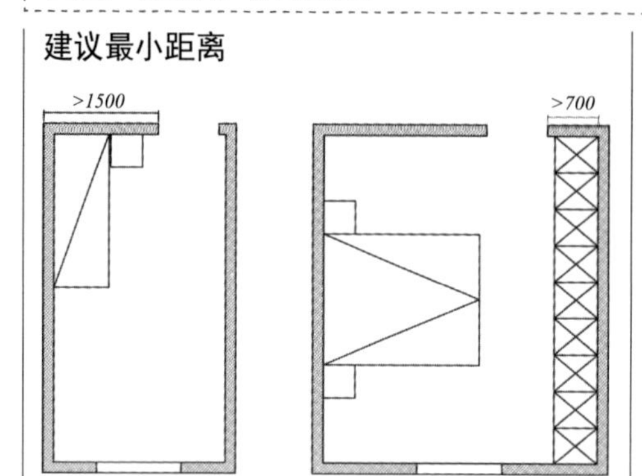

房间里的门道

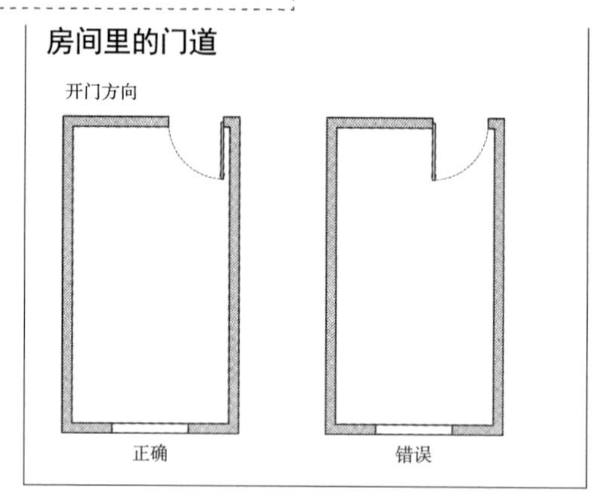

位置设计

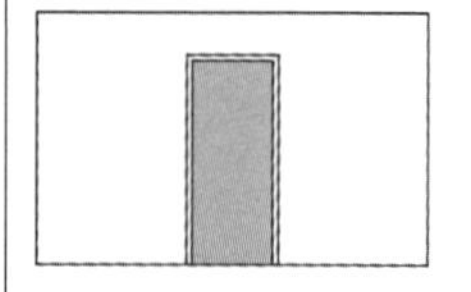

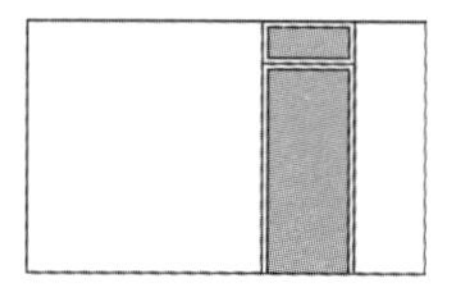

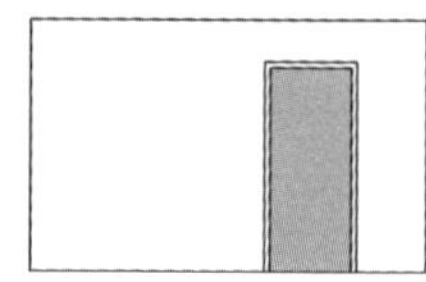

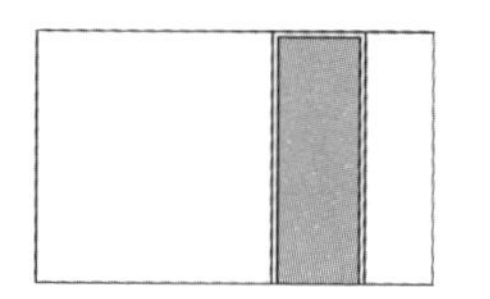

门的种类及画法

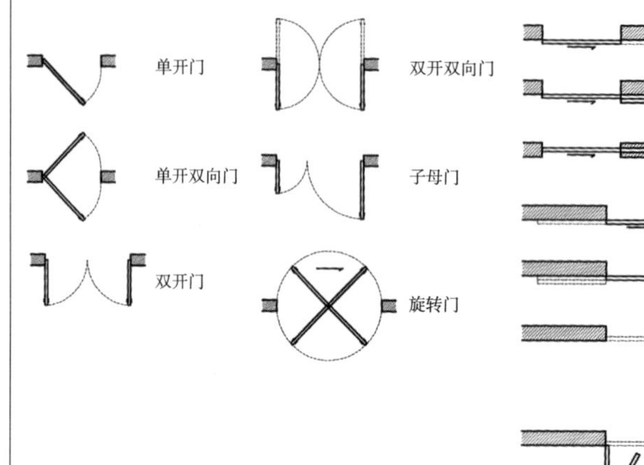

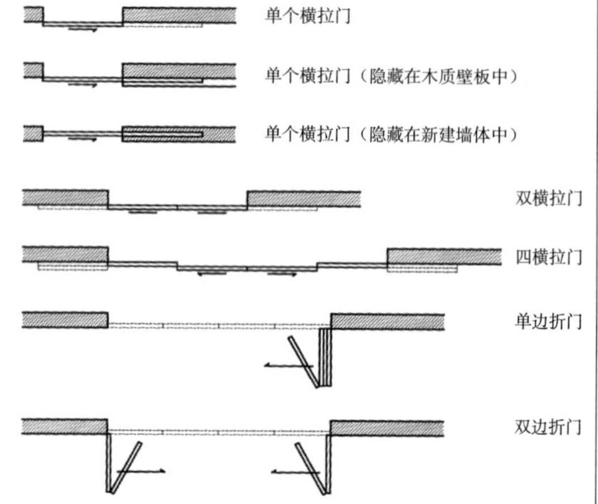

测量方法和比例

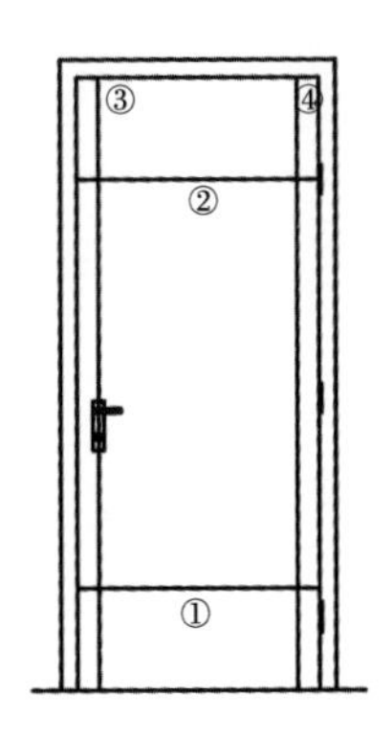

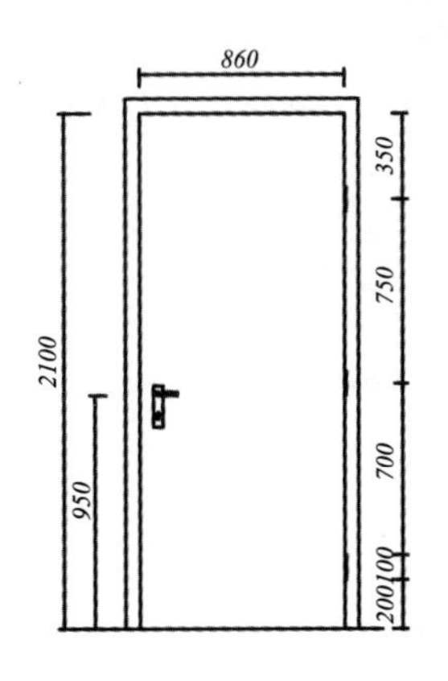

套线拼接

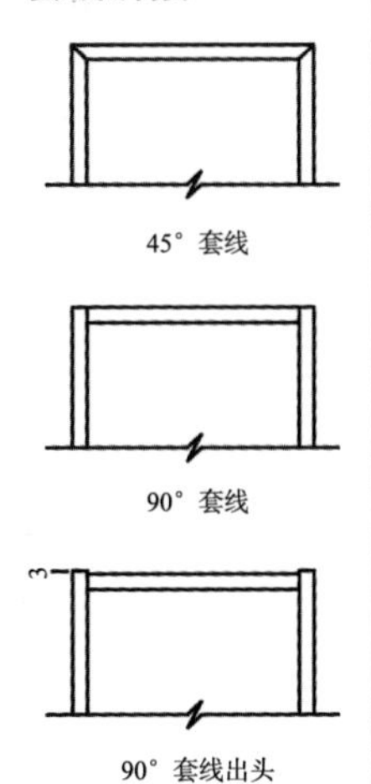

门锁槽立面

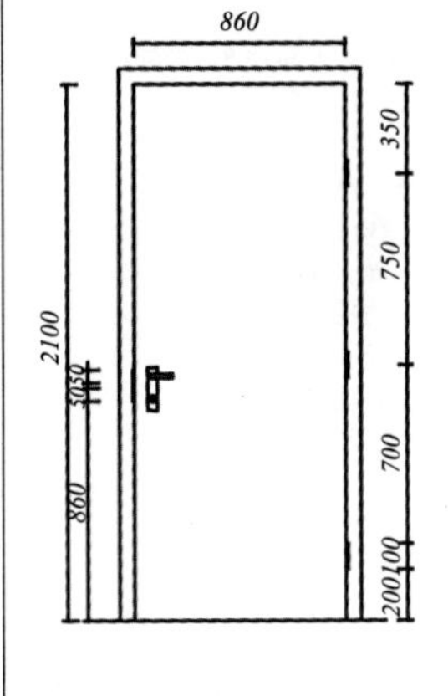

标准门规格

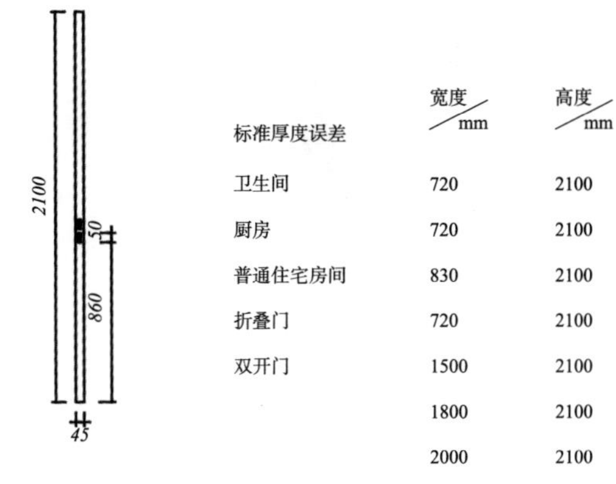

标准厚度误差	宽度/mm	高度/mm
卫生间	720	2100
厨房	720	2100
普通住宅房间	830	2100
折叠门	720	2100
双开门	1500	2100
	1800	2100
	2000	2100

门框

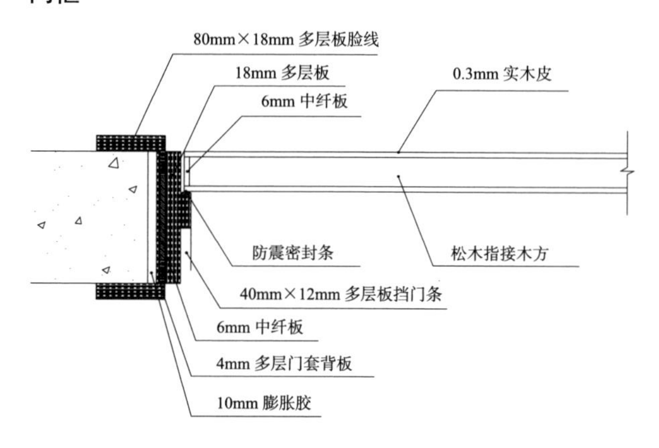

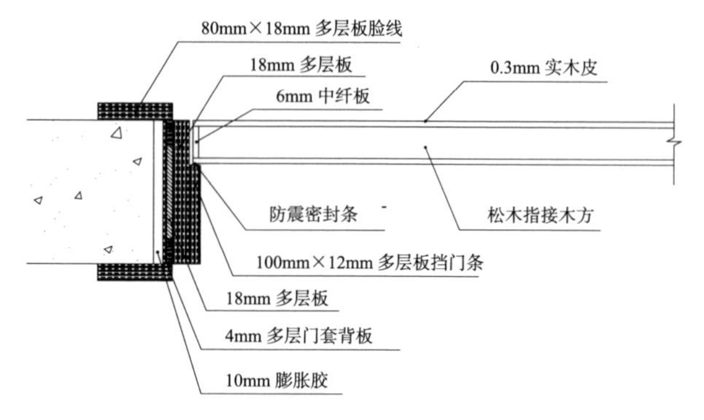

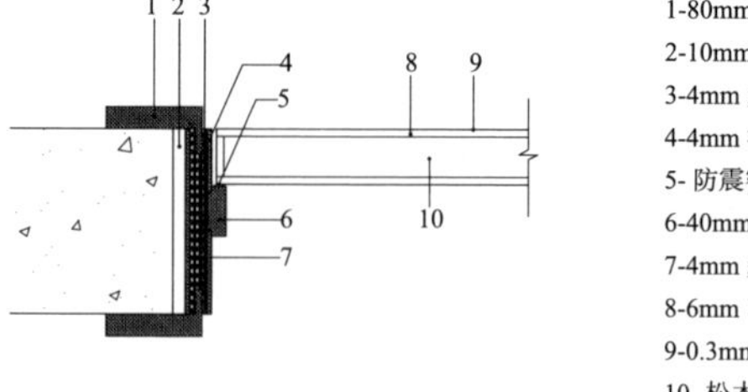

1-80mm×18mm 密度板门套线
2-10mm 膨胀胶
3-4mm 多层板
4-4mm 密度板
5- 防震密封条
6-40mm×12mm 密度板挡门条
7-4mm 多层板
8-6mm 中纤板
9-0.3mm 实木皮
10- 松木指接木方

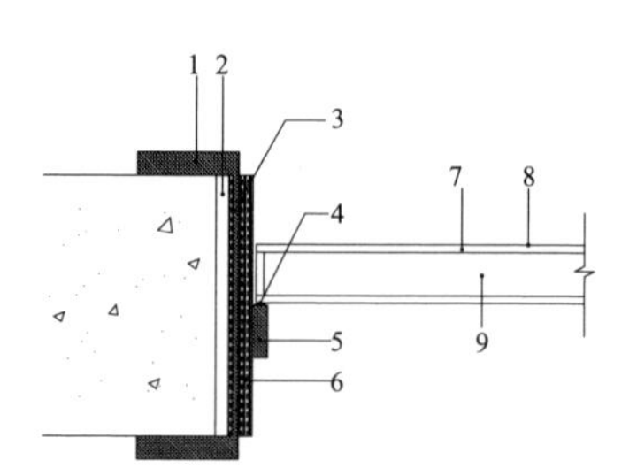

1-80mm×18mm 密度板门套线
2-10mm 膨胀胶
3-4mm 密度板
4- 防震密封条
5-40mm×12mm 密度板挡门条
6-11mm 多层板
7-6mm 中纤板
8-0.3mm 实木皮
9- 松木指接木方

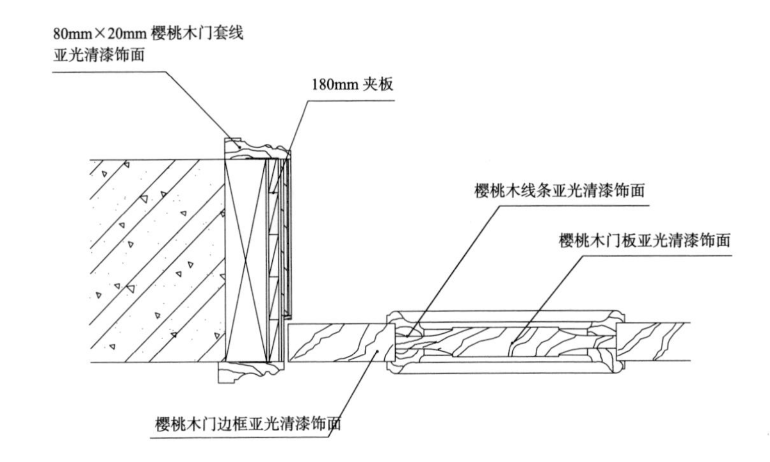
80mm×20mm 樱桃木门套线
亚光清漆饰面
180mm 夹板
樱桃木线条亚光清漆饰面
樱桃木门板亚光清漆饰面
樱桃木门边框亚光清漆饰面

防盗门

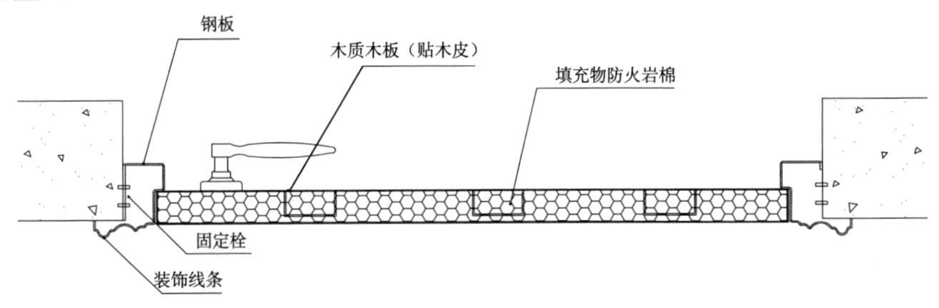
钢板
木质木板（贴木皮）
填充物防火岩棉
固定栓
装饰线条

防盗门

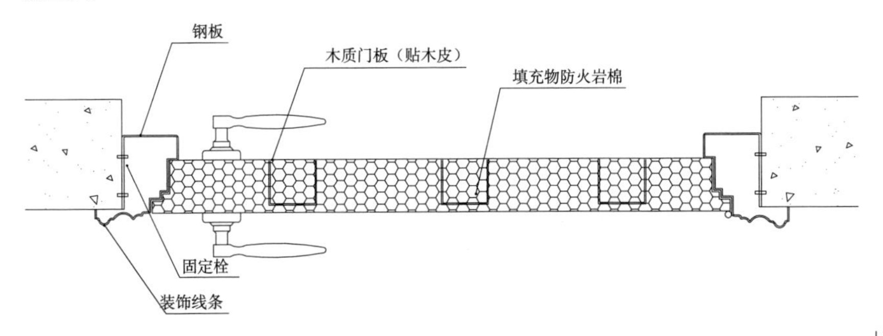
钢板
木质门板（贴木皮）
填充物防火岩棉
固定栓
装饰线条

卫生间五金
Bathroom hardware

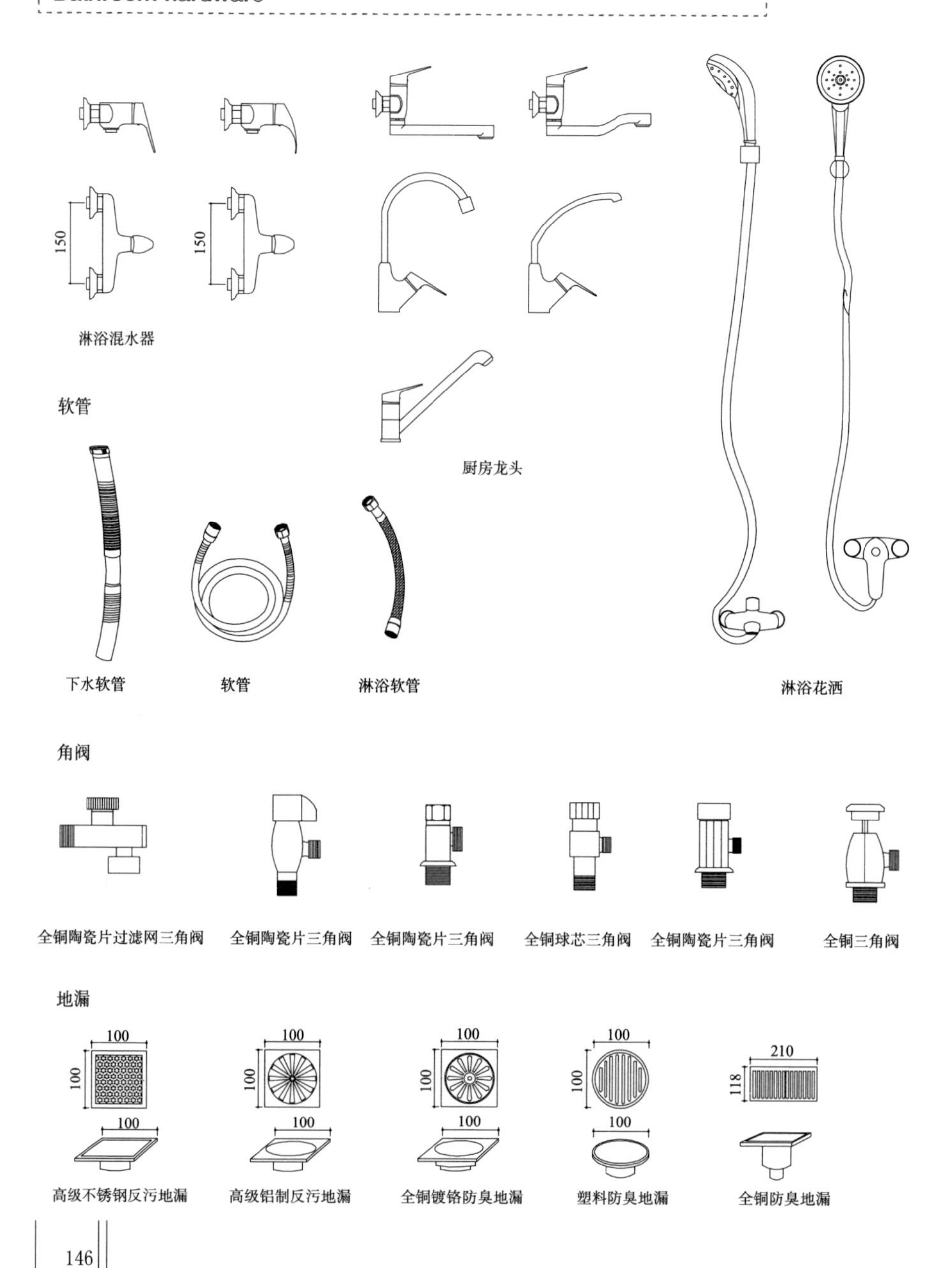

卫生间五金

卫生间中配套使用的五金件主要包括毛巾杆、浴巾架、浴盆拉手、手纸架、肥皂架、刷子架、梳妆架等。材质有铜质、锌合金、不锈钢三种。

五生间五金配件安装位置参考

五金件名称	安装位置	距地高度 / mm	五金件名称	安装位置	距地高度 / mm
浴巾架 1	浴缸头部墙壁上	1700~1800	扶手	浴缸墙壁	500 ~ 680
浴巾架 2	空余墙壁上	1700~1800	肥皂盒 1	浴缸墙壁	550 ~ 680
浴帘挂钩	浴缸前沿上空	1900~2000	肥皂盒 2	浴缸边入墙内	550 ~ 680
晒衣绳	浴缸前沿上空	1900~2000	毛巾环	浴缸前沿墙壁上	900 ~ 1200
浴衣挂钩 1	浴室门背后	1750~1850	化妆镜	洗面盆正面墙壁上	1400 ~ 1600
浴衣挂钩 2	空余墙壁上	1750~1850	纸巾盒	空余墙壁上	1100 ~ 1250
杯架	洗脸盆旁边墙壁上	1050~1250	电话策	近大便器旁边墙壁上	1100 ~ 1300
马桶刷架	大便器旁边墙壁上	350~450	角台	空余墙角上	1100 ~ 1300
纸巾盒	大便器旁边墙壁上	750~900	平台	化妆镜下墙壁上	1100 ~ 1300
卷纸盒	大便器旁边墙壁上	750~900	皂液器	洗手盆旁边墙上	1000 ~ 1200
干手机	卫生间空余墙壁上	1200~1400	干发器	化妆镜旁边墙壁上	1400 ~ 1600
出纸器	卫生间空余墙壁上	1100~1250	美发器	化妆镜旁边墙壁上	1400 ~ 1600

脸盆龙头

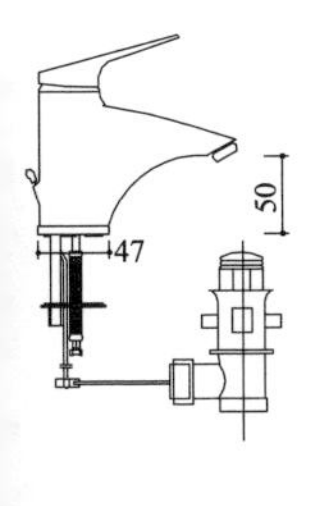

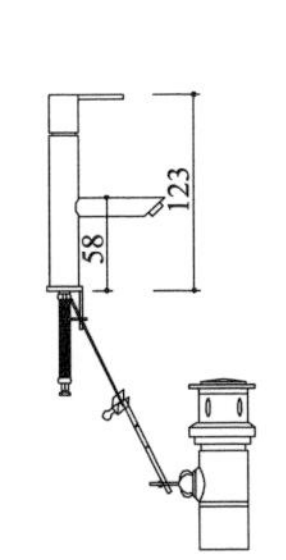

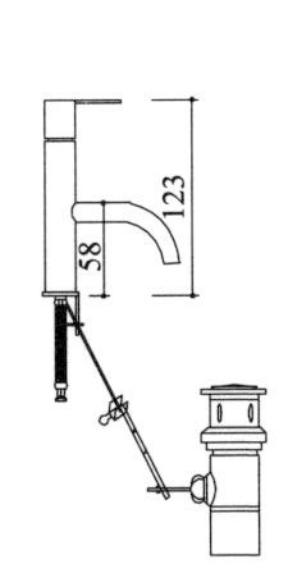

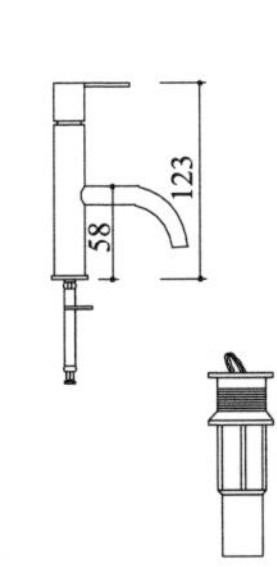

洗衣龙头

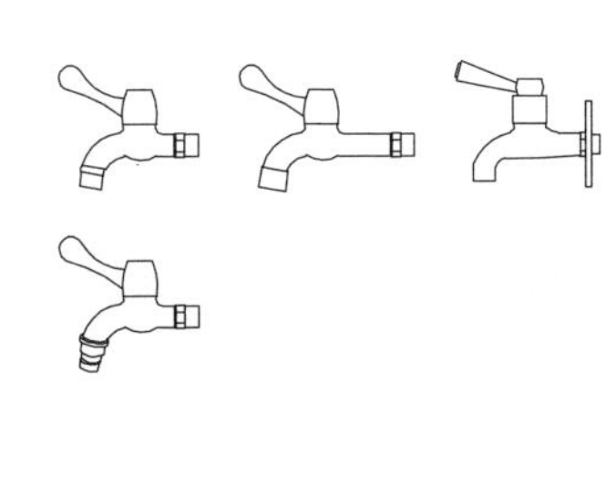

净身器龙头

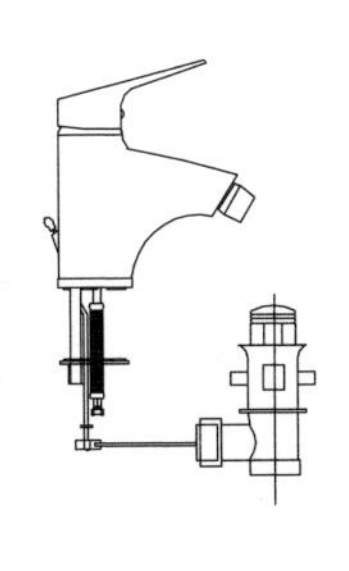

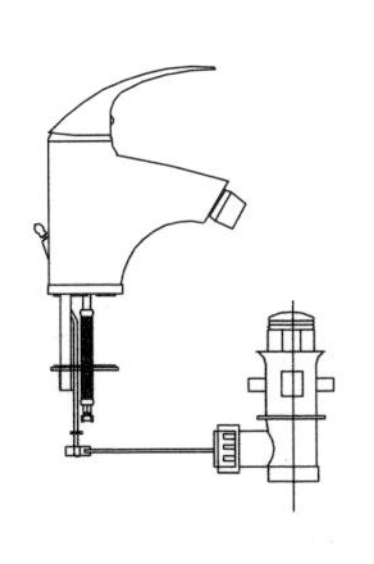

浴缸龙头

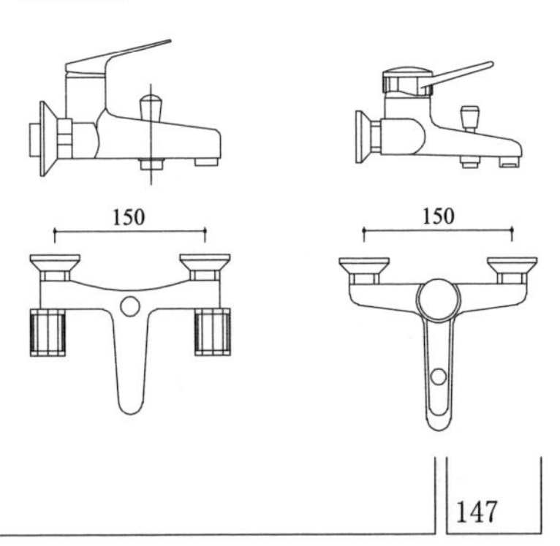

装饰五金

Decorative hardware

装饰五金件

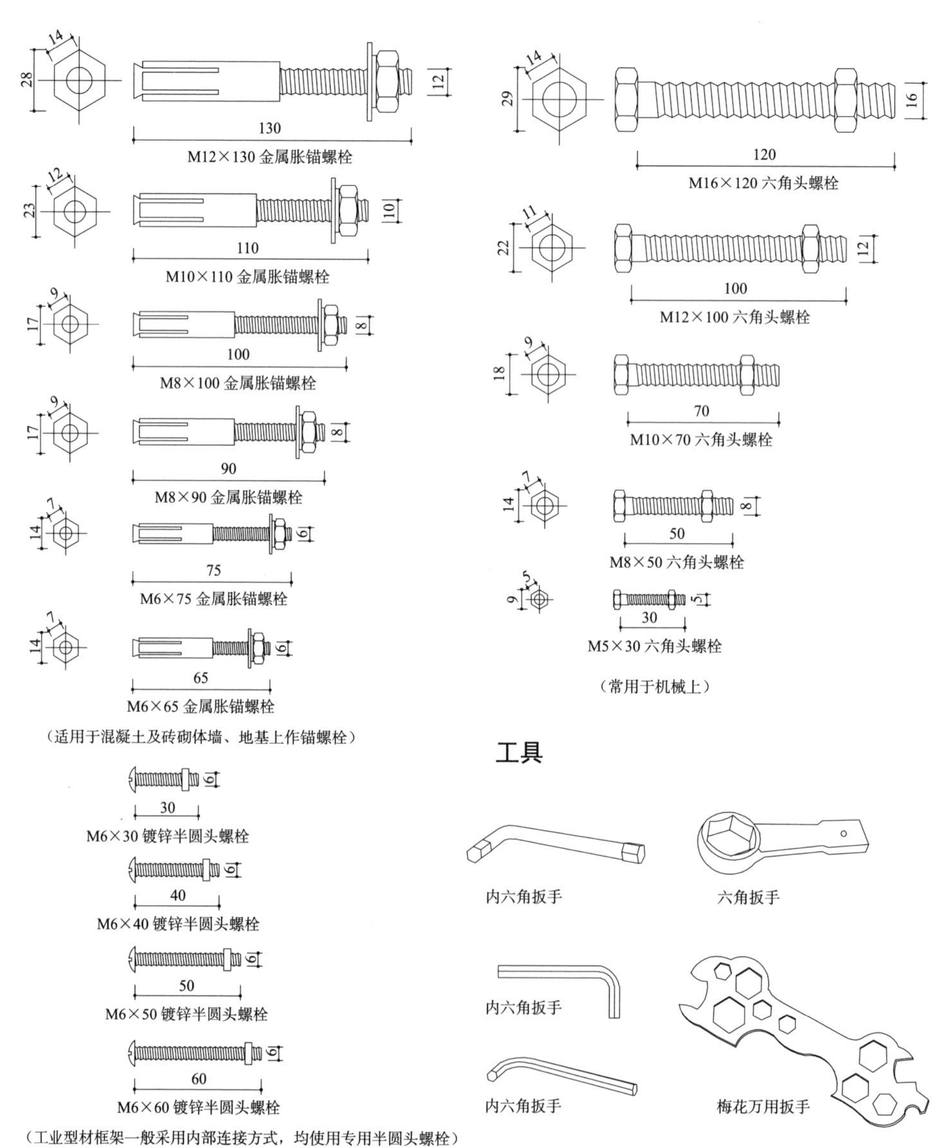

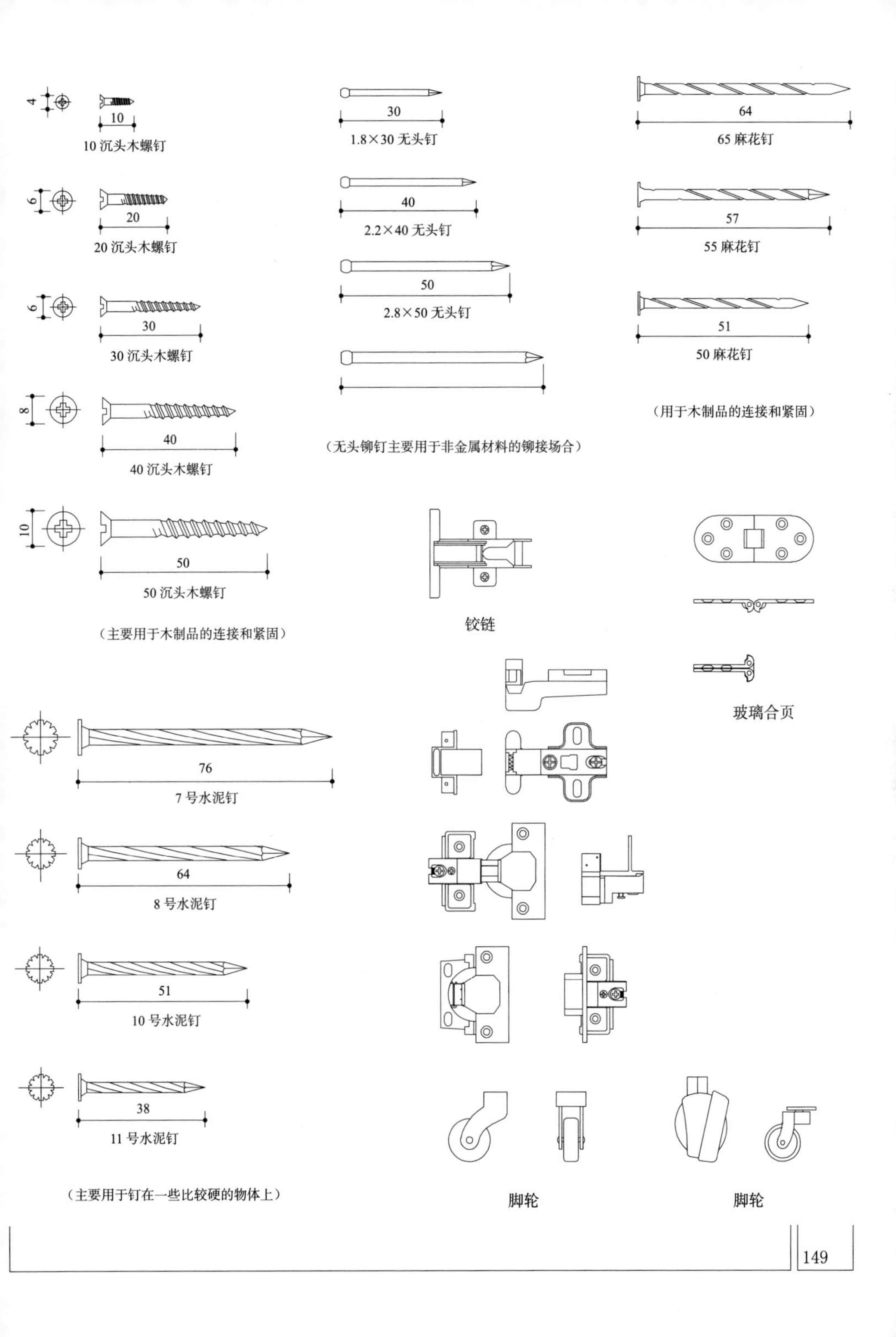
4
10
10 沉头木螺钉
6
20
20 沉头木螺钉
6
30
30 沉头木螺钉
8
40
40 沉头木螺钉
10
50
50 沉头木螺钉
（主要用于木制品的连接和紧固）
30
1.8×30 无头钉
40
2.2×40 无头钉
50
2.8×50 无头钉
（无头铆钉主要用于非金属材料的铆接场合）
64
65 麻花钉
57
55 麻花钉
51
50 麻花钉
（用于木制品的连接和紧固）
76
7 号水泥钉
64
8 号水泥钉
51
10 号水泥钉
38
11 号水泥钉
（主要用于钉在一些比较硬的物体上）
铰链
玻璃合页
脚轮
脚轮

门用五金

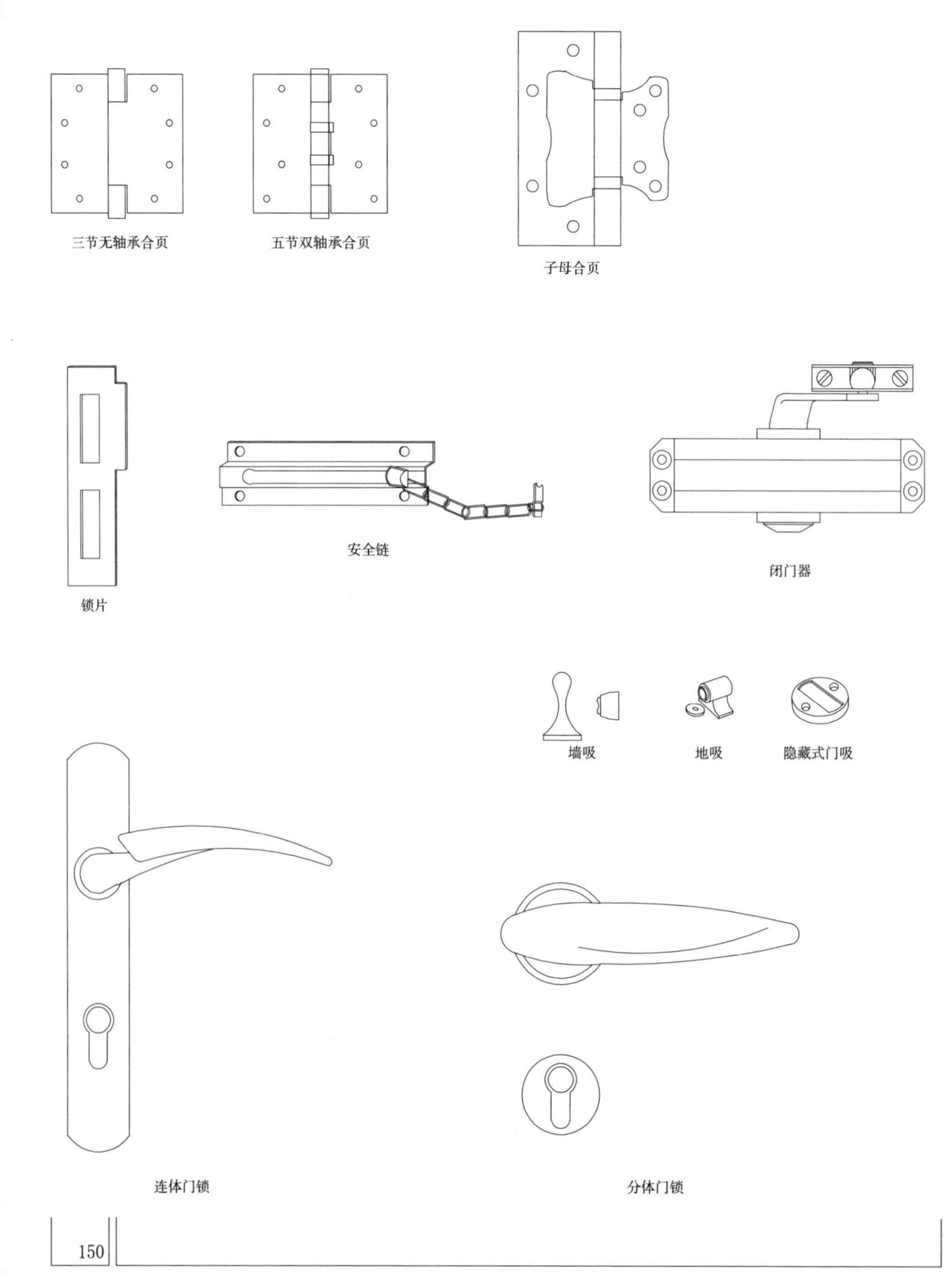

门锁拉手

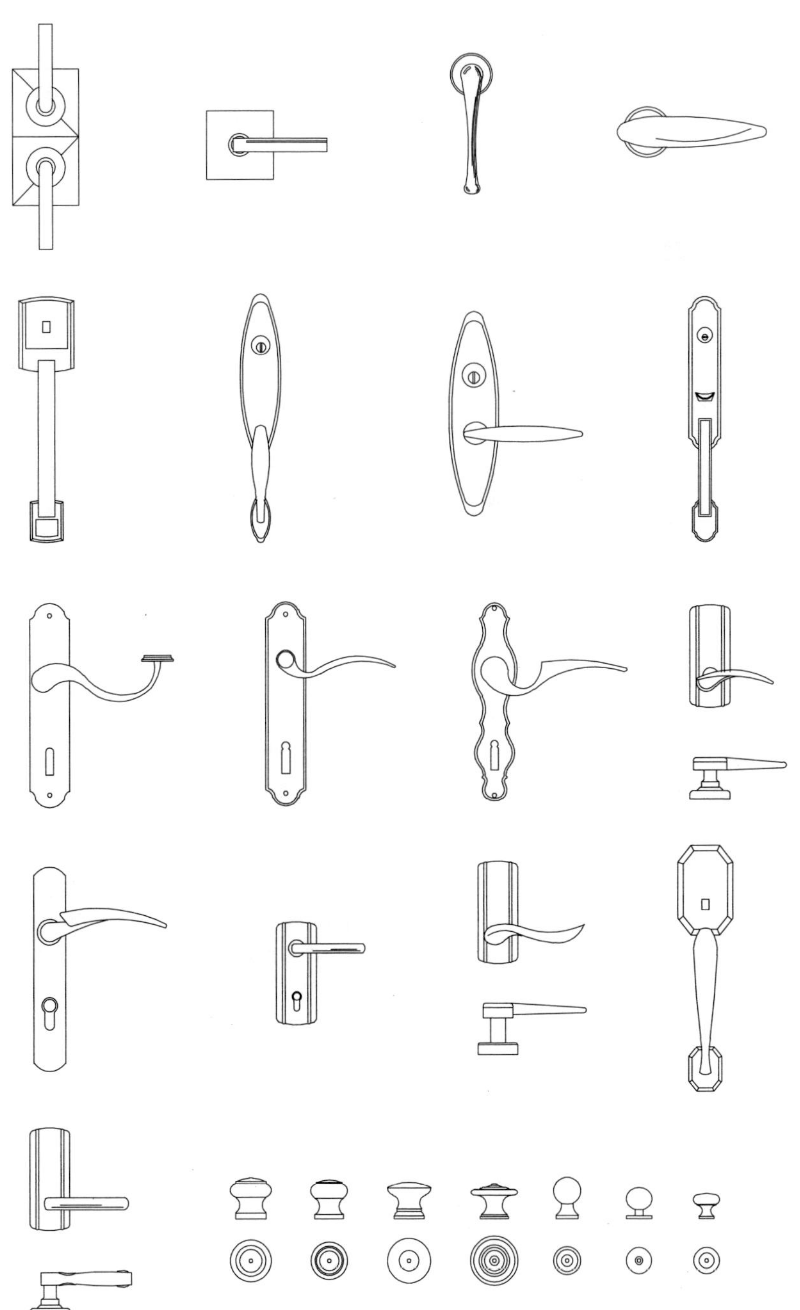

开关插座
Switch and socket

目前世界各国室内用电所使用的电压大体有两种，分别为 100 ～ 130V 和 220 ～ 240V 二个类型。100V、110 ～ 130V 被归类低压，如美国、日本等以及船上的电压，注重的是安全；220 ～ 240V 则称为高压，如中国的 220V、英国和很多欧洲国家的 230V，注重的是效率。采用 220 ～ 230V 电压的国家里，也有使用 110 ～ 130V 电压的情形，如瑞典、俄罗斯。

100V：日本、韩国 2 国。

110 ～ 130V：美国、加拿大、墨西哥、巴拿马、古巴、黎巴嫩等 30 国。

220 ～ 230V：中国、英国、德国、法国、意大利、澳大利亚、印度、新加坡、泰国、荷兰、西班牙、希腊、奥地利、菲律宾、挪威约 120 国。

开关

分类：一位单控 / 一位双控、二位单控 / 二位双控、三位单控 / 三位双控、四位单控 / 四位双控，双控开关可以替代单控开关，单控开关却替代不了双控开关。同样按键数的双控开关会比单控开关贵。

（1）看外观
开关的款式、档次应该与室内的整体风格相吻合。白色的开关是主流，大部分居室内装修的整体色调是浅色，则不建议选用黑色、棕色等深色的开关。
（2）凭手感
品质好的开关大多使用防弹胶等高级材料制成，防火性能、防潮性能、防撞击性能等都较高，表面光滑。选购时应该考虑自己摸上去的手感，凭借手感初步判定开关的材质。一般来说，表面不太光滑，摸起来有薄、脆感觉的产品，各项性能是不可信赖的。好的开关插座的面板要求无气泡、无划痕、无污迹。开关拨动的手感轻巧而不紧涩，插座的插孔需装有保护门，插头插拔应需要一定的力度并单脚无法插入。
（3）掂重量
购买开关时还应掂量一下单个开关的重量。因为只有开关里部的铜片厚，单个开关的重量才会重，而里面的铜片是开关最关键的部分，如果是合金的或者薄的铜片将不会有同样的重量和品质。
（4）选品牌
最好选用知名品牌。因为开关的质量关乎电器的正常使用，甚至生活的便利程度。很多小厂家生产的开关有时插座可靠性不高，使用寿命短，而经常更换显然是非常麻烦的；但大多数知名品牌会向消费者进行有效承诺，如“保证 12 年使用寿命”、“可连续开关 10000 次”等。
（5）择服务
尽可能到正规厂家指定的专卖店或销售点去购买，并且保留购物凭证，这样才能保证能够享受到日后的售后服务。
（6）有标识
要注意开关、插座的底座上的标识，如国家强制性产品认证（CCC）、额定电流电压值；产品生产型号、日期等。

(7) 整包装

产品包装完整，上面应该有清晰的厂家地址电话，内有使用说明和合格证。

(8) 看内构

开关插座里的铜片就相当于它们的心脏，也决定了它的使用寿命。一般的开关插座使用的多是裸铜件，但是它们不耐磨、容易生锈，长时间使用导电导热性能会下降，这样使用寿命不会很长，长此以往还容易出现烧坏的问题，有安全隐患。注意要选择锡磷青铜片，其弹性好、抗疲劳、不易氧化，特别是经过酸洗磷化抗氧化处理后导电性能更稳定。通常应采用纯银触点和用银铜复合材料做的导电片，这样可防止启闭时电弧引起氧化。开关插座电源线松动会伤害电器寿命与使用，甚至有可能造成危险事故。所以最好选择较大空间的设计，粗细不同的电源线都可以接入，避免出现松动脱落的危险，而且最好选用三眼插座，那样更能保护我们的安全。

(9) 安全性

插座的安全保护门是必不可少的，在挑选插座的时候应尽量选择带有保护门的产品。

开关面板保养

(1) 开关不要快速反复开关

反复开关不仅会增加用电量，还会使开关寿命降低，开与关过程中，操作部件会磨损。

(2) 插座使用讲顺序

先插入插头再打开开关，先关掉开关再拔插头，以避免插座内通电铜片摩擦时引起的火花。

(3) 开关插座表面保护

采用面盖保护，比如浴室、厨房，开关插座上加上面盖。

(4) 开关插座清洁用酒精

开关插座经常保持干净，可以用干布沾少量低浓度的酒精擦拭，切忌用水清洁。

散热器

Radiator

一般住宅用散热器分水暖和电暖两种，有立式散热器、地板散热器和天花板散热器。散热器最好放置在窗下，便于空气对流。散热器的长度应接近窗的宽度。选择暖气最好“宁大勿小”，可以通过开关调节温度。

新型采暖散热器，按材料的不同分为钢制散热器、铝合金散热器、铜制散热器、铜铝复合散热器、钢铝复合散热器、不锈钢散热器等。

按产品外形特点又分为柱式散热器（二柱、三柱、四柱）、排管式散热器（单排管、双排管）、翼片式散热器（双面翼片、单面翼片）、翅片式散热器（环形翅片、方形翅片）。按散热方式分为辐射散热器、对流式散热器等。

散热器安装完毕后一定要进行打压检测，以确保散热器本身和各安装接口无渗漏，一搬打压 1.5 MPa 的压力，稳定 5min，压力无下降即可认为试验合格。

1. 钢制散热器

外形美观，但怕氧化，停水时一定要充水密封。并且其对小区的供暖系统有一定要求，需专业人员上门查看。

（1）看钢材材质

好的钢制散热器从材料上来看是采用低碳冷轧钢材，低碳冷轧钢具有比普通钢材更为优越的耐压性和耐腐蚀性，其中的无缝钢管是目前档次最高的钢制散热器原材料。从外观上来看优质钢制散热器表面光洁，管壁结构致密、均匀，易于进行机械加工。国标钢壁厚度为 1.5~1.8mm。

（2）看焊接工艺

好的钢制散热器用于制造的焊接工艺有：激光焊接、氩弧焊、钎焊、高频焊等等。其中激光焊接最为可靠。激光焊接是利用激光束聚焦后获得的高功率光斑，投射在工件上，使光能变为热能熔化金属的焊接。焊接后，工件接触部位熔接为一体。从表面上看，好的暖气焊口平滑，没有焊渣堆积。如果看到暖气焊口粗糙，焊渣堆积导致表面凹凸不平，那一定是劣质暖气。

（3）看内部防腐涂层

目前散热器市场上比较常见的内涂防腐涂料有三种：第一类涂料为有机涂料，目前市场上应用较为广泛的有丙烯酸改性树脂涂层。该涂层可以有效隔绝热水中的氧气与钢管接触，消除氧化腐蚀反应的发生条件，起到防腐的效果。第二类为无机涂料，以锌基铬盐类为代表，它的特点是涂层与基体在高温下化学结合，附着力强、不易剥落。其工艺要求很严，通过严格控制各个过程参数才能保证其涂层的质量，保证散热器表面的处理效果。第三类为双涂层，它的工艺是第一层涂层（银灰色）为锌铬无机涂层，在 320℃以上的烘箱内烧结固化，与基材紧密结合，附着力强，不会剥落；第二层涂层（红色）为树脂有机涂层，经 180℃高温固化，该涂层起到封闭第一层涂层可能存在的毛细孔的作用，避免水通过毛细孔渗透到基材表面。两个涂层紧密融合，双层保护，令散热器具有更强的防腐能力，更加安全。

好的内防腐涂层颜色一般为黑色或灰色。而且可以闻一闻，好的防腐是没有味道的。

（4）看表面喷塑处理

好的钢制散热器表面处理多采用“喷塑工艺”技术，它采取先进的干性喷涂工艺，进行塑粉的静电喷涂作业，使散热器表面光洁、多彩。消费者从表面上看喷塑涂层均匀、平滑，不会出现波纹状的凸起，不会出现“橘皮”现象，迎光会泛出自然的光泽；抗紫外线塑粉更可以在日光久晒的条件下保持色彩稳定。具有紫外线照射不褪色、高温条件下不开裂等优点。

2. 铝制散热器

不受小区采暖系统的限制，散热性较好，节能。若发现室内温度不够，还可以在采暖季之后加装暖气片。但铝材料怕碱水腐蚀，进行内防腐处理可提高使用寿命。

（1）我国市场上销售的铝制散热器大部分为挤压成型的铝型材，经焊接而成散热器。部分厂家生产的产品焊接点强度不能保证，可能出现漏水现象。

（2）与钢制散热器相比较，铝制散热器由于原材料和制造工艺的差异，价格较低，具有散热快、重量轻的特点。铝制散热器的缺点是在碱性水中会产生碱性腐蚀，必须在酸性水中使用（PH 值 <7），而多数锅炉用水 PH 值均大于 7，不利于铝制散热器的使用。铝制散热器不适用于碱性水质的原因是铝与水中的碱反应，发生碱性腐蚀，导致铝材穿孔，散热器漏水。铝制散热器造型简单，装饰性差，属于低档散热器。

3. 铜铝制散热器

承压能力高，散热效果好，防腐效果好，采暖季过后无须满水保养，没有碱化和氧化之虞，比较适合北方的水质及复杂的供暖系统，但造型较单一。

4. 电采暖散热器

取暖速度快，位置灵活，可以随意摆放，适合家中不经常有人在的情况使用。

（暖气单片瓦数 × 片数）÷ 系数（阳面 75 至阴面 100）＝散热器面积

玻璃
Glass

1. 普通平板玻璃

普通平板玻璃亦称窗玻璃。平板玻璃具有透光、隔热、隔声、耐磨、耐气候变化的性能，有的还有保温、吸热、防辐射等特征，因此广泛应用于建筑物的门窗、墙面及室内装饰等。

平板玻璃的规格按厚度通常分为2mm、3mm、4mm、5mm和6mm，亦有生产8mm、10mm、12mm的。一般2mm、3mm厚的适用于民用建筑物，4~6mm的用于工业和高层建筑。

平板玻璃制品应具有以下特点：

（1）无色透明或稍带淡绿色。
（2）薄厚应均匀，尺寸应规范。
（3）没有或少有气泡、结石、波筋、划痕等疵点。

用户在选购玻璃时，可以先把两块玻璃平放在一起，使其相互吻合，揭开来时，若使用很大的力气，则说明玻璃很平整，另外要仔细观察玻璃中有无气泡、结石、波筋及划痕等。质量好的玻璃距60mm远，背光线肉眼观察，不允许有大的或集中的气泡，不允许有缺角或裂子。玻璃表面如你可看出波筋，线道的最大角度应不超过45°，划痕沙粒应以少为佳。

2. 热熔玻璃

热熔玻璃又称水晶立体艺术玻璃，是目前开始在装饰行业中出现的新家族。热熔玻璃以其独特的装饰效果已成为设计单位、玻璃加工业主、装饰装潢业主关注的焦点。热熔玻璃跨越现有的玻璃形态，充分发挥了设计者和加工者的艺术构思，把现代或古典的艺术形态融入玻璃之中，使平板玻璃加工出各种凹凸有致、彩色各异的艺术效果。热熔玻璃产品种类较多，目前已经有热熔玻璃砖、门窗用热熔玻璃、大型墙体嵌入玻璃、隔断玻璃、一体式卫浴玻璃洗脸盆、成品镜边框及艺术玻璃等。

3. 夹层玻璃

夹层玻璃又称夹胶玻璃，就是在两块玻璃之间夹进一层以聚乙烯醇缩丁醛为主要成分的PVB中间膜。玻璃即使碎裂，碎片也会被粘在薄膜上，使玻璃表面仍保持整洁光滑。这就有效防止了碎片扎伤人和穿透坠落事件的发生，确保了人身安全。

在欧美，大部分建筑都采用夹层玻璃，这不仅为了避免伤害事故，还因为夹层玻璃有极好的抗震入侵能力。中间膜能抵御锤子、菜刀等凶器的连续攻击，还能抵御子弹穿透，其安全防范程度可谓极高。

现代居室，隔声效果是否良好，已成为人们衡量住房品量的重要因素之一。夹层玻璃特有的过滤紫外线功能，既保护了人的健康，又可使家中的贵重家具、陈列品等摆脱因光线照射而褪色的厄运，它还可减弱太阳光的透射而降低制冷能耗。

4. 磨砂玻璃

它是在普通平板玻璃上再磨砂加工而成的。一般厚度多在9mm以下，以5mm、6mm厚度居多。常用于需要隐蔽的浴室、卫生间、办公室的门窗及隔断，使用时应将毛面向窗外。

5. 彩绘玻璃

彩绘玻璃是目前家居装修中较多运用的一种装饰玻

璃。制作中，先用一种特制的胶绘制出各种图案，然后再用铅油描摹出分隔线，最后再用特制的胶状颜料在图案上着色。彩绘玻璃图案丰富亮丽，居室中彩绘玻璃的恰当运用，能较自如地创造出一种赏心悦目的和谐氛围，增添浪漫迷人的现代情调。

6. 雕刻玻璃

雕刻玻璃分为人工雕刻和电脑雕刻两种。其中人工雕刻利用娴熟刀法的深浅和转折配合，更能表现出玻璃的质感，使所绘图案给人呼之欲出的感受。雕刻玻璃是家居装修中很有品位的一种装饰玻璃，所绘图案一般都具有个性“创意”，反映着居室主人的情趣和追求。

7. 视飘玻璃

视飘玻璃是一种最新的高科技产品，是装饰玻璃在静止和无动感方面的一个大突破。顾名思义，它是在没有任何外力的情况下，本身的图案色彩随着观察者视角的改变而发生飘动，即随人的视线移动而带来玻璃图案的变化以及色彩的改变，形成一种独特的视飘效果，使居室平添一种神秘的动感。

8. 玻璃砖

玻璃砖的款式有透明玻璃砖、雾面玻璃砖和纹路玻璃砖几种。玻璃砖的种类不同，光线的折射程度也会有所不同。玻璃砖可供选择的颜色有多种。玻璃的纯度是会影响到整块砖的色泽，纯度越高的玻璃砖，相对的价格也就越高。没有经过染色的透明玻璃砖，如果纯度不够，其玻璃砖色泽会呈绿色，缺乏自然透明感。

空心玻璃砖以烧熔的方式将两片玻璃胶合在一起，再用白色胶搅和水泥将边隙密合，可依玻璃砖的尺寸、大小、花样、颜色来做不同的设计表现。依照尺寸的变化可以在家中设计出直线墙、曲线墙以及不连续墙的玻璃墙。值得注意的是，在大面积的砖墙或有弧度的施工方式，需要拉铜筋来维持砖块水平，而小面积砖墙施工中，需要在每个玻璃砖相连的角上放置专用固定架连接施工。

玻璃砖应用于外墙时，既具有墙的实体，又具有窗的通透，更多的还有透光、隔音、防火等性能，可谓一举多得。

用玻璃砖墙装饰遮隔，既能分割大空间，同时又保持大空间的完整性，这是一个能带来戏剧性效果的设计，既达到私密效果，又能保持室内的通透感觉。

9. 低辐射玻璃

低辐射玻璃又称 LOW-E（楼依）玻璃，是镀膜玻璃家庭中的一员，这种玻璃可降低室内外温差而引起的热传递。

它是一种既能像浮法玻璃一样让室外太阳光、可见光透过，又像红外线反射镜一样，将物体二次辐射热反射回去的新一代镀膜玻璃。在任何气候环境下使用，均能达到控制阳光、节约能源、控制调节热量及改善环境的目的。

行内人士还称其为恒温玻璃，即无论室内外温差有多少，只要装上低辐射玻璃，室内花很少的空调费用便可永远维持冬暖夏凉的境地。

但要注意的是，低辐射玻璃除了影响玻璃的紫外光线、遮光系数外，还从某角度上观察会有少许不同颜色显现在玻璃的反射面上。

10. 聪敏彩色玻璃

这种玻璃在空气中出现某些化学物质时会改变颜色，使它在环境监视、医学诊断以及家居装饰等方面能发挥重要的作用。

美国加利福尼亚大学的科研人员研究一种制造玻璃用的溶液，在其中添加有高度选择性的酶或蛋白质，在出现某些化学物质时，添加剂便会改变颜色。

11. 镭射玻璃

在玻璃或透明有机涤纶薄膜上涂敷一层感光层，利用激光在上刻划出任意的几何光栅或全息光栅，镀上铝（或银、铝），再涂上保护漆，这就制成了镭射玻璃。它在光线照射下，能形成衍射的彩色光谱，而且随着光线的入射角或人眼观察角的改变而呈现出变幻莫测的迷人图案。它的使用寿命可达 50 年。

镭射玻璃目前多用于吧台、视听室等空间。如果追求很现代的效果，也可以将其用于客厅、卧室等空间的墙面及柱面。

12. 智能玻璃

这种玻璃是利用电致变色原理制成的。它在美国和德国一些城市的建筑装潢中很受青睐，智能玻璃的特点是，当太阳在中午，朝南方向的窗户，随着阳光辐射量的增加，会自动变暗，与此同时，处在阴影下的其他朝向窗户开始明亮。装上智能窗户后，人们不必为遮挡骄阳配上暗色或装上机械遮光罩了。严冬，这种朝北方向的智能窗户能为建筑物提供 70%的太阳辐射量，获得漫射阳光所给予的温暖。同时，还可使装上变色玻璃的建筑物减少供暖和制冷需用能量的 25%、照明的 60%、峰期电力需要量的 30%。

13. 呼吸玻璃

同生物一样具有呼吸作用，它用以排除人们在房间内的不舒适感。已研制成功一种能消除不舒适感的呼吸窗户，命名为 IFJ 窗户。经测定，装有呼吸玻璃房间内的温差仅有 0.5℃左右，特别适合人们的感官。不仅如此，呼吸玻璃还具有很高的节能效果。按常规，其空调负荷系数为 80，装上呼吸窗户后，下降为 51.9（系数越小节能性越好）。据报道，这种呼吸窗户框架是以特制铝型材料制成的，外部采用隔热材料，而窗户玻璃则采用反射红外线的双层玻璃，在双层玻璃中间留下 12mm 的空隙充入惰性气体氩，靠近房间内侧的玻璃涂有一层金属膜。

14. 真空玻璃

这种玻璃是双层的，由于在双层玻璃中被抽成为真空，所以具有热阻极高的特点，这是其他玻璃所不能比拟的。人们普遍认为，真空窗户有很高的实用性。酷暑，室外高温无法“钻”入室内；严冬，房内的暖气不会逸出。称得上是抵御炎暑、寒冷侵袭的“忠诚卫士”，而且没有空调所带来的种种弊端。

15. 彩色镶嵌玻璃

使用彩色镶嵌玻璃不仅能给人带来新的感觉，而且它本身具有现代造型，古典优雅，融艺术性与实用性为一体，再加上巧妙的构思和崭新的工艺技巧，可发挥个人审美观点，根据各自的设计创意和巧思，进行随意组合。如今比较流行的种类有压花、冰晶、镜面、磨砂、磨边和各种颜色彩色玻璃，用铜或铝条金属框架略作不同精致镶拼搭配。

16. 中空玻璃

中空玻璃是由两层或两层以上普通平板玻璃构成的。四周用高强度、高气密性复合黏结剂，将两片或多片玻璃与密封条、玻璃条粘接密封，中间充入干燥气体，框内充以干燥剂，以保证玻璃片间空气的干燥度。由于留有一定的空腔，因此具有良好的保温、隔热、隔音等性能。主要用于采暖、空调、消声设施的外层玻璃装饰。其光学性能、导热系数、隔音系数等均符合国家标准。

17. 高性能中空玻璃

高性能中空玻璃除在两层玻璃之间封入干燥空气之外，还要在外侧玻璃中间空气层侧，涂上一层热性能好的特殊金属膜，它可以阻隔太阳紫外线射入到室内的能量。其特性是有较好的节能效果，隔热、保温，改善居室内环境。有 8 种色彩，富有极好的装饰效果。

中空玻璃主要用于需要采暖、空调、防噪声或结露以及需要无直射阳光和特殊光的建筑物上。

18. 钢化玻璃

钢化玻璃又称强化玻璃。它是利用加热到一定温度后迅速冷却的方法，或是用化学方法进行特殊处理的玻璃。它的特性是强度高，且其抗弯曲强度、耐冲击强度比普通平板玻璃高 3~5 倍。安全性能好，有均匀的内应力，破碎后呈网状裂纹。主要用于门窗、间隔墙和橱柜门。钢化玻璃还有耐酸、耐碱的特性。一般厚度为 2~5mm，规格尺寸为 400mm×900mm、500mm×1200mm。

钢化玻璃广泛应用于高层建筑门窗、玻璃幕墙、室内隔断玻璃、采光顶棚、观光电梯通道、家具及玻璃护栏等。

19. 半钢化玻璃

半钢化玻璃是介于普通平板玻璃和钢化玻璃之间的一种玻璃，它兼有钢化玻璃的部分优点，如强度高于普通玻璃，同时又回避了钢化玻璃平整度差，易自爆，一旦破坏即整体粉碎等不如人意之弱点。半钢化玻璃破坏时，沿裂纹源呈放射状径向开裂，一般无切向裂纹扩展，所以破坏后仍能保持整体不塌落。

半钢化玻璃在建筑中适用于幕墙和外窗，可以制成钢化镀膜玻璃，其影像畸变优于钢化玻璃。但要注意，半钢化玻璃不属于安全玻璃范围，因其一旦碎落，仍有尖锐的碎片可能伤人，不能用于天窗和有可能发生人体撞击的场合。

半钢化玻璃的表面压应力为24~52MPa之间，钢化玻璃表面压力应大于69MPa。半钢化玻璃的生产过程与钢化玻璃相同，仅在淬冷工位的风压有区别，冷却能小于钢化玻璃。

20. 夹丝玻璃

夹丝玻璃别称防碎玻璃。它是将普通平板玻璃加热到红热软化状态时，再将预热处理过的铁丝或铁丝网压入玻璃中间而制成。它的特性是防火性优越，可遮挡火焰，高温燃烧时不炸裂，破碎时不会造成碎片伤人。另外还有防盗性能，玻璃割破还有铁丝网阻挡，主要用于屋顶天窗、阳台窗。

21. 玻璃马赛克

玻璃马赛克又叫作玻璃锦砖或玻璃纸皮砖。它是一种小规格的彩色饰面玻璃。一般规格为20mm×20mm、30mm×30mm、40mm×40mm，厚度为4~6mm。外观有无色透明、着色透明、半透明、带金、银色斑点、花纹或条纹样式。正面光泽滑润细腻，背面带有较粗糙的槽纹，以便于用砂浆粘贴。具有色调柔和、朴实、典雅、美观大方、化学稳定性好、冷热稳定性好等优点。而且还有不变色、不积尘、容重轻、粘结牢等特性，多用于室内局部和阳台外侧装饰。其抗压强度、抗拉强度、盛开温度、耐水、耐酸性均应符合国家标准。

玻璃马赛克在游泳池、庭院楼阁、家具卫浴等使用，尤其夜晚周边环境较黑情况下及在户内墙壁、地面的应用中，发光效果更为突显。

22. 浮法玻璃

浮法玻璃与其他成形方法比较，其优点是适合于高效率制造优质平板玻璃，没有波筋、厚度均匀、上下表面平整、互相平行。

浮法玻璃主要应用在高档建筑、高档玻璃家具、装饰用玻璃、仿水晶制品、灯具玻璃及特种建筑等。

23. 压花玻璃

压花玻璃又称花纹玻璃或滚花玻璃，是采用压延方法制造的一种平板玻璃，制造工艺分为单辊法和双辊法。单辊法是将玻璃液浇注到压延成型台上，台面可以用铸铁或铸钢制成，台面或轧辊刻有花纹，轧辊在玻璃液面碾压，制成的压花玻璃再送入退火窑。双辊法生产压花玻璃又分为半连续压延和连续压延两种工艺，玻璃液通过水冷的一对轧辊，随辊子转动向前拉引至退火窑，一般下辊表面有凹凸花纹，上辊是抛光辊，从而制成单面有图案的压花玻璃。压花玻璃的理化性能基本与普通透明平板玻璃相同，仅在光学上具有透光不透明的特点，可使光线柔和，并具有陷私的屏护作用和一定的装饰效果。压花玻璃适用于建筑的室内间隔，卫生间门窗及需要要又需要阻断视线的各种场合。

24. 镀膜玻璃

分为在线镀膜及离线镀膜玻璃。

在线镀膜是指镀膜的工艺过程是在浮法玻璃制造过程中进行，如在线热喷涂是浮法生产线的成型区后，退火窑的开端，通过附设的喷枪在玻璃板表面喷涂膜层，经过退火窑后膜层烧附在玻璃表面，故名之为在线镀膜。

离线镀膜是在平板玻璃出厂后，再进行镀膜加工。较之在线镀膜，膜层的牢固度必然受些影响，所以离线镀膜对玻璃原片的“新鲜度”是有一定要求的。

25. 热弯玻璃

由平板玻璃加热软化在模具中成型，再经退火制成的曲面玻璃。在一些高级装修中出现的频率越来越高，需要预定，没有现货。

热弯玻璃主要用于建筑内外装饰、采光顶、观光电梯、拱形走廊等。热弯玻璃主要用作玻璃家具、玻璃水族馆、玻璃洗手盆、玻璃柜台、玻璃装饰品等。

选砖方法

Method of brick selection

1. 进口砖

（1）看砖背面的陶土：进口砖陶土偏暗红色，背面标有产地及产品名称等信息。

（2）看色彩饱和度：与国产砖相比，进口砖色彩饱满、鲜艳，单色纯正，彩釉色彩变化丰富。

（3）看烧制温度：国产砖烧制温度一般在800℃左右，进口砖烧制温度在1200℃以上。

（4）听声音：进口砖更具很高的耐磨性，用金属器械划擦砖背面，声音有金属质感。

（5）比重量：进口砖由于密度大，与同规格尺寸的国产砖相比，重量较重。

（6）看尺寸：国产砖尺寸大部分为整数，比如300mm×300mm，而进口砖由于按英尺为标准生产，换算成公尺后，尺寸有小数，比如304mm×304mm。

（7）看误差：进口砖尺寸误差都很小，一般在1mm以内。

2. 国产砖

（1）看：先看瓷砖的色彩和表面有无气泡，再看瓷砖的尺寸并测量对角线尺寸，将多块同规格的瓷砖放在一起做比较，看尺寸误差的大小，越小越好。选购时还要看瓷砖背面的颜色，一般瓷砖正面有釉面，难以分出好坏，而背面则是瓷砖本色，一般而言，好瓷砖瓷土比例高，颜色偏白偏浅；较差的瓷砖陶土比例较高，颜色偏暗偏红。

（2）听：手成空心状，把瓷砖放在手上，敲击瓷砖的一角。好瓷砖声音清脆，回声长；较差的瓷砖声音沉闷，回声也短。

（3）滴水：将瓷砖的背面朝上，然后倒上半杯水，约10s后，将瓷砖正面朝上，看渗透的情况。好的砖防渗透性能好，正面的水少。

天然石材

Natural stone

天然石材是指从沉积岩、岩浆岩、变质岩的天然岩体中开采的岩石，经过加工、整形而成板状和柱状材料的总称。天然石材是具有建筑和装饰双重功能的材料。天然饰面石材一般指用于建筑饰面的大理石、花岗岩及部分板石，主要指其镜面板材，也包括火烧板、亚光板、喷砂板及饰面用的块石、条石、板材。天然石材的分类方法不统一，依工艺商业分类为大理石类、花岗石类和板石类。

石材是地球上最古老的材料，是坚固性和持久性的经典代表，作为一种密度较大的材料，石材吸热慢，散热也慢，这种特质决定了它可以成为太阳能供暖空间和地热系统空间的首选材料。

天然石材分为砂岩、板岩、大理石和花岗石四大类。

石材的命名方法：

（1）地名＋颜色（印度红、卡拉拉白、莱阳绿、天山蓝）。
（2）形象命名（雪花、碧波、螺丝转、木纹、浪花、虎皮）。
（3）形象＋颜色（琥珀红、松香红、黄金玉）。
（4）人名（官职）＋颜色（关羽红、贵妃红、将军红）。
（5）动植物＋颜色（芝麻白、孔雀绿、菊花红）。

常用规格：300mm、600mm、900mm、1200mm。

个别天然石材具有放射性，尽量避免使用，可以参照检测报告。

石材墙面接缝

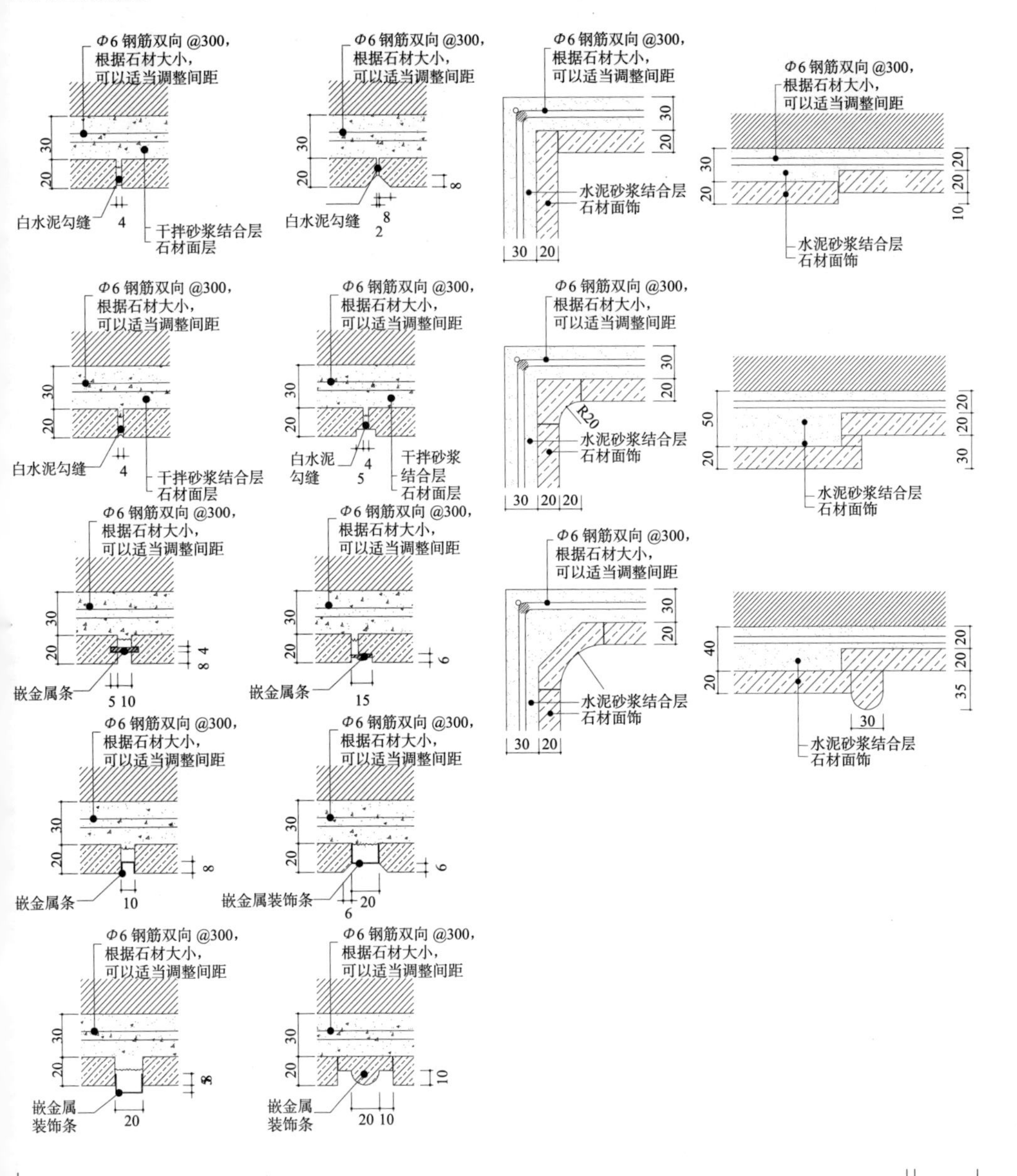

石材墙面接缝构造
石材墙面接缝及转角构造（石材铺贴采用钢筋网挂贴）
Φ6 钢筋双向 @300，
根据石材大小，
可以适当调整间距
白水泥勾缝
干拌砂浆结合层
石材面层
白水泥
勾缝
干拌砂浆
结合层
嵌金属条
嵌金属装饰条
嵌金属
装饰条
水泥砂浆结合层
石材面饰
R20

干挂石材阳角节点

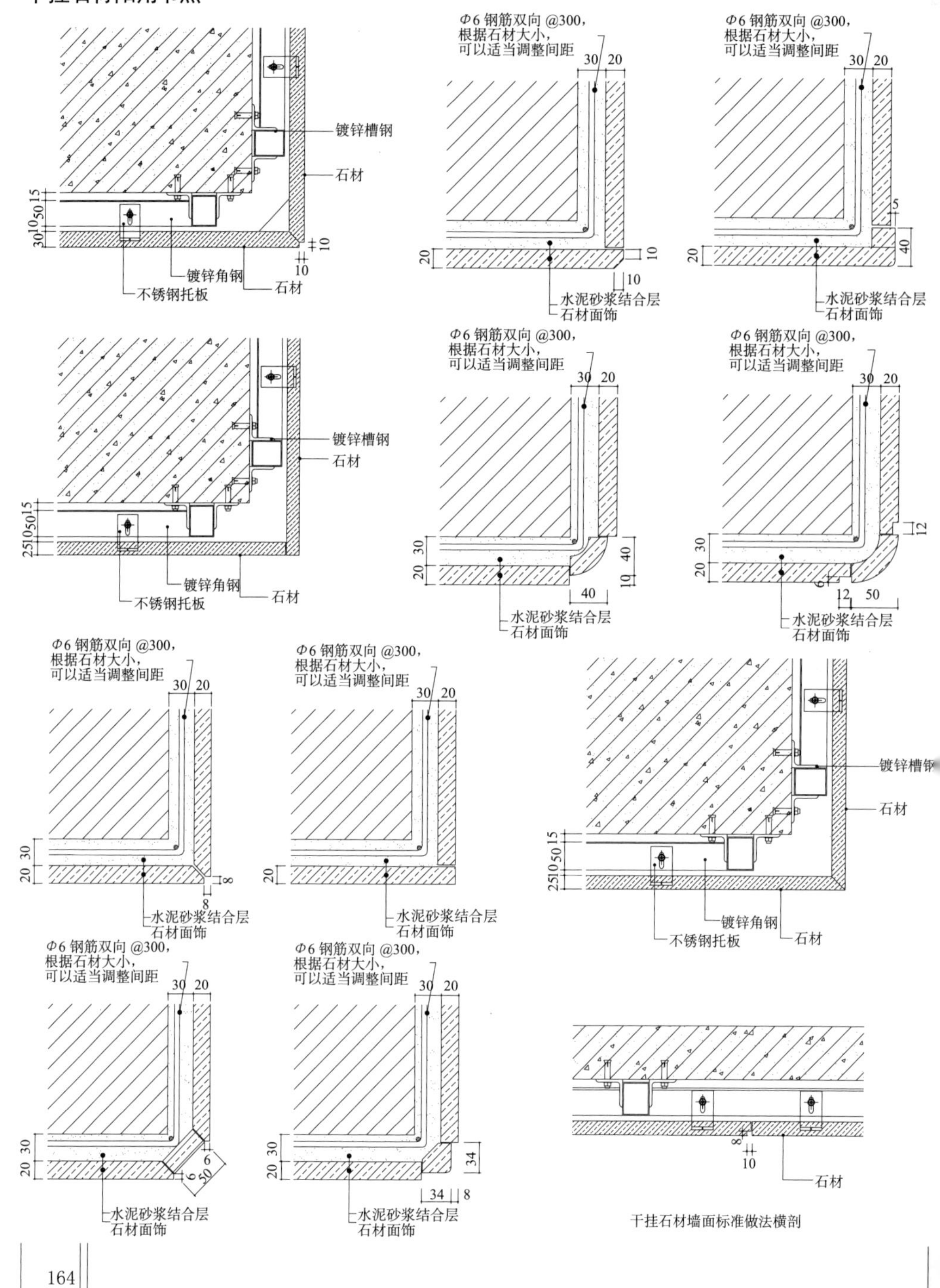

干挂石材墙面标准做法横剖

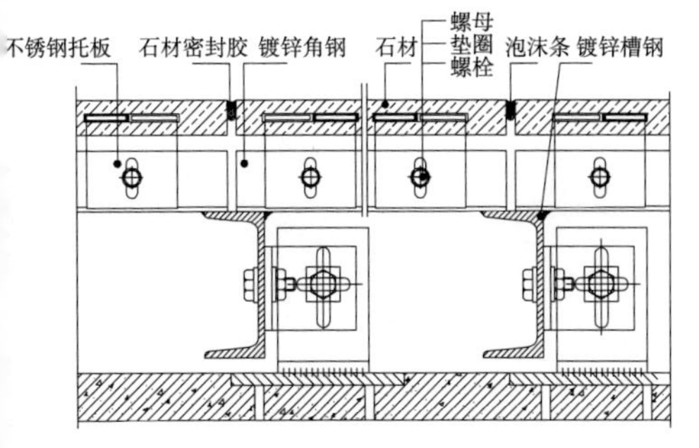

托板石材水平节点

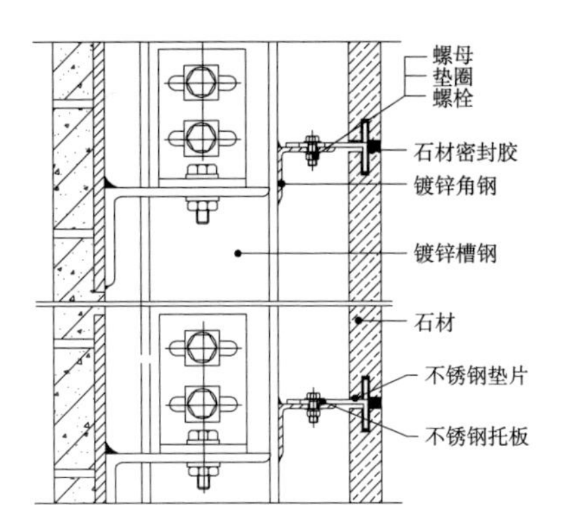

托板石材垂直节点

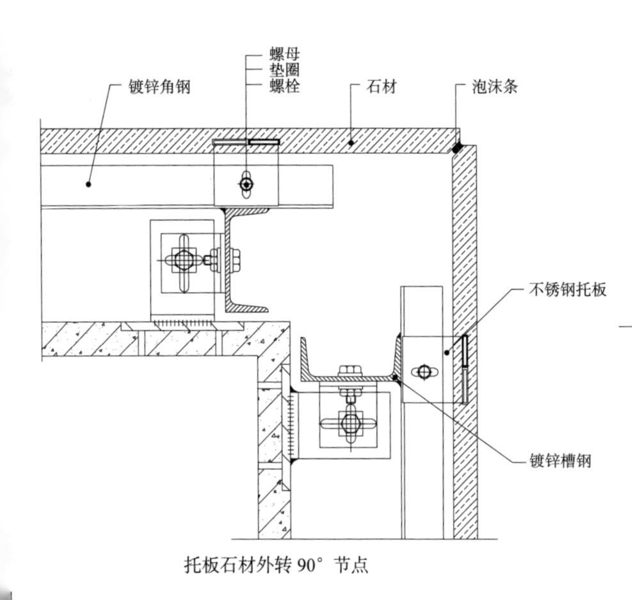

托板石材外转 90° 节点

墙面做法剖面图

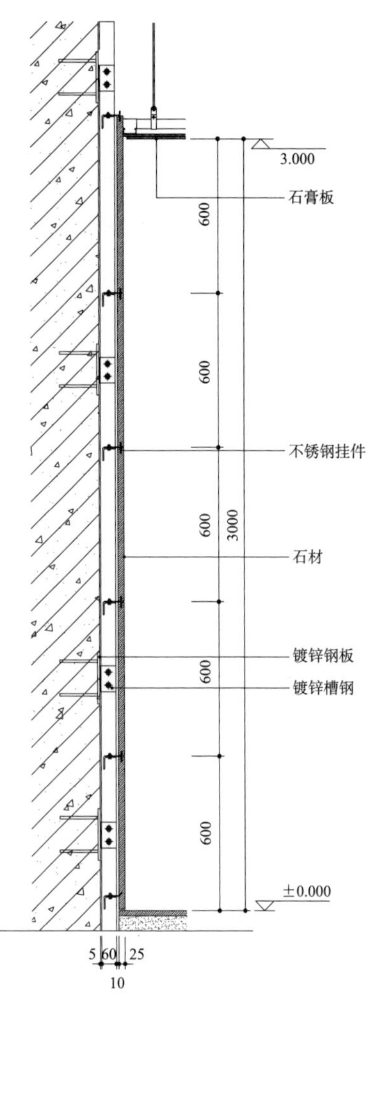

洁具

Sanitary ware

马桶

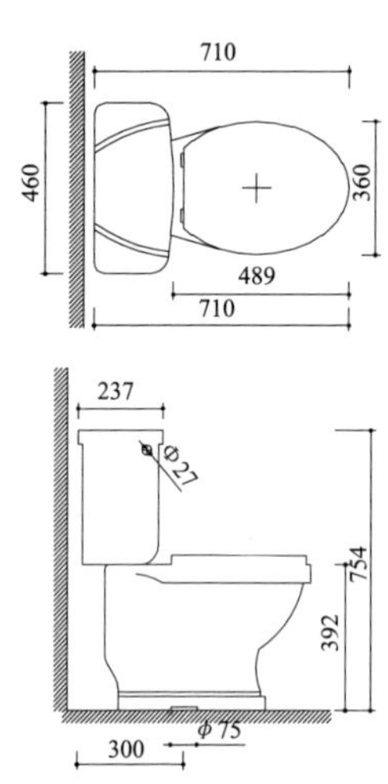

虹吸式座便器
尺寸 670mm×360mm×750mm
地排污，排污口中心离墙 300mm
排污口 Φ75mm

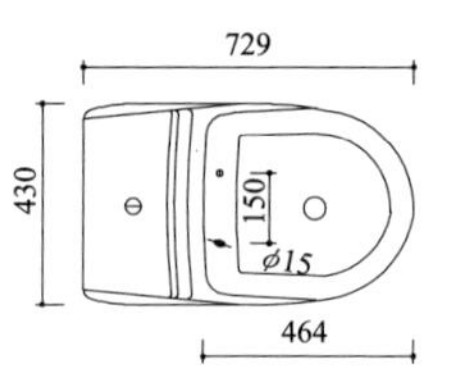

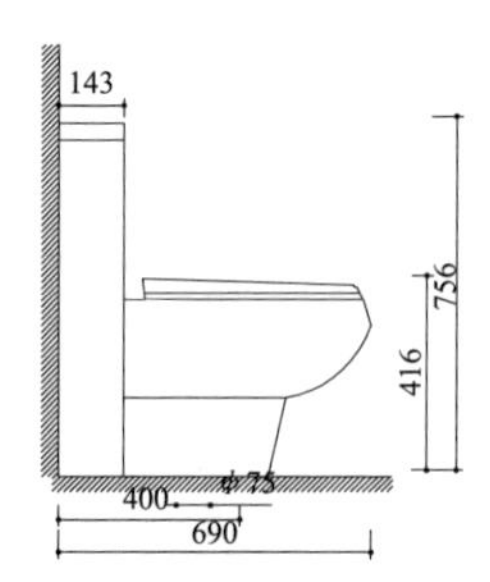

虹吸式座便器
尺寸 670mm×360mm×750mm
地排污，排污口中心离墙 300mm
排污口 Φ75mm

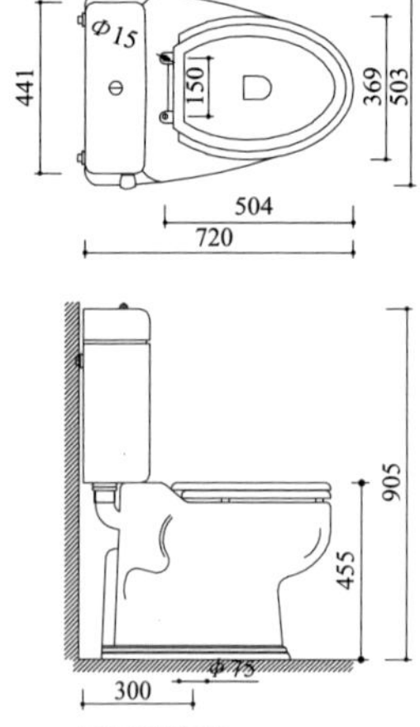

虹吸式座便器
尺寸 670mm×360mm×750mm
地排污，排污口中心离墙 300mm
排污口 Φ75mm

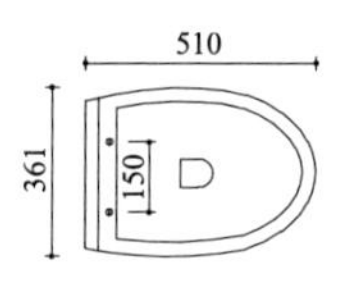

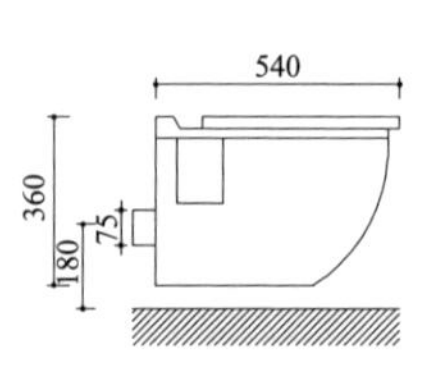

虹吸式座便器
尺寸 670mm×360mm×750mm
地排污，排污口中心离墙 300mm
排污口 Φ75mm

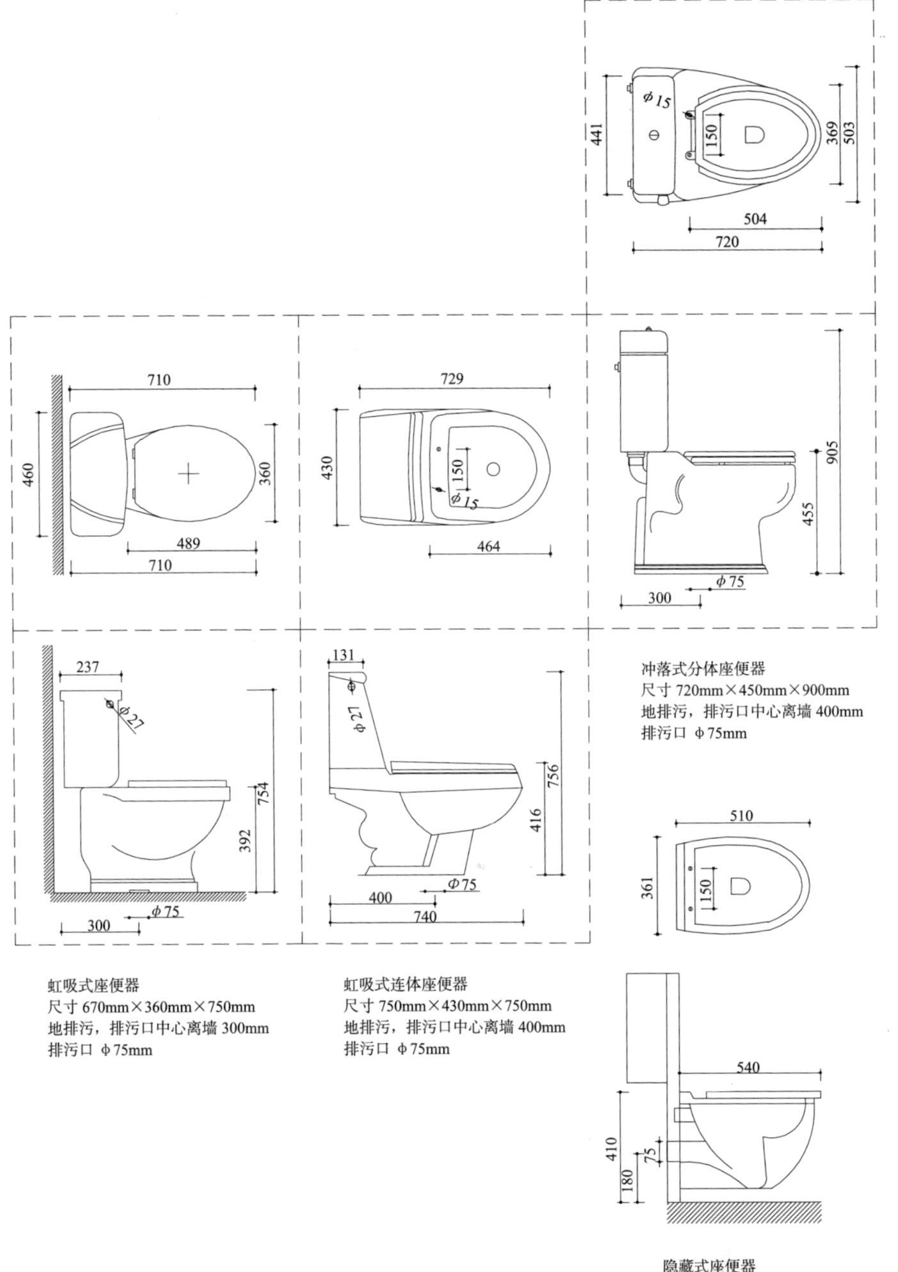

冲落式分体座便器
尺寸 720mm×450mm×900mm
地排污，排污口中心离墙 400mm
排污口 φ75mm

虹吸式座便器
尺寸 670mm×360mm×750mm
地排污，排污口中心离墙 300mm
排污口 φ75mm

虹吸式连体座便器
尺寸 750mm×430mm×750mm
地排污，排污口中心离墙 400mm
排污口 φ75mm

隐藏式座便器
尺寸 540mm×360mm×360mm
横排污，排污口中心离地 180mm
排污口 φ75mm

蹲便器

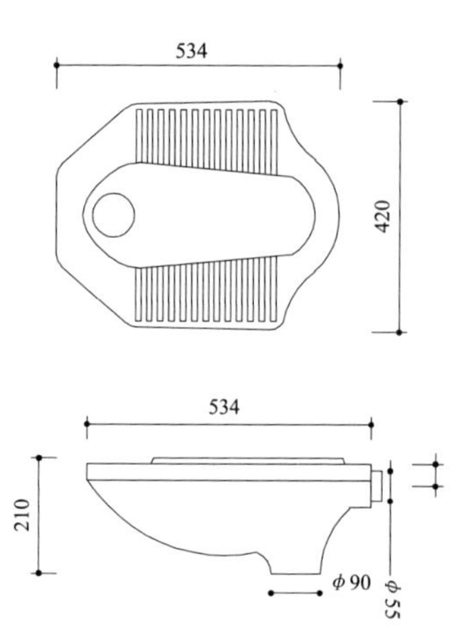

蹲便器
尺寸 534mm×420mm×200mm
入地式安装

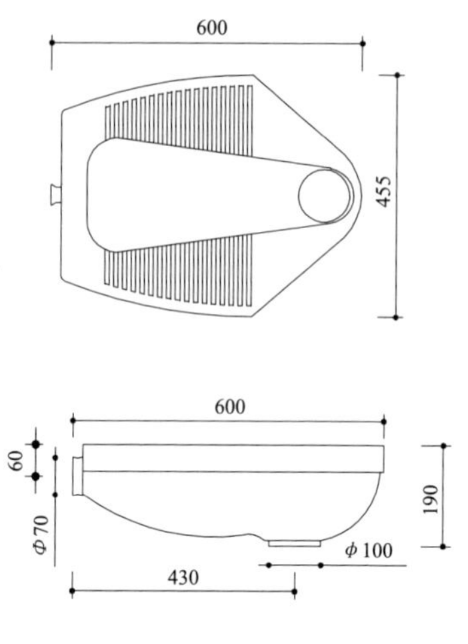

蹲便器
尺寸 600mm×455mm×190mm
入地式安装

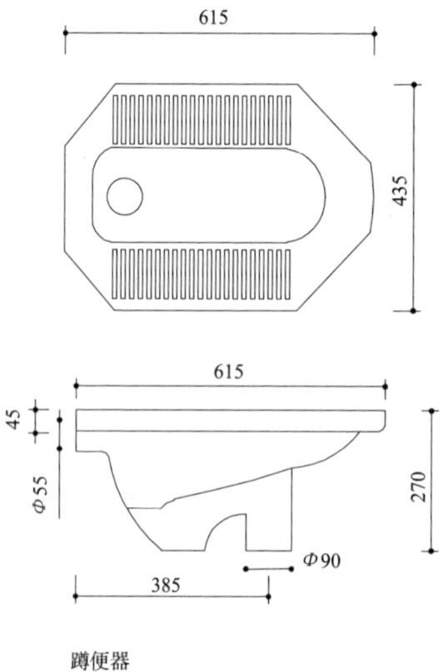

蹲便器
尺寸 615mm×435mm×270mm
入地式安装

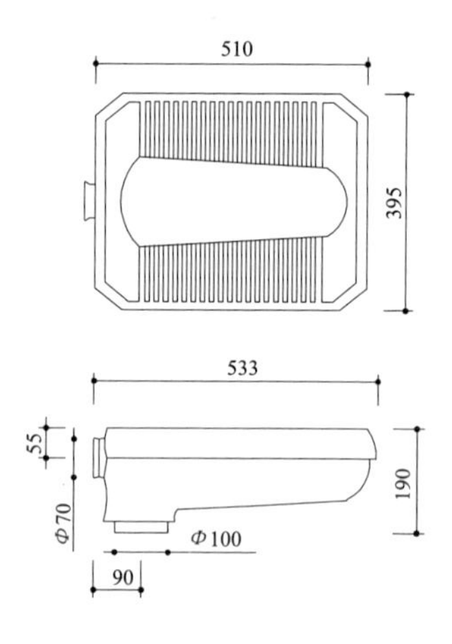

蹲便器
尺寸 530mm×395mm×190mm
入地式安装

拖布池

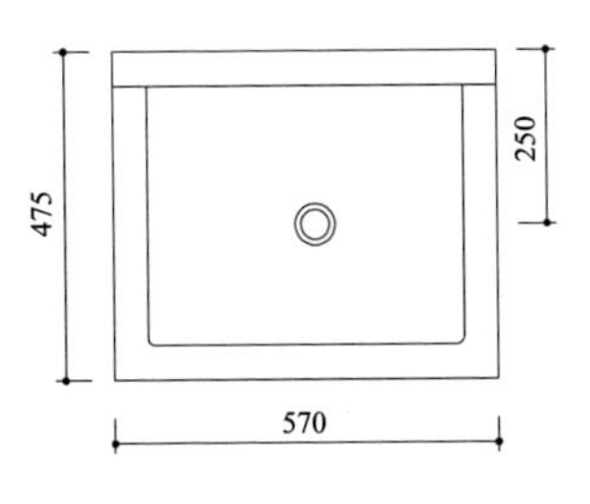

515
140

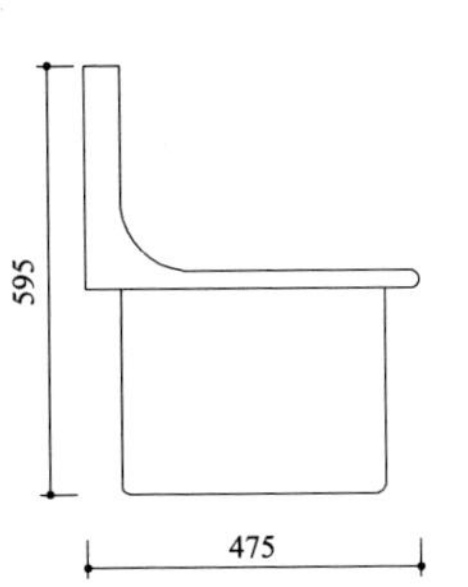

拖布池
背靠墙安装
配置铸铁存水弯

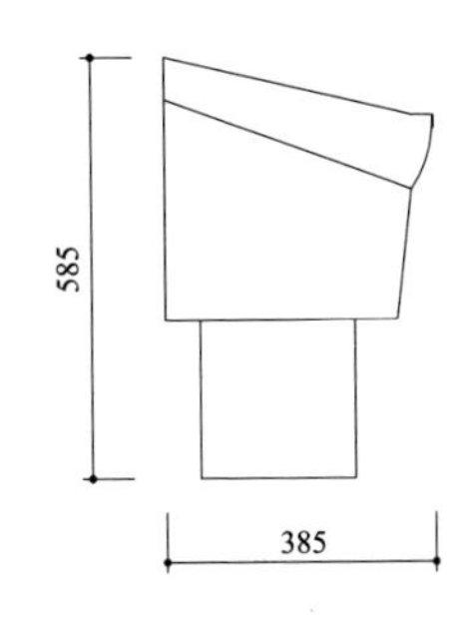

拖布池
背靠墙安装
配置立柱

妇洗器

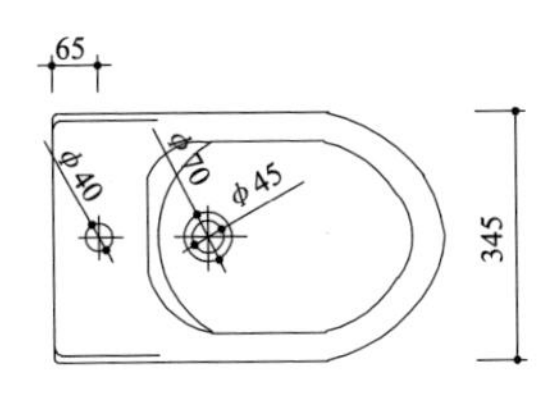

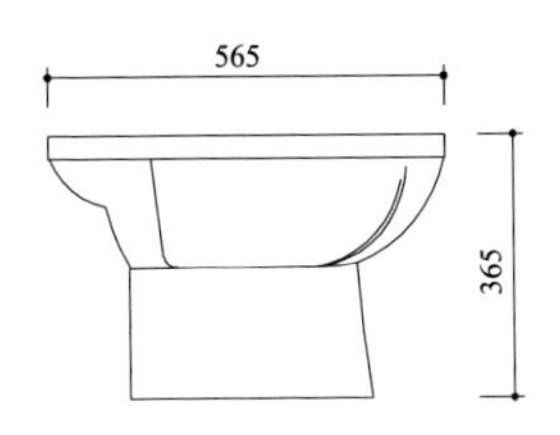

妇洗器
单孔
背靠墙安装
线流型设计

水盆

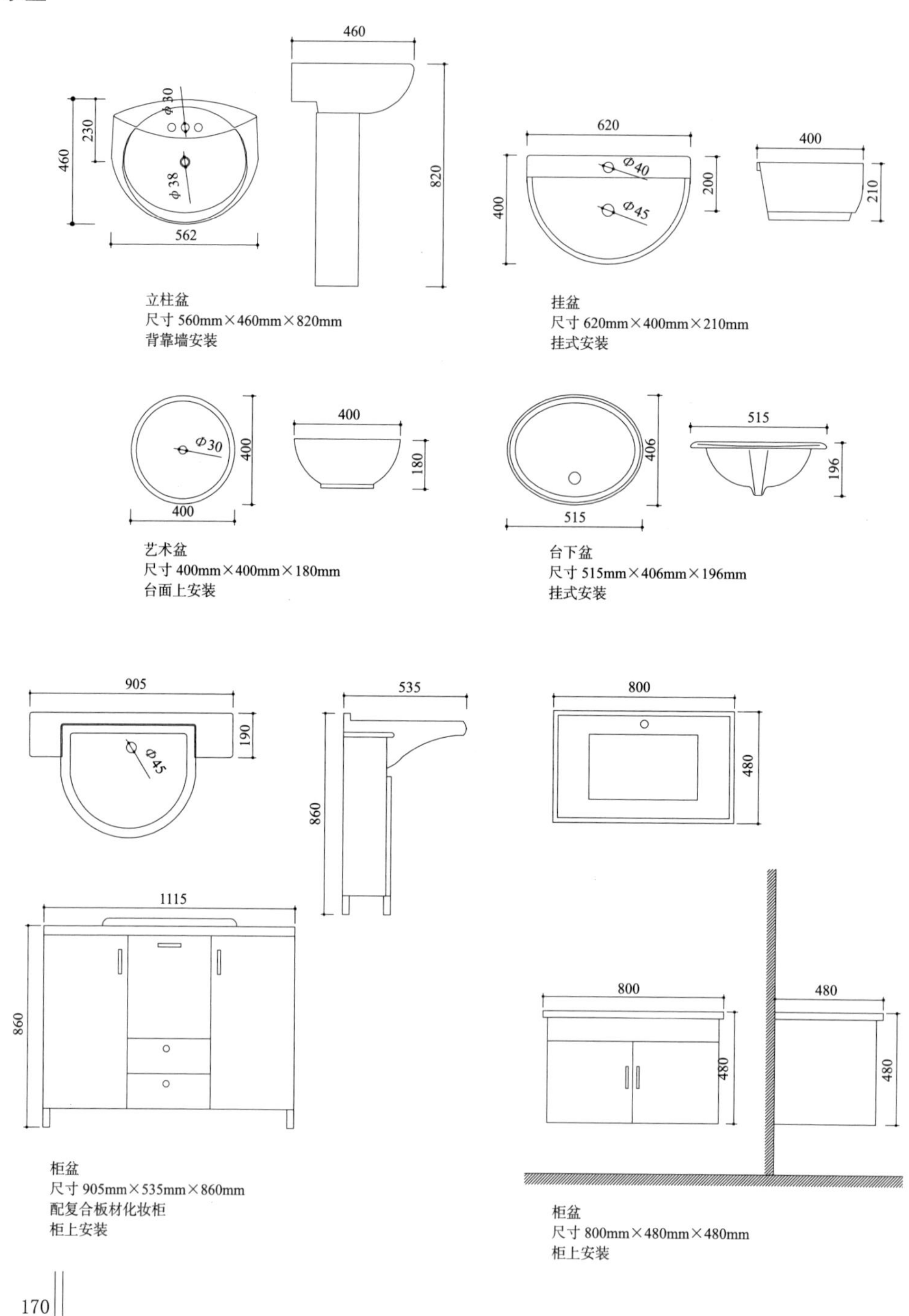

立柱盆
尺寸 560mm×460mm×820mm
背靠墙安装

挂盆
尺寸 620mm×400mm×210mm
挂式安装

艺术盆
尺寸 400mm×400mm×180mm
台面上安装

台下盆
尺寸 515mm×406mm×196mm
挂式安装

柜盆
尺寸 905mm×535mm×860mm
配复合板材化妆柜
柜上安装

柜盆
尺寸 800mm×480mm×480mm
柜上安装

浴缸

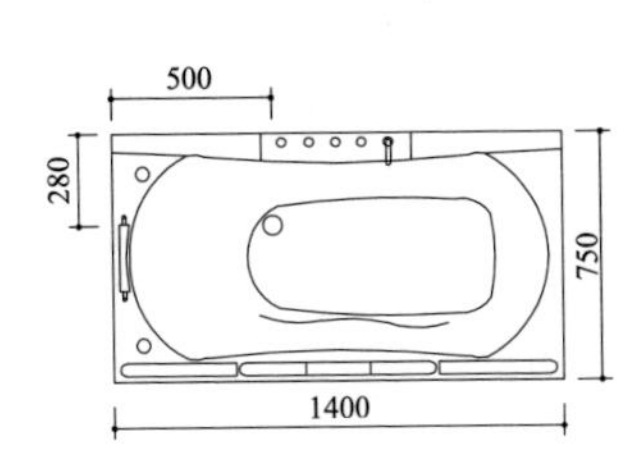

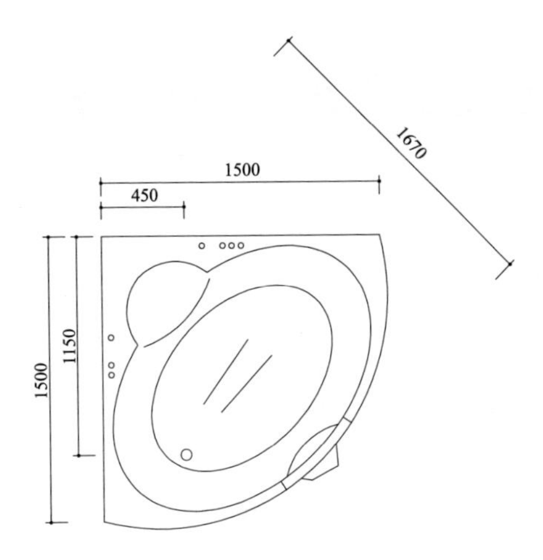

小便器

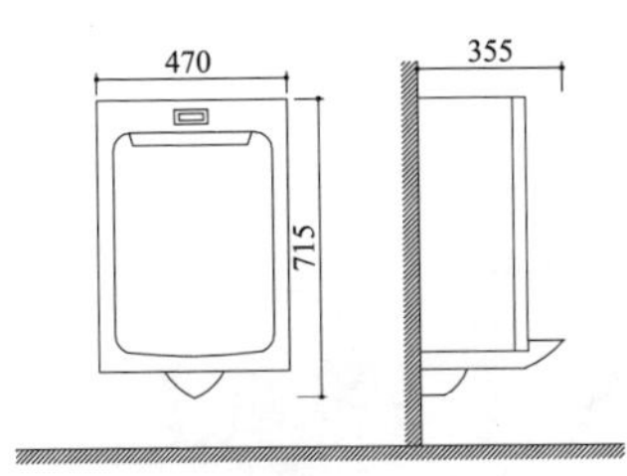

挂式感应小便斗
尺寸 470mm×355mm×715mm
出水距 135mm

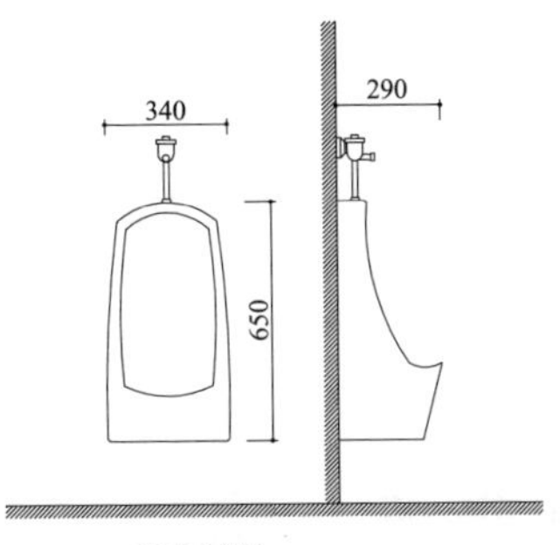

挂式小便斗
尺寸 340mm×290mm×650mm
出水距 135mm

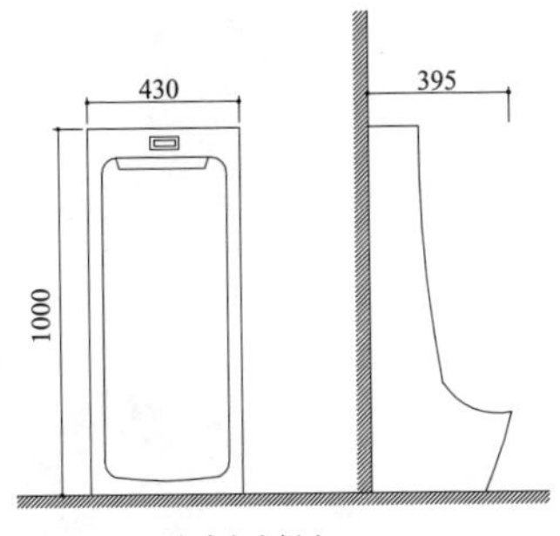

立式感应小便斗
尺寸 470mm×395mm×1000mm
出水距 150mm

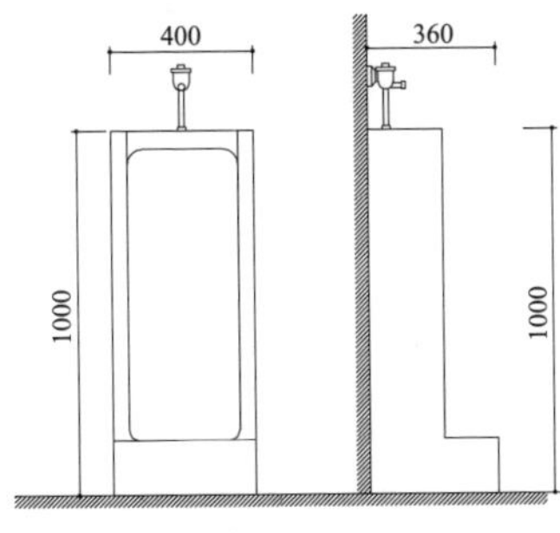

立式小便斗
尺寸 400mm×360mm×1000mm
出水距 120mm

固定家具及设备

家具
Furniture

家具设计原则

（1）实用性。
（2）美观性。
（3）经济性。
（4）文化性。

家具设计理念

（1）通用性。
（2）环保性。
（3）无障碍。
（4）可持续性。
（5）仿生。
（6）情感性。

家具造型设计形式方法

（1）运动与静止。
（2）统一与变化。
（3）对称与均衡。
（4）稳定与轻巧。
（5）尺度与比例。
（6）韵律与图案。

家具常用材料

木、亚克力、金属、竹藤、玻璃、石材、皮革、织物、纸板、陶瓷。

家具的结构设计

（1）板式。
（2）框架。
（3）弯曲。
（4）折叠。
（5）充气。
（6）薄壳。
（7）整体成型。

家具在室内环境中的作用

（1）组织空间。
（2）分隔空间。
（3）填补空间。
（4）扩大空间。
（5）调节色彩。
（6）营造氛围。
（7）陶冶情操。
（8）审美情趣。

现代家具设计的代表人物及代表作品

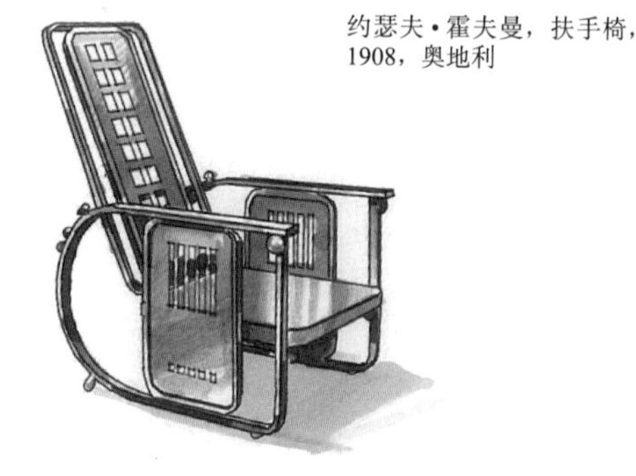

约瑟夫·霍夫曼，扶手椅，1908，奥地利

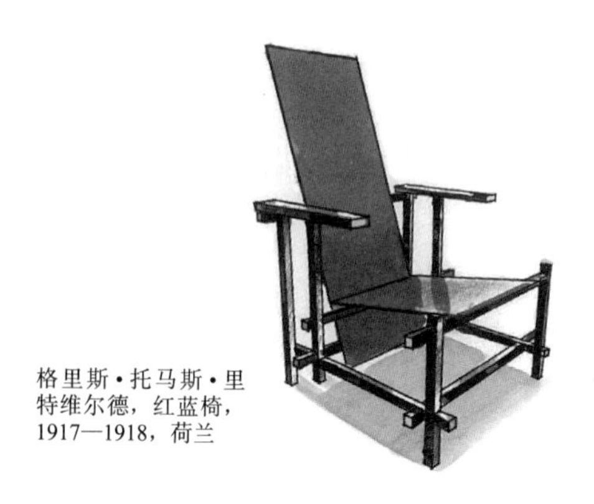

格里斯·托马斯·里特维尔德，红蓝椅，1917—1918，荷兰

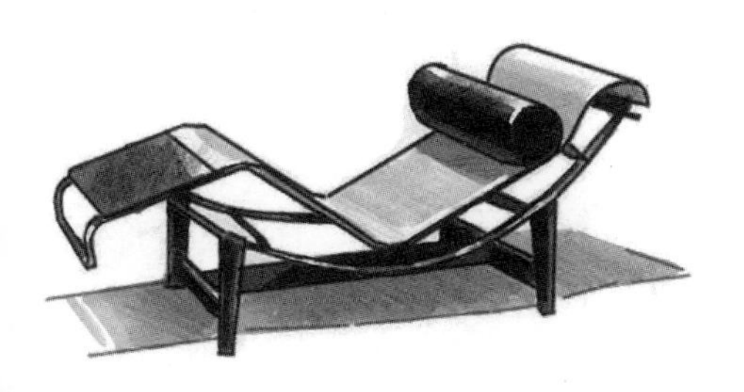

勒•柯布西耶、夏洛特•帕瑞安德，躺椅，1928，法国

密斯•凡•德罗，巴塞罗那椅，1929，德国

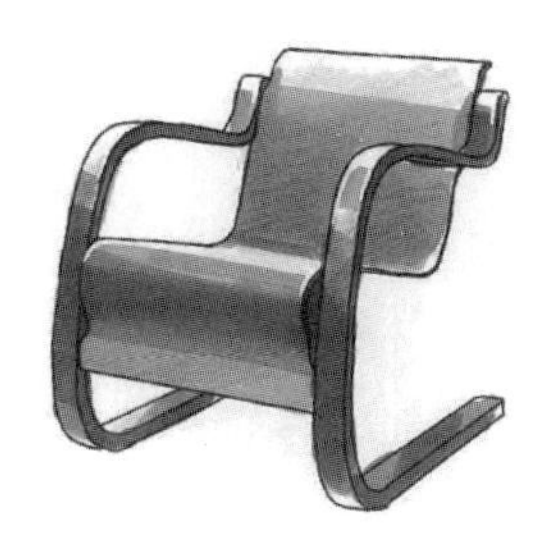

阿尔瓦•阿尔托，31号层压胶合板悬臂椅，1931—1932，芬兰

布鲁诺•马松，Eva扶手椅，1934，瑞典

伊莫斯夫妇，RAR摇椅，1948—1950，美国

阿诺•雅克比松，蛋椅，1957—1958，丹麦

埃罗•阿尼奥，球椅，1963—1965，芬兰

亚历山德罗•门迪尼，proust扶手椅，意大利

楼 梯

Stairs

通行高度、斜面高度、楼梯栏杆和踏步

净通行高度

净通行高度最小为 2000mm
以踏步外缘为基准

梯段长度

梯段长 = 阶梯数量 × 步长

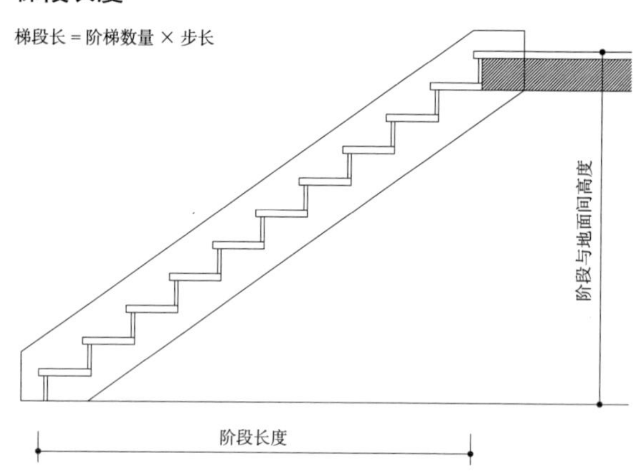

首阶至末阶

取决于楼梯结构，首阶和末阶
与相邻楼面高度保持一致

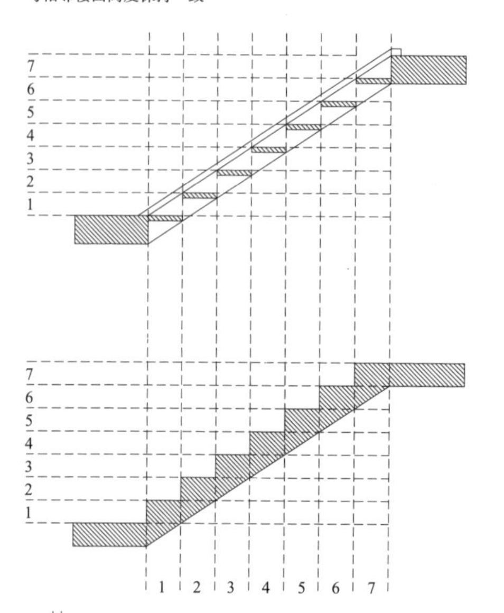

斜面高度

斜面高度 = 楼层高度 / 台阶数量

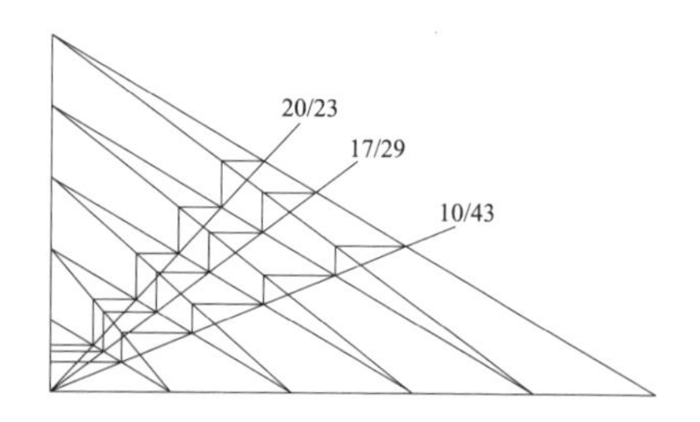

斜面高度和步长

独立住宅楼梯和地下室楼梯、阁楼楼梯、副楼梯和紧急楼梯
斜面高度：≤ 220mm
步长：≥ 210mm

多户住宅楼梯
斜面高度：≤ 190mm
步长：≥ 260mm

户外楼梯
斜面高度：≤ 140mm
步长：≥ 350mm

平面几何图

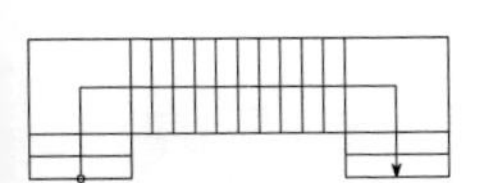

单跑楼梯
（两侧直角转弯）

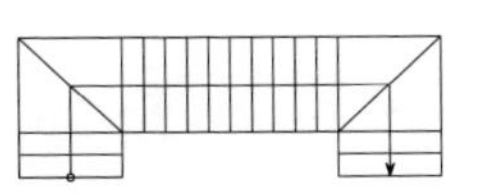

单跑楼梯
（两侧 45° 转弯）

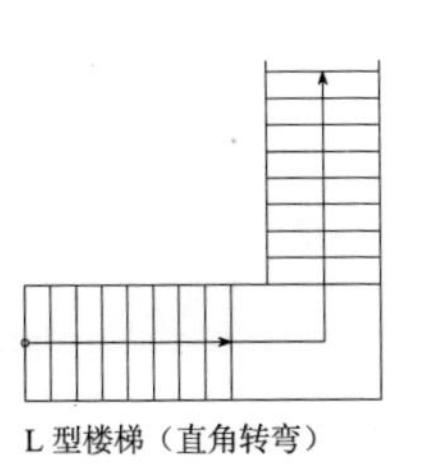

L 型楼梯（直角转弯）

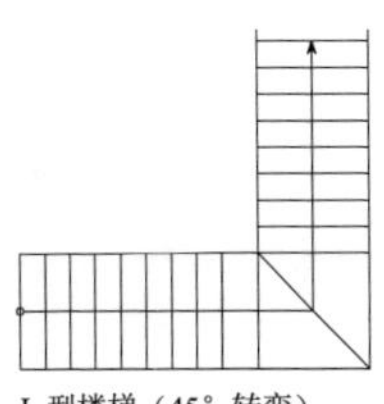

L 型楼梯（45° 转弯）

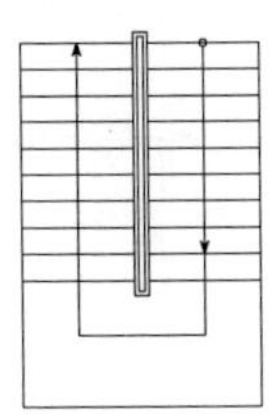

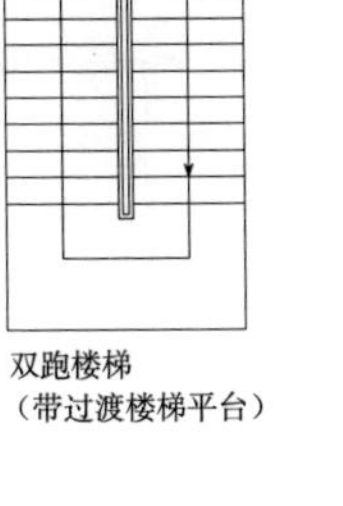

双跑楼梯
（带过渡楼梯平台）

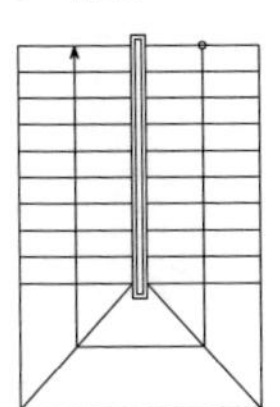

双跑楼梯
（45° 转弯）

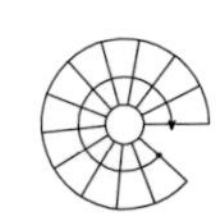

螺旋楼梯
（顺时针方向）

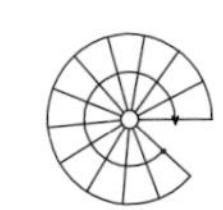

螺旋楼梯 + 楼梯中柱
（顺时针方向）

单跑楼梯
（直梯）

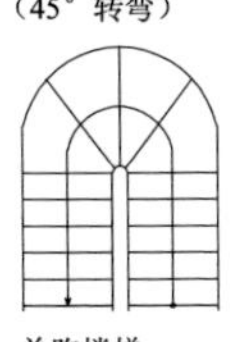

单跑楼梯
（盘绕式）

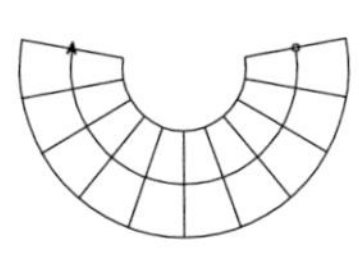

单跑楼梯
（半盘绕式）

楼梯栏杆和扶手剖面图

上部边缘 1.2m
（跌落高度大于 12m 的情况下）

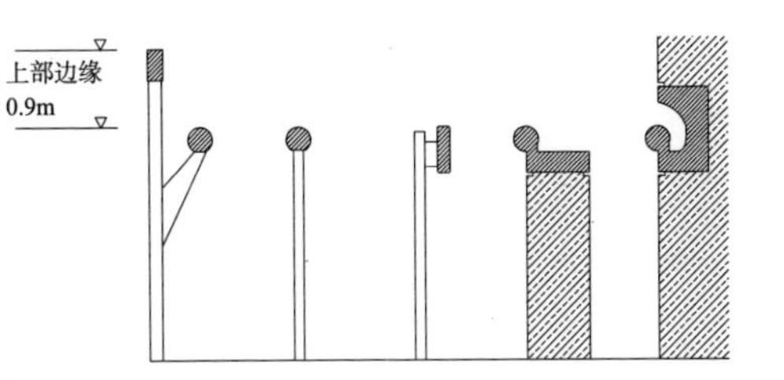

塑料扶手

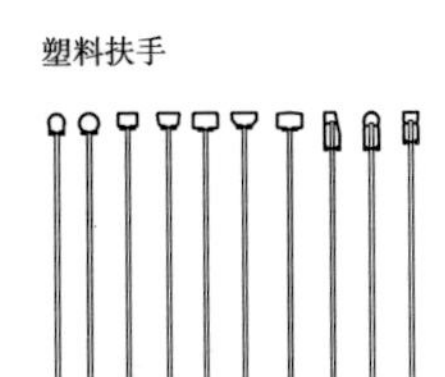

木质扶手

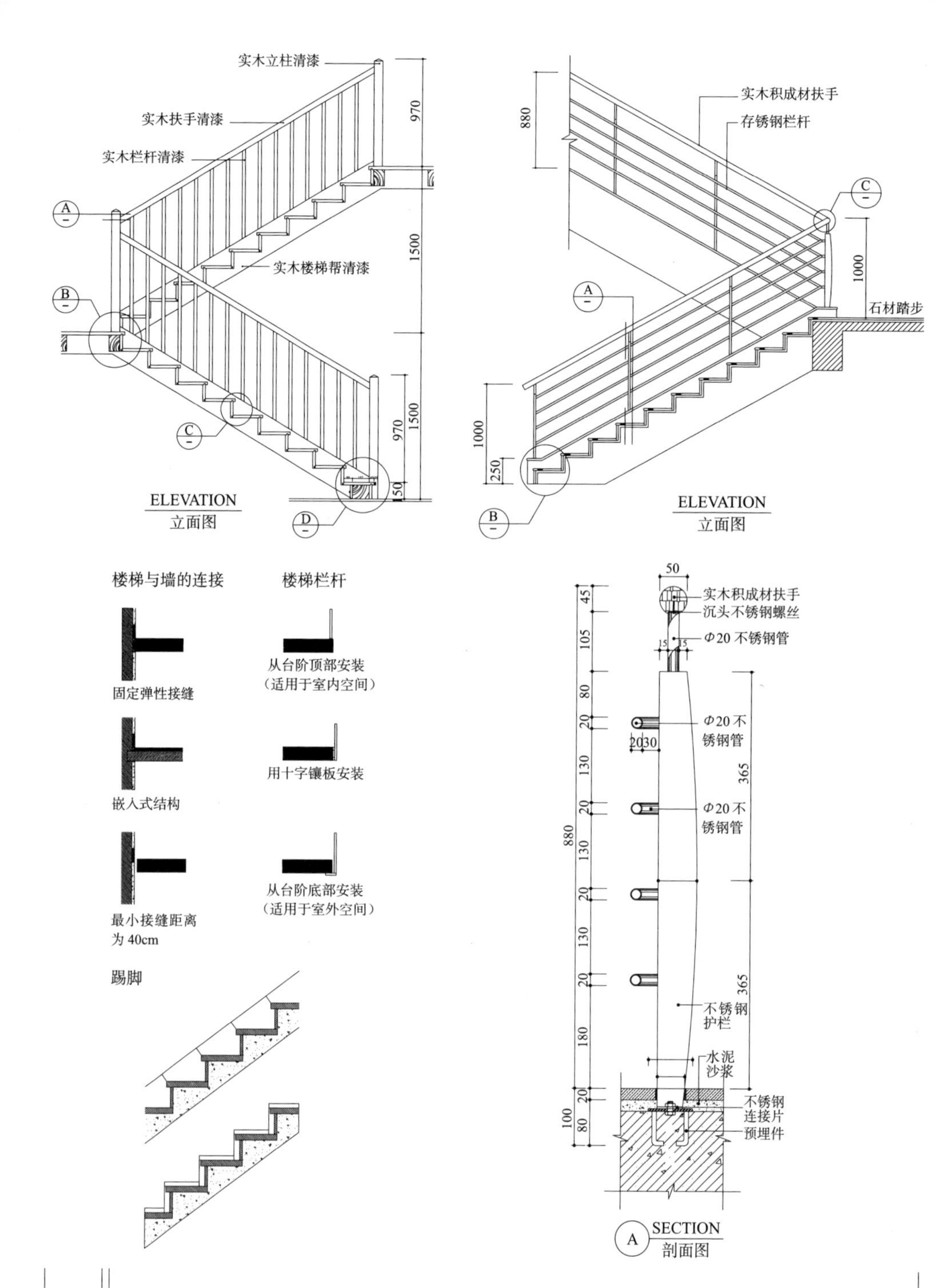
实木立柱清漆
实木扶手清漆
实木栏杆清漆
实木楼梯帮清漆
970
1500
1500
970
50
ELEVATION
立面图
880
实木积成材扶手
存锈钢栏杆
1000
石材踏步
1000
250
ELEVATION
立面图
楼梯与墙的连接
楼梯栏杆
固定弹性接缝
从台阶顶部安装
（适用于室内空间）
嵌入式结构
用十字镶板安装
最小接缝距离
为40cm
从台阶底部安装
（适用于室外空间）
踢脚
50
实木积成材扶手
沉头不锈钢螺丝
Φ20 不锈钢管
Φ20 不
锈钢管
Φ20 不
锈钢管
不锈钢
护栏
水泥
沙浆
不锈钢
连接片
预埋件
45
105
80
20
130
20
130
20
130
20
180
20
80
880
100
365
365
SECTION
剖面图

踏步剖面图

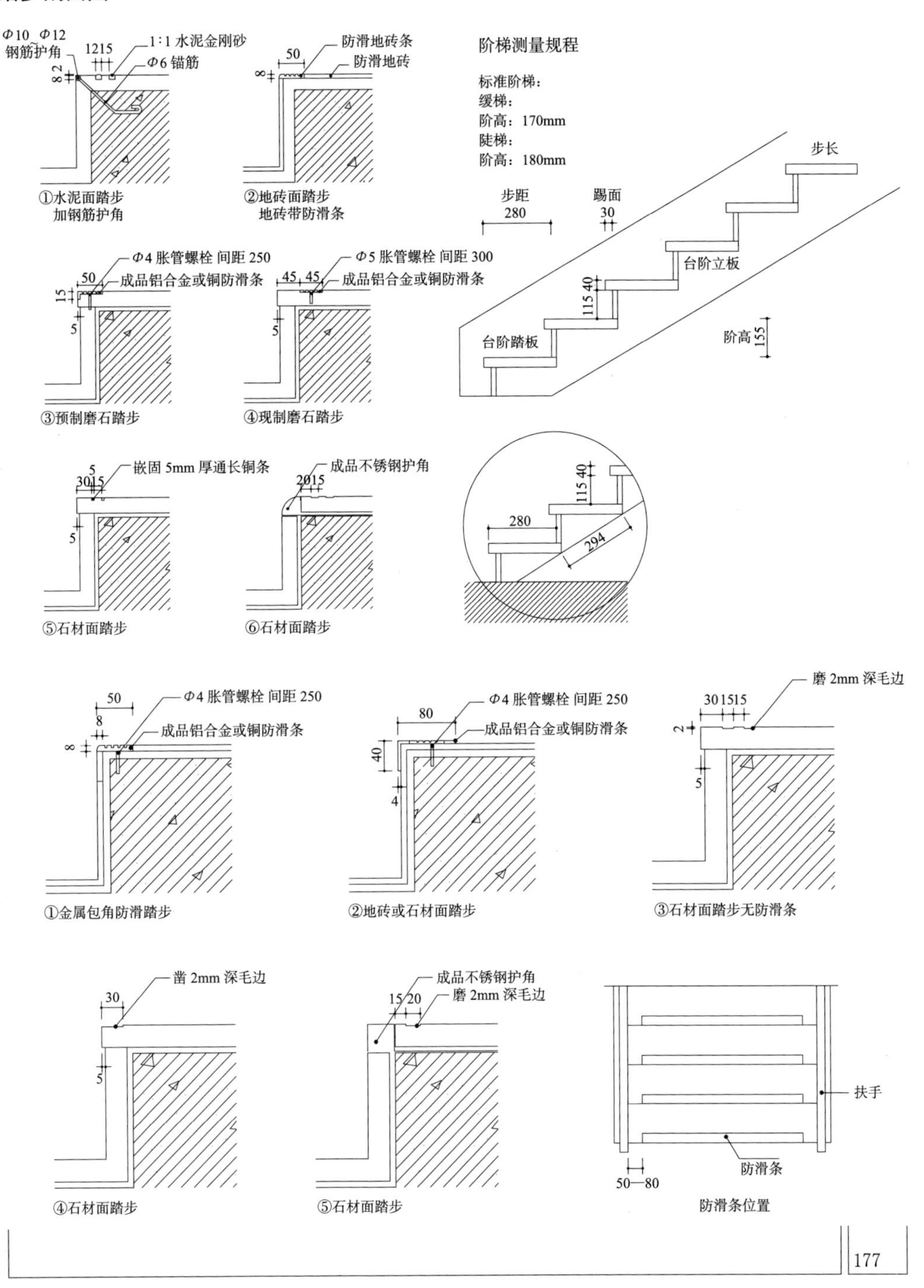

Φ10 Φ12
钢筋护角
1215
82
1:1 水泥金刚砂
Φ6 锚筋
①水泥面踏步
加钢筋护角
防滑地砖条
防滑地砖
50
8
②地砖面踏步
地砖带防滑条
阶梯测量规程
标准阶梯：
缓梯：
阶高：170mm
陡梯：
阶高：180mm
步长
步距
280
踢面
30
台阶立板
115 40
台阶踏板
阶高 155
Φ4 胀管螺栓 间距 250
50
成品铝合金或铜防滑条
15
5
③预制磨石踏步
Φ5 胀管螺栓 间距 300
45 45
成品铝合金或铜防滑条
5
④现制磨石踏步
5
3015
嵌固 5mm 厚通长铜条
5
⑤石材面踏步
2015
成品不锈钢护角
⑥石材面踏步
115 40
280
294
50
Φ4 胀管螺栓 间距 250
8
成品铝合金或铜防滑条
8
①金属包角防滑踏步
80
Φ4 胀管螺栓 间距 250
成品铝合金或铜防滑条
40
4
②地砖或石材面踏步
磨 2mm 深毛边
301515
2
5
③石材面踏步无防滑条
凿 2mm 深毛边
30
5
④石材面踏步
成品不锈钢护角
15 20
磨 2mm 深毛边
⑤石材面踏步
扶手
防滑条
50—80
防滑条位置

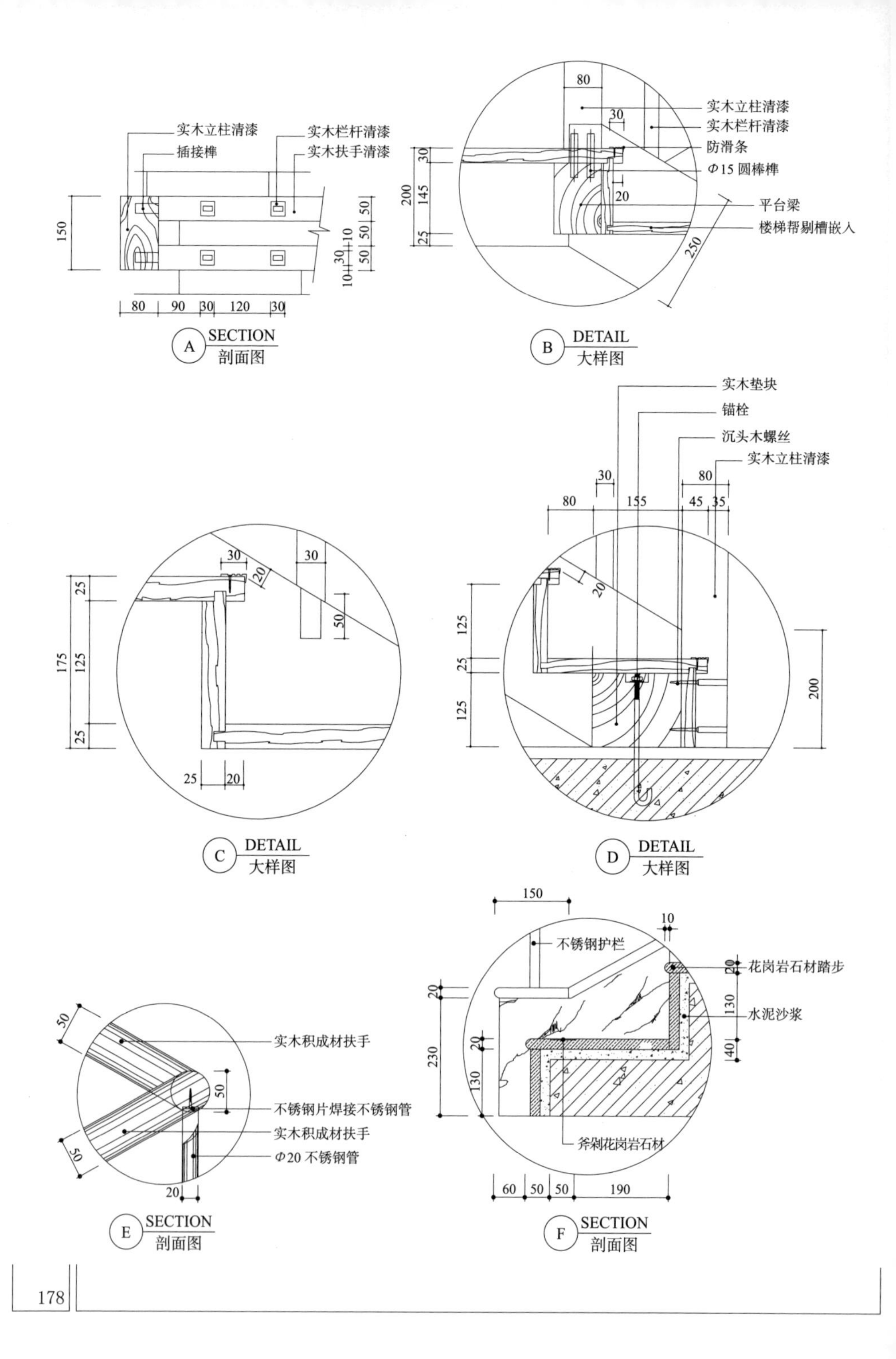
实木立柱清漆
插接榫
实木栏杆清漆
实木扶手清漆
SECTION
剖面图
实木立柱清漆
实木栏杆清漆
防滑条
Φ15 圆棒榫
平台梁
楼梯帮剔槽嵌入
DETAIL
大样图
实木垫块
锚栓
沉头木螺丝
实木立柱清漆
DETAIL
大样图
DETAIL
大样图
实木积成材扶手
不锈钢片焊接不锈钢管
实木积成材扶手
Φ20 不锈钢管
SECTION
剖面图
不锈钢护栏
花岗岩石材踏步
水泥沙浆
斧剁花岗岩石材
SECTION
剖面图

榻榻米

Tatami

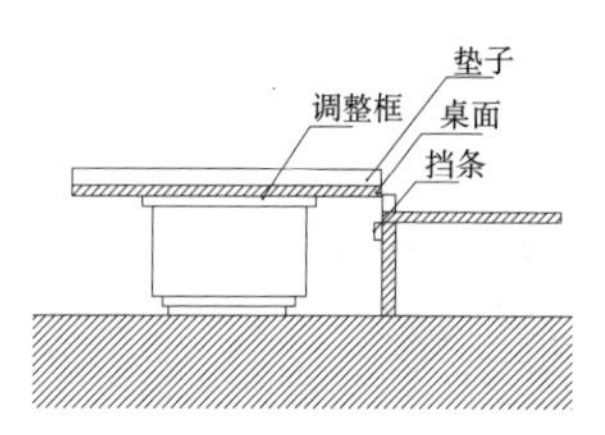

（手动升降机）

立面图

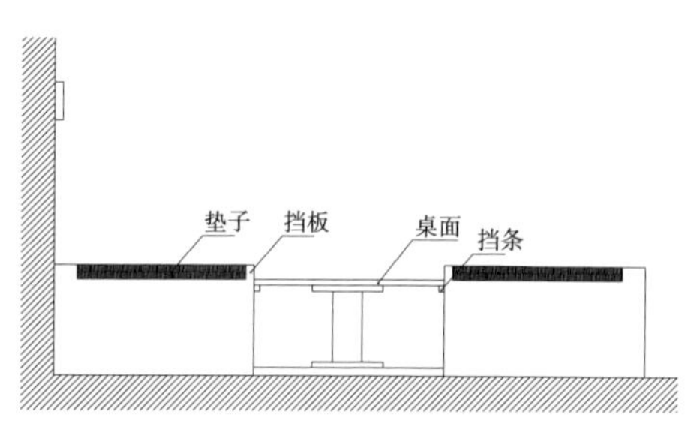

（电动升降机）

立面图

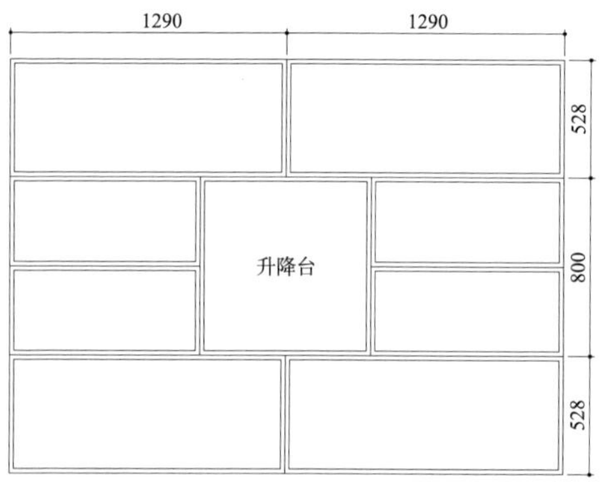

平面图 1

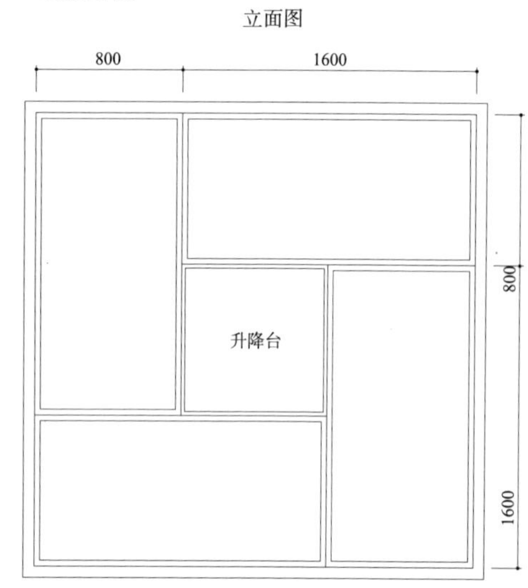

平面图 2

智能家居系统

Intelligent Home Furnishing system

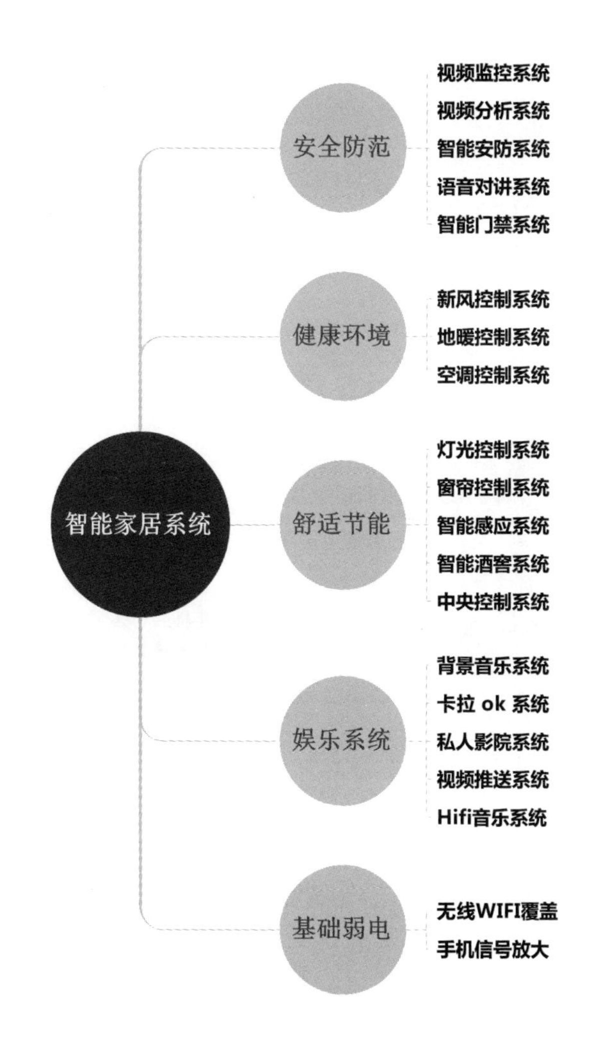

橱柜

Cupboard

橱柜动线布局

一字型、二字型、L 型、T 型、U 型、岛型、组合型。

五大组成部分

柜体、门板、五金件、台面、电器。

构造

吊柜、地柜、高柜。

操作流程

存放、洗涤、削切、备餐、烹饪。

标准尺寸

吊柜高 700mm、深 300mm，地柜高 800mm、深 600mm，吊柜地柜之间 700 mm，烟机灶具之间 800 mm，灶具洗菜盆之间 900 mm。

拉篮收纳种类

碗盘、调味料、食材存放、垃圾桶、刀具、红酒、清洁用具、其他。

台面材料

防火板、人造石、天然大理石、石英石、亚克力板、不锈钢。

柜体材料

防火板、实木板、烤漆板、防潮板、三聚氰胺板、铝蜂窝板、竹制、吸塑。

柜门材料

防火板、实木板、烤漆板、防潮板、三聚氰胺板、铝蜂窝板、玻璃、水晶板、吸塑。

五金件

铰链、滑轨、滑轮、拉篮、把手、挂件、压力装置、隐藏式吊码。

常用设备

烟机、灶具、龙头、洗菜盆、微波炉、烤箱、蒸箱、洗碗机、电饭煲、料理机、榨汁机、冰箱、消毒柜、电饼铛、净水机、软水机、米桶、小厨宝、热水器。

安装顺序

吊柜、地柜、台面、设备、门板。

关键细节

防尘角、台面下衬板、伸缩龙头、水盆下防水铝箔、水盆台面下铝横梁、层板铝包边、台面前挡水槽、柜体封口条、底板灯、阻尼五金、台下盆、沥水架、垃圾处理器、PP 塑料踢脚、丝网玻璃。

计价方式

单位延长米 × 橱柜长度，吊柜、地柜、高柜、台面分别计价，高档五金和配件另计，吊柜占 30%、地柜占 70%、台面占吊柜和地柜总和的 40%。

橱柜

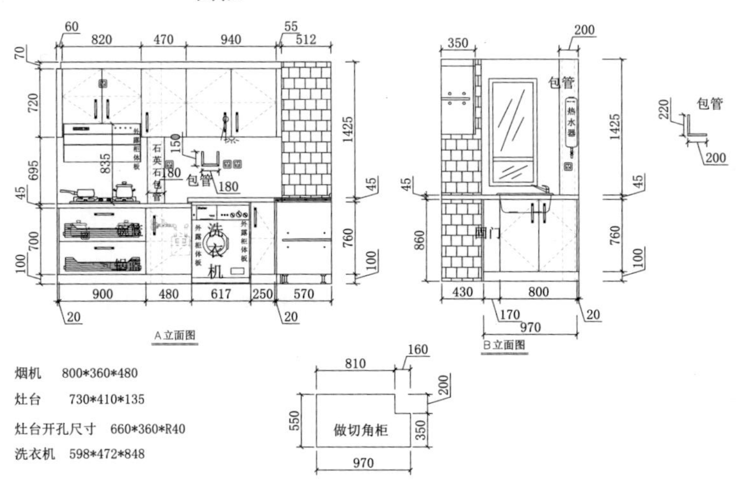

烟机　800*360*480

灶台　730*410*135

灶台开孔尺寸　660*360*R40

洗衣机　598*472*848

鞋柜

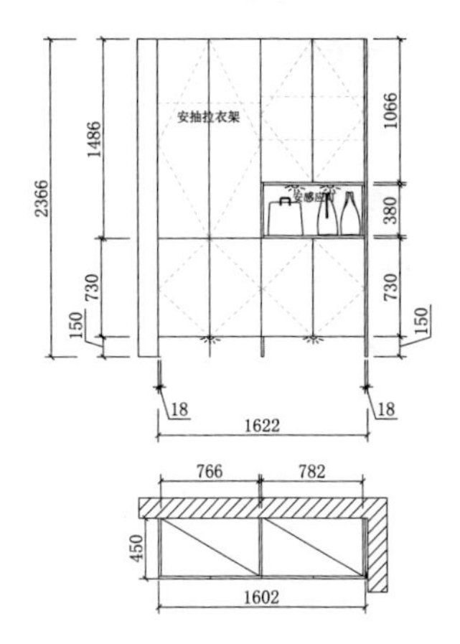

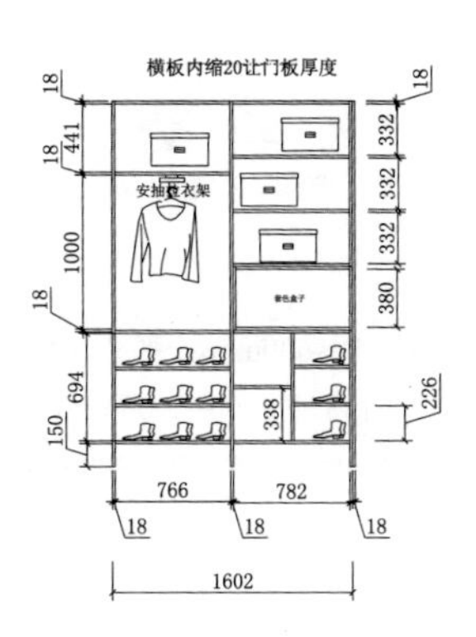

柜体：爱格板 白色W980 18厚

平开门：爱格板 水泥灰F638 外露同门板颜色

套色盒子：爱格板 白色W980

拉手：无 安装反弹器

灯：宜琳专用灯条（暖光）

安装日期：2019年8月10日

衣帽间

Cloakroom

形式

开放式、步入式、独立式、嵌入式。

设计要点

分类摆放、预留设备尺寸、防潮处理、转角处理。

细节

升降衣杆、可折叠抽屉柜、旋转拉篮、立体鞋架、分隔抽屉、挂裤架、收纳盒、手包挂钩、感应灯。

柜体功能分类

短衣、长衣、叠放、鞋袜、包包、首饰、皮带、手表、内衣、旅行箱、烫衣、被褥、梳妆、玩具。

尺寸

推拉门衣柜深度 550~600mm，平开门衣深度 450~600mm，平开门高度 2000~2400mm，柜叠放区层板高度 300~400mm，宽度 330~400mm，被褥区高度 500~600mm，女士短衣区高度 900~200mm，男士短衣区高度 100~1200mm，长衣区高度 1300~1500mm，礼服区高度 1600~1800mm，存鞋子高度 250~300mm，矮靴宽度 280mm 高度 300mm，高靴高度 500mm，抽屉尺寸高度 150~200mm，宽度 400~800mm，与地面间距小于 1250mm，步入式衣帽间宽度 1800~2400mm 为宜。

柜体材料

实木、齿接板、松木、橡木、三聚氰胺板、颗粒板、纤维板、刨花板、细木工板。

柜门材料

铝合金玻璃、三聚氰胺板、烤漆板。

五金件

铰链、滑轨、滑轮、拉篮、把手、挂件、压力装置、升降拉篮、感应灯。

常用设备

嵌入式保险柜、摇表器。

安装顺序

柜体、设备、门板。

关键细节

防尘条、阻尼器、感应灯、金属拉篮、金属抽屉、功能架、挂衣杆灯、抽拉熨烫架、旋转衣架。

计价方式

柜体按投影面积长度 × 宽度 × 高度 × 单价，柜门按长度 × 宽度 × 单价，其他设备另计。

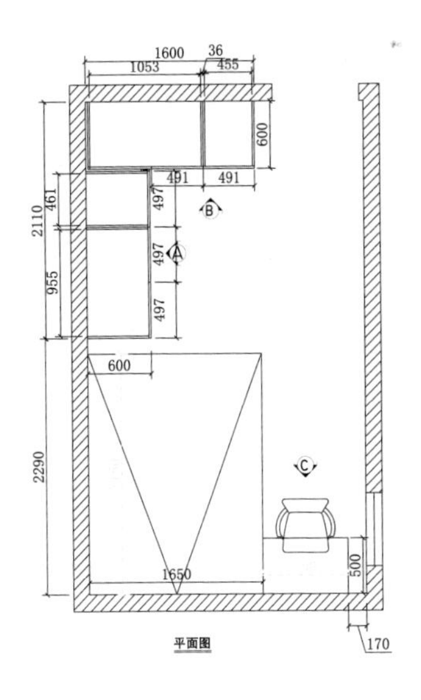

平面图

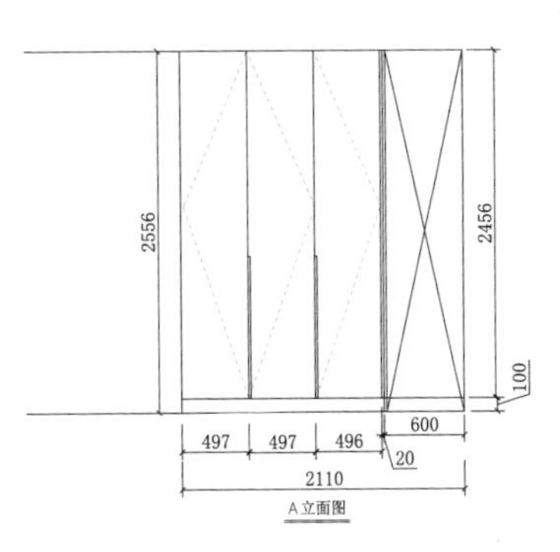

A立面图

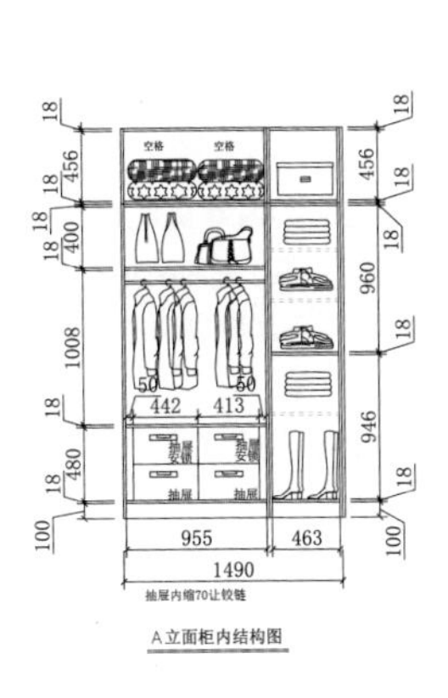

A立面柜内结构图

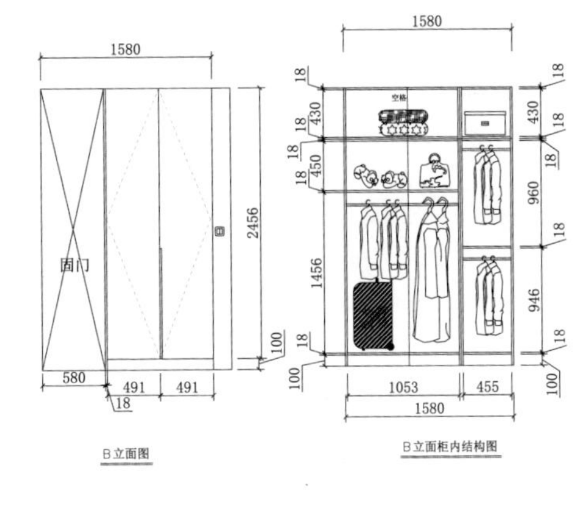

B立面图

B立面柜内结构图

户式中央空调

Household central air conditioning

户式中央空调目前主要有三种形式，即多联机、风管机以及户式水机，多联机的占有率估计能达到90%以上，已经成为住宅领域的主流中央空调形式。多联机空调按照接管方式可分为多管制（含分歧箱系统）和单管制系统，按照内外机搭配方式可分为固定搭配和自由拖带系统，按照冷媒可分为环保冷媒机组和R22冷媒机组，按照调解方式可分为定频、变频以及数码涡旋系统等。

家用空调的技术进化

1965年窗式空调，1980年大型螺杆式中央空调和分体式空调器，1985年分体定频，1995年分体变频，定频风管机，变频风管机，多组管小多联，单组管小多联。

空调专业词汇

制冷量W。
制热量W。
室内送风量m^3/h。
输入功率W。
额定电流A。
风机功率W。
噪声dB(A)。
使用电源单相220V，50Hz或三项380V。
外形尺寸长×宽×高。
制冷剂种类及充注量R410A，kg。
能效比EER和COP。
静压单位体积气体所具有的势能。

空气调节四要素

温度、湿度、洁净度、气流组织。

设备选型

（1）调研、收集所需设计参数等资料，确定基本方案（外机类别、室内机的类型、新风的要求等），并确定管道井、室外机的大体位置。
（2）确认围护结构的传热系数，负荷计算。
（3）根据房间使用功能或要求，大体划分多联机系统，确定室外机的位置。
（4）根据各种修正，计算、选择室内机。
（5）根据各种修正，计算、选择室外机。
（6）校核各室内机的实际供冷量、供热量，若实际制冷量、制热量不满足要求，适当调整室内机或室外机。
（7）检查各系统的室内外机配比、室内机的台数，适当调整室内机型号，使其满足相关要求。
（8）布置室内机（及其风管）。
（9）布置室外机。
（10）连接管路，根据室内外机容量，标注配管管径和分歧型号规格。
（11）标注风管的管径、风口及其它设备的型号，主要设备、风口的定位尺寸。
（12）检查图纸，封面、目录、设计说明、设备表。
（13）选型成果（室内机配置表，室外机配置表，设备清单，材料清单）。

选型过程中需要注意的问题

空调系统设计、选型过程中常会遇到空调设计选型、室外机布置、空调噪音三个技术难点：

1. 空调设计选型（负荷计算）

（1）规范要求，空调施工图纸必须做详细的逐时逐项的冷负荷计算。
（2）按负荷软件计算，冷热负荷可同时计算，特别注意朝向（东、西向）、大厅、屋顶、天窗、餐厅。
（3）对于一般的办公、住宅等，应考虑内遮阳（窗帘），对样板间类展示性房间要求通透的则可不考虑。
（4）输入决定输出，一定要注意输入数据（墙、窗、人、新风等及其传热系数）的准确性。

对于空调负荷，影响因素很多，相同面积相同功能的房间由于所在城市不同、维护结构情况不同、朝向不同、遮阳情况不同、室内外机配比不同而负荷指标不同，因此对于建议的负荷指标不能简单套用，应在设计过程中通过详细计算确定。

2. 室内机的选择

（1）夏季考虑的衰减因素：
①室内、外温度（包括热压效应）。
②管长（注意管长的影响，越短越好）。
③内外机配比率（控制在 90%~110% 之间为宜）。
④室内、外机换热器积灰修正（考虑换热器积灰后换热效率下降，一般取 1.1~1.2）。
（2）冬季考虑的衰减因素：
①室内、外温度。
②管长（注意管长的影响，越短越好。
③除霜系数（考虑当地冬季室外空气的含湿量）。
④内外机配比率（控制在 90%~100% 之间为宜）。
⑤室内、外机换热器积灰修正（考虑换热器积灰后换热效率下降，一般取 1.1~1.2）。

3. 空调室外机布置

实际工程中，空调室外机的设置位置、尺寸、通风、热压、与建筑外立面配合、检修等方面较易发生问题，造成机组运行不良，影响建筑立面，出现无法检修等情况。

设计者在设计过程中应确保满足使用及维护维修的前提下考虑美观性及其他要求，避免出现片面追求先进性和美观性而忽略功能性，即综合考虑空调实际运行条件、建筑协调美观等因素。

新风系统

Fresh air system

新风系统的功能

1. 换气。

2. 除臭。

3. 除尘。

4. 排湿。

5. 调节室温。

新风系统按机器分类

1. 多点平衡式新风系统

特点：强制排风，自然进风，体积小巧，占用空间少，可灵活应对各种安装条件，多接口式设计，可满足多个房间的风量需求。

2. 全热交换新风系统

特点：强制排风，强制送风，全热交换新风系统将自平衡式通风设计与高效换热系统完美地结合在一起，既具备系统的排风系统，又兼具高效合理的过滤送风系统，是解决室内通风的最佳之选。

3. 单体式新风系统

特点：安装方便，装修前后都能安装，不受时间及空间环境限制。外观时尚、有质感、多彩。集成能量回收系统，SHF 高效过滤系统，可有效滤尘，杀菌除异味效率高达 99.97%。智能控制系统，可实时检测室内空气质量，根据室内空气质量智能运行。

4. 柜式新风系统

特点：柜式新风系统风量足，体积大，功能全面，操作上更加智能。

新风系统按送风分类

1. 单向流新风系统

安装在吊顶上方，风机通过管道与一系列排风口相连接，风机启动，室内混浊的空气经安装在室内的吸风口通过风机排除室外，形成负压，室外的新鲜空气由安装在窗框的进风口不断的向室内补充。

2. 双向流新风系统

新风主机通过管道与室内的空气分布器相连接，新风主机不断地把室外新风通过管道送入室内，以满足人们日常生活所需新鲜、有质量的空气。排风口与新风口都带有风量调节阀，通过主机的动力排与送来实现室内通风换气。

3. 地送风系统

由于二氧化碳比空气重，因此越接近地面含氧量越低，从节能方面来考虑，将新风系统安装在地面会得到更好的通风效果，一般安装在底板或墙底部为佳。

新风系统按样式分类

1. 立柜（落地式）。

2. 柜式。

3. 壁挂式。

4. 吊顶式。

安装流程

1. 先将主机电源线从开关盒中接出，电源线无特殊要求时需用 2.5m² 线路。

2. 用丝杆将主机吊装至指定位置，要求正、平、稳，上方须留空间。

3. 与空调布线管以及其他设施的工作人员沟通，再次确定现场管路畅通与否，风口位置是否对其他设施造成影响，对图纸进行微调。

4. 安装管路系统，硬管每 150cm 一根吊卡，管路要求横平竖直，每个接头处抹 PVC 胶水。管路中有软管的区域，每 70cm 一根吊卡，吊卡螺栓采用长螺栓。

5. 下置式风口接管与吊顶齐平，侧处式风口与墙面齐平，安装完成后不用再切割管口，最后直接安装风口。

6. 管路与主机的连接,工程选用的管路与主机进排风口之间的连接选用变径或漏斗式大小头，接缝处用锡箔布粘胶带固定，胶带粘贴平整，不能皱起，接缝要粘包紧密，不能漏风，锡箔结合处需用扎带固定。

7. 主机与排风口之间根据图纸标注看是否加斜三通，为换气扇留排风口。

8. 主机与管路系统安装完毕后，与该工地电工联系，将拉线要求及开关安装位置确定。

9. 主机及管路安装完后与该工地木工沟通，提供安装检修口的数据。

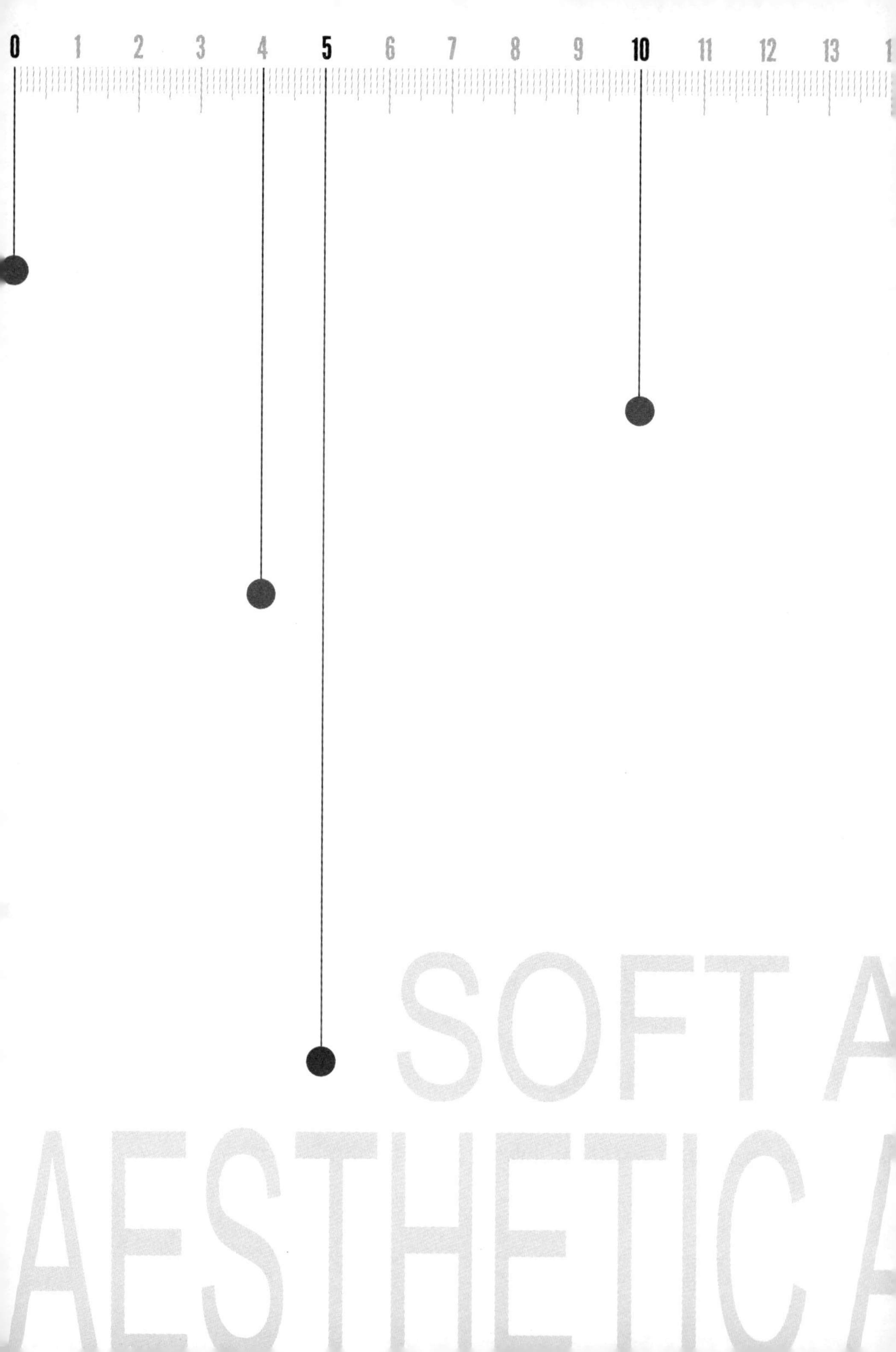
0
1
2
3
4
5
6
7
8
9
10
11
12
13
SOFT A
AESTHETICA

17 18 19 20 21 22 23 24 25 26 27 28 29 30
软装配饰与
美学鉴赏
CCESSORIES
PPRECIATION

软装

软装流程

Soft loading process

1. 首次客户洽谈环节

（1）预算（价格、数量）。
（2）风格定位（主风格占比）。
（3）生活习惯。
（4）人口组成（有无特殊人群）。
（5）文化喜好。
（6）宗教禁忌。
（7）空间动线确定（设计布局流程）。
（8）色彩（主色、背景色、点缀色）。
（9）灯光（主光源、辅光源）。
（10）材质（实木、板木结合、板式）。
（11）家具。
（12）饰品。
（13）画品。
（14）花品。
（15）软装材料。
（16）日用品。
（17）意向参考图（单品图、场景图）。
（18）定金缴纳。
（19）装饰公司名称（确定装饰档次）。
（20）洽谈文件模版（ppt）。

2. 首次空间测量准备工具

卷尺、相机、纸、量房板、笔。

（最好由装饰公司提供打印出来的平面布局图和天花图，了解实际空间尺度，在硬装的基础上测量要构思配饰产品对空间尺寸的要求，以便精准把控，重点空间现场拍照。）

3. 初步配置方案

（1）软装产品比重确定（家具 60%，布艺 10%，灯光 10%，其他 20%）。
（2）单品数量和造价。
（3）已有材料厂家单品筛选（图纸、报价、材质）。

4. 设计方案

平面布局图、立面图、效果图、单品图。

5. 订货周期

国产 30~60 天，进口 90~180 天。

6. 方案讲解

流程安排、材料和样板准备、文件演示、话术顺序、促单。

7. 签订合同

总工期、产品型号、数量、材质、单品金额、总金额、安装地址、安装日期。

8. 现场安装

（1）安装前要再次复尺，有问题及时调整。
（2）与现场联系人确定送货和安装具体时间。
（3）确定数量和材质。
（4）现场成品的保护。
（5）安装流程：自上而下，灯具、家具、画品、布艺。
（6）现场卫生保洁撤场。

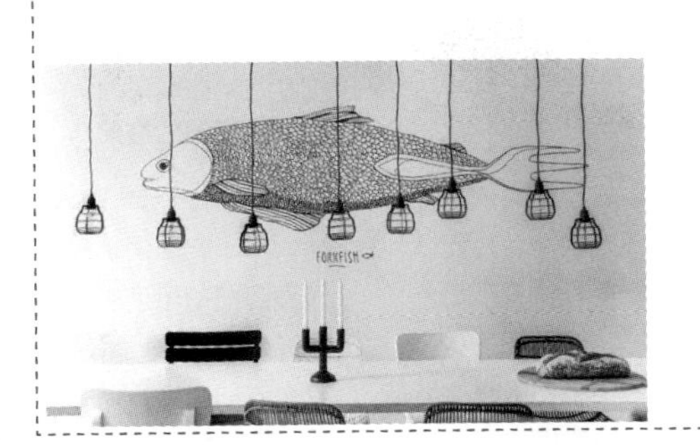

灯具
Lamps and lanterns

1. 根据灯饰的材质可分为水晶灯、布艺灯、石材灯、玻璃灯和低压灯五大类。

2. 一般可以分为吊灯、吸顶灯、落地灯、壁灯、台灯、筒灯、射灯、浴霸、节能灯 9 类。

3. 重点照明是指用以强调某一特别目标物，或是引人注意视野中某一局部的一种方向性照明。

4. 调适是指人的眼睛焦点自某一点移动至另一点的改变过程，也可指人眼视觉系统调适较多或较少、或不同色光的过程。会影响视觉灵敏度。

5. 周围照明是指可以产生全般照明的全地区性照明。

6. 表面平均亮度是指实际离开光照面上单位面积的总流明光通量。

7. 灯具平均亮度是指于某一已知角度的光度除以灯具在该方向之投影面积。

8. 遮蔽体是指于某一特定角度遮蔽光线直接照射、或吸收不需要光线的不透明或半透明对象。

9. 光束角是指于垂直光束中心线的一平面上，光度等于 50% 最大光度的二方向的夹角。

10. 光度配光曲线是指在一平面上以一电灯或灯具的光源中心利用极坐标方式绘出光度变化情形的曲线。

11. 屋顶高窗采光是指建筑物具有透明屋顶或是墙壁具有采光玻璃窗的照明设计。

12. 空间布置

（1）客厅：充足光源 提升事业发展

客厅天花板的灯具选择很重要，最好是用圆形的吊灯或吸顶灯，“圆形”有处事圆满的寓意。客厅的灯光颜色应该是明亮的，灯光均匀地撒在客厅中。有些缺乏阳光照射的客厅，室内昏暗不明，久处其中容易情绪低落。这种情况最好是在天花板的四边木槽中暗藏日光灯来加以补光，这样的光线从天花板折射出来，柔和而不刺眼。

（2）卧室：休息之地，以柔促睡

卧室是供人休息、养精蓄锐的地方，所以灯光颜色必须柔和，不会让人感觉刺眼，有利于催人入睡。

（3）厨卫：注意阴阳平衡

厨房的灯光颜色应该是白色的冷色调，因为厨房要烹饪食物，会用到火，为了保持厨房的阴阳平衡，厨房灯光颜色要选择冷色调的，与厨房内的火相平衡。卫生间灯光颜色应该选择暖黄色的柔和光，这是因为卫生间内用水较多，阴气较重，要用暖色调的灯光来平衡。

（4）玄关：入气关键，明亮最好

玄关的灯光颜色应该特别明亮，因为玄关是房屋的入气口，一定要保证灯饰灯光亮度较高。

墙纸
Wallpaper

选购技巧

购买墙饰墙纸，应选择颜色均匀、花纹饱满的，避免有纸折、色差、污染、纸膜分离等缺陷。两卷以上的同样墙纸，要选购同一批号产品，防止出现色差。另外，还要注意墙纸与室内家具陈设、色调、风格的协调关系。挑选墙纸的同时，也要了解一下基膜（墙体封底用）、胶粉、胶浆的使用功能，它们会直接影响墙纸的施工质量和后期效果。完整的一套墙纸施工包括底漆、胶水、墙纸，任何一个环节不环保都将影响最终施工效果。看不到的环节——底漆和胶水更关键。很多墙纸的施工问题是由胶水引起的，尽量挑选淀粉胶水，因其环保性良好，可作为首选。

看：墙纸的表面是否存在色差、皱褶和气泡，墙纸的花案是否清晰、色彩均匀。

摸：用手摸一摸墙纸，感觉它的质感是否好，纸的薄厚是否一致。

闻：墙纸有异味，很可能是甲醛、氯乙烯等挥发性物质含量较高。

擦：可以裁一块墙纸小样，用湿布擦拭纸面，看看是否有脱色的现象。

类型介绍

云母片墙纸、木纤维墙纸、无纺布墙纸、纸面墙纸、塑料墙纸、天然材料墙纸、玻纤维墙纸。

按外观分类

印花墙纸、压花墙纸、发泡（浮雕）墙纸、印花压花墙纸、压花发泡墙纸、印花发泡墙纸。

按功能分类

装饰性墙纸、防水墙纸、防火墙纸、吸湿墙纸、杀虫墙纸、调温墙纸、防霉墙纸、暖气墙纸、戒烟墙纸、保温隔热墙纸、阻挡 WiFi 墙纸。

墙纸与空间的搭配

墙纸选择冷色调或是暖色调，与房间的光线息息相关。对于朝阳的房间，可以选用趋中偏冷的色调以缓和房间的温度感，比如淡雅的浅蓝、浅绿等，如果光线非常好，墙纸的颜色可以适当加深一点以综合光线的强度，以免墙纸在强光的映射下泛白。此外，不宜大面积使用带反光点或是反光花纹的墙纸，如果用的太多，会像在墙面装了很多小镜片，让人觉得晃。背阴的房间，可以选择暖色系的墙纸以增加房间的明朗感，如奶黄、浅橙、浅咖啡等，或者选择色调比较明快的墙纸，避免过分使用深色系，强调厚重的，使人产生压抑的感觉。

面积小或光线暗的房间，宜选择图案较小的墙纸。细小规律的图案增添居室秩序感。有规律的细小图案可以为居室提供一个既不夸张又不会太平淡的背景，可以尝试一下色调比较浅的纵横相交的格子类墙纸，一切归于秩序之中，也可以扩充空间。

竖条纹图案的墙纸可以增加居室高度。长条状的花纹墙纸具有恒久性、古典性等各种特性，是最成功的选择之一，它可以把颜色最有效地散布在整个墙面上，而且简单高雅。

如果房间原本就显得高挑，可选择宽度较大的图案或是稍宽型的长条纹（和穿衣服的道理是一样的），这一类墙纸适合用在流畅的大空间中，能使原本高挑的房间产生向左右延伸的效果，平衡视觉。如果房间本身就矮，可以选择长条状的设计，较窄的图纹能使较矮的房间产生向上引导的效果。

墙纸保养及维护

（1）避免紫外线直射。
（2）避免气流冷热不均。
（3）注意调节室内湿度。

墙纸类型

（1）树脂类壁纸。

（2）木纤维类壁纸。

（3）纯纸类壁纸。

（4）无纺布壁纸。

（5）织物类壁纸。

（6）硅藻土壁纸。

（7）天然材料类。

（8）和纸类壁纸。

（9）云母片壁纸。

（10）金银箔壁纸。

（11）墙布类壁纸。

（12）发泡壁纸。

（13）植物编织壁纸。

（14）PVC 类墙纸。

壁纸空间和色彩（着重强调空间中的某个部分，可改变人对空间比例的感知）。

地 毯

Carpet

地毯不仅是装饰世界的贵族，感性地说更是一种体现个人品位的艺术品。在明清时期，紫禁城更是达到了“凡地必毯”的辉煌时代，经历了历史文化熏陶和智慧人民的双手，涤荡千年，依然闪耀着特有的光芒。

历史

《诗经》《古乐府》中都曾出现过与地毯相关的记载。地毯最初是先民为了御寒，秦汉时期，塞外的游牧民族就已经开始大量使用地毯作为御寒之物，西汉时期就已经有做工比较精细的地毯了。汉武帝时期，一条通往西亚、欧洲的贸易通路——丝绸之路开通，丝绸之路不仅运载了丝绸、地毯、瓷器、茶叶和香料，也促使了东西方文化的交流和传播。中国地毯编织工艺从而随丝绸之路经中亚来到了中东和欧洲，同时也让中国人见识了代表波斯文明的波斯地毯。

在波斯地毯图案中，至今仍然保留着许多与中国地毯图案完全相同的花纹。也有人认为波斯地毯的图案来源于中国，只是在波斯设计师的手中经过精心的修改并加进了波斯的色彩，从而形成具有中东风格的图案。从西汉起这两个文明古国不断相互学习、交流与借鉴，传统的中国图案和传统的波斯图案以及编织工艺在长期的相互融合中，成就了高雅细腻的地毯艺术。

工艺

地毯主要分为机织地毯和手工地毯。

1. 机织地毯由于使用机械化生产，生产效率高、产量大。机织地毯便于大规模生产和推广，促进了地毯走进千家万户。但是机织地毯会受到机械设备的限制，其编织幅面有一定的约束。另外，机织地毯由于是机械化生产，也就是单一产品的不停复制，所以收藏价值和欣赏价值较低。

2. 手工地毯一般分为纯手工地毯和手工枪刺地毯。手工地毯具有机织地毯不可比拟的工艺方面与艺术方面的价值，是我国传统的出口产品，素有“软黄金”之称。图案内容丰富，立体感强，花卉、景物犹如浮雕，具有较高的使用价值、收藏价值和欣赏价值。

（1）纯手工编织地毯。完全采用人工编织，行内称呼为手工打结地毯。一张精美的手工编织地毯采用优质的纯羊毛和丝绸材料，经过选毛、洗毛、精梳、染色、织毯、剪片、水洗等大约 20 余道工序才能加工完成。还有许多复杂工艺处理，如修剪、浸泡、水洗等，处理之后，四个月的时间已经过去，一块手工艺术地毯才能够进入到流通市场。因为原材料的珍贵性和手工艺的复杂性，可以说是寸毯寸金。

（2）手工刺枪地毯。为人工用刺枪编织的地毯，以新西兰羊毛或尼龙为材料，前后经过图案设计、配色、染纱、挂布、手工枪刺、涂胶、挂底布、平毯、片毯、洗毯、回平、修整等十几道工序加工制作而成。经手工将地毯绒头纱人工植入特制的胎布上，将各种色线组合成精美图案。然后在毯背涂刷胶水，再附上底布，手工包边而成。

材质

纯毛地毯：多采用羊毛为主要原料制做。国产羊毛较短，平均长为35~55mm，质硬，纤维粗糙，亚光，有死毛，成品易掉毛。新西兰羊毛，平均长为55~85mm，几乎没有死毛，色泽亮丽，纤维精细，成品不掉毛。羊毛地毯有天然防静电功能，原因是羊毛有良好吸水性，吸湿率一般达13%以上，水能导电，所以羊毛地毯具有防静电作用。而人工纤维吸水率一般非常低，没有特殊处理的情况下，都不防静电。羊毛地毯是地毯材料中回弹力最强的一种。

丝毛地毯：采用野生天然榨蚕丝和优质绵羊绒为原料，结合现代洗毯技术精制而成，是时尚、高档的现代产品，适用于客厅、餐厅、书房等。

丝绒地毯：采用青藏高原抗高寒山羊绒，绵羊、牦牛、骆驼等动物纤维和天然榨蚕丝为主要原料，光泽自然、柔和，具有轻、薄、暖、可折叠等特点，为地毯之上品。

混纺地毯：以羊毛和其他工业纤维合成编织的地毯，常见的为羊毛加尼龙。

化纤地毯（合成纤维）：采用尼龙纤维（锦纶）、聚丙烯纤维（丙纶）、聚丙烯腈纤维（腈纶）、聚酯纤维（涤纶）、定型丝、蚕丝、PTT等化学纤维为主要原料制做。

功能

1. 保暖、调节功能

地毯织物大多由保温性能良好的各种纤维织成，大面积地铺垫地毯可以减少室内通过地面散失的热量，阻断地面寒气的侵袭，使人感到温暖舒适。测试表明，在装有暖气的房内铺以地毯后，保暖值将比不铺地毯时增加12%左右。地毯织物纤维之间的空隙具有良好的调节空气湿度的功能，当室内湿度较高时，它能吸收水分；室内较干燥时，空隙中的水分又会释放出来，使室内湿度得到一定的调节平衡，令人舒爽怡然。

2. 吸音功能

地毯的丰厚质地与毛绒簇立的表面具备良好的吸音效果，并能适当降低噪声影响。由于地毯吸收音响后，减少了声音的多次反射，从而改善了听音清晰程度，故室内的收录音机等音响设备，其音乐效果更为丰满悦耳。

3. 舒适功能

由于地毯为富有弹性纤维的织物，有丰满、厚实、松软的质地，所以在上面行走时会产生较好的回弹力，令人步履轻快，感觉舒适柔软，有利于消除疲劳和紧张。

4. 审美功能

地毯质地丰满，外观华美，铺设后地面能显得端庄富丽，获得极好的装饰效果。选用不同花纹、不同色彩的地毯，能造成各具特色的环境气氛。大型厅堂的庄严热烈，学馆会室的宁静优雅，家居房舍的亲切温暖，地毯在这些不同居室气氛的环境中扮演了举足轻重的角色。

尺寸

常用到的地毯尺寸选择公式：面积+功能+喜好=尺寸。

1. 面积是指计划铺地毯的房间的总面积，准确的面积。

2. 功能主要是指该地毯区域是用来干什么的，比如说，是餐厅、卧室还是沙发区，等等。功能不同，需要的块毯尺寸当然也是不一样的。

3. 喜好，那就看看个人的口味了。希望四周露出多大的面积，或者看看喜欢地毯区域延伸多远。这些也要包括在地毯尺寸里。

一些常见的型号及其适用区域：

60mm×120mm，一般铺放在浴室、厨房和门口。
90mm×150mm，一般放在房子入口和厨房。
120mm×180mm，一般放在门口或者较小的茶几下。
1.5m×2.4m，这是沙发区最常见的地毯尺寸。
1.8m×2.7m，也是常用的。
2.1m×3m，这个大小不是很常见，购买相对困难。不过这个尺寸对于大一些的客厅是很实用的。
2.4m×3m，一般放在客厅。此外，可以铺在餐桌下面，这样就算把凳子往后移，也能够保证凳脚在毯面上。当然，铺在客厅也不错。
2.7m×3.6m，这是一款适合大客厅和大餐厅的地毯。
3m×4.2m，这个尺寸对于一般的房间有些大，不过可以用于特殊用途。

搭配

1. 日式风格

日式风格的家装大多以原木色为主，居室的家具也非常简约，整体与木色的感觉极为贴切，所以，在日式风格的家中，想要搭配合适的地毯，就要选择清新自然的浅色地毯。

2. 北欧风格

北欧风格的家装在地毯方面可以有多种选择，大多会选简单有规律的图案或线条感强的地毯为主。大面积的地毯适合空间足够且家具颜色单一的家装，而小空间的北欧风格，可以选择小面积且与家具饰品颜色相符的小地毯。

3. 欧式风格

欧式的风格比较豪华，地毯的花色可以运用得比较丰富，一些洛可可类的复古花纹都可以用上。材质选用一般是羊毛类的居多，显档次。

4. 新中式风格

新中式风格的家居，选择地毯可以选择花的也可以选择素的，主要根据家装的元素判断。如果室内物品的颜色简单，可以选择花一点的地毯，这样会更显丰满。小空间的中式家装，还是以素为主，这样会让空间显得明亮点。

5. 技巧

（1）因为有的客厅在装修设计上理念不同，所以使得客厅使用功能不一样。同时需要根据地毯铺设位置的环境和实际需要，比方说地毯铺设的环境和铺设位置，是否影响行走来考虑地毯的选择和摆设。
（2）如果客厅是在 $20m^2$ 以上的话，在客厅地毯的选择上就不能低于 1.7m×2.4m，本身客厅面积不是很大，要是客厅地毯比它的五分之一还要小，就会被忽略，甚至都不知道它摆放在那边的作用是什么。当然也不能过大，要是一张地毯 $10m^2$，那么客厅很难摆放其他物件，有些甚至要摆在地毯上。所以选择地毯规格的时候要看清楚家里客厅的大小。
（3）客厅地毯的色彩与环境之间不能反差太大，挑选颜色的时候首先要看住房的朝向，向东南或者朝南的住房，采光面积比较大，所以最好选用冷色调的颜色。如果房屋的朝向是西北的，那就选择暖色调的颜色，这样会使本来阴冷的住房增加温暖的感觉。
（4）客厅地毯在选择的时候除了美观这一个问题的考虑，它的耐用性也是很关键的。客厅的有些区域就属于活动比较频繁的，比方说玄关，就要选择密度比较高的、耐磨的地毯（短毛圈绒、扭绒）。楼梯的地毯最好选用耐用、不滑的种类，一般地毯在楼梯下铺设的频率也是比较高的，所以避免选用长毛平圈绒毯，因为地毯的底部容易在楼梯边沿暴露出来，也容易沾上污渍。
（5）地毯的花形可以按家具的款式来配套，使用红木或仿红木的家具，一般选用线条排比对称的规则式花形，显得古朴、典雅；使用组合式家具或新式家具，可选购不规则图案的地毯，会让人感到清新、洒脱。
（6）根据客厅的大小与明暗程度，地毯的选择有很多值得注意的地方。面积较大光线明亮的客厅选择范围更广，但深色的地毯更能为明亮的客厅添加一份温馨；小面积的客厅更适合用浅色的地毯，在视觉上会显得更加明亮，空间也会显得更大。
（7）客厅的地毯不一定要非常庞大，小小的一块，根据季节的不同更换不同的材质，或毛绒、或麻布，沙发、地毯与地板的深浅过渡，给家添加层次感。

（8）对于色彩多样的沙发，地毯也不一定一味走朴素的路线，此时地毯也能惊艳一下，但切记地毯最好还是选择没有花纹的同色款式或者亮色与暗色搭配的款式，否则就会显得过于杂乱，令人烦躁。

（9）客厅地毯颜色搭配方面我们同样讲究色相配色、色调配色、明度配色的原则。色相配色讲究的就是以色相环为基础进行思考，用色相环上类似的颜色进行配色，可以得到稳定而统一的感觉。用距离远的颜色进行配色，可以达到一定的对比效果。对号客厅地毯颜色在选择的时候选择与家具或者是墙面地板相照应的原则，这样的话，我们才能做到地毯颜色与整个房间颜色相一致。

保养

1. 家用地毯的日常保养

使用地毯几年之后最好是调换一下位置，使得其磨损均匀。一旦有地方出现凹凸不平的时候要轻轻拍打它一下，也可用蒸汽熨斗或热毛巾轻轻敷熨。

地毯使用清水擦拭之后要用干净的毛巾将水分充分吸干，并设法尽快将地毯晾干，但切忌阳光暴晒，以免褪色。

2. 家用地毯的日常清洁

日常使用刷吸法：滚动的刷子不但可以梳理地毯，而且还能刷起浮尘和黏附性的尘垢，所以清洁效果比单纯吸尘要好。

及时去除污渍：新的污渍最易去除，必须及时清除。若待污渍干燥或渗入地毯深部，对地毯会产生长期的损害。

定期进行中期清洁：需要使用工具对地毯进行中期清洗，以去除粘性的尘垢。

3. 几种顽固污渍处理方式

（1）食用油渍。用汽油等挥发性比较强的溶剂进行及时的清除，残余部分用酒精清洗。

（2）酱油渍。新渍先用冷水刷过，再用洗涤剂清洗即可除去。陈渍可用温水加入洗涤剂和氨水刷洗，然后用清水漂净。鞋油渍用汽油、松节油或酒精擦除，再用肥皂洗净。

（3）尿渍。新渍可用温水或 10% 的氨水液洗除。陈渍先用洗涤剂洗，再用氨水洗，纯毛地毯要用柠檬酸洗。

（4）果汁渍。先用 5% 的氨水液清洗，然后再用洗涤剂清洗一遍。但氨水对纯毛地毯纤维有损伤作用，故应尽量减少使用，一般可用柠檬酸或肥皂清洗，用酒精也可以。

（5）冰淇淋渍。用汽油擦拭。

（6）酒渍。新渍用水清洗即可。陈渍需用氨水加硼砂的水溶液才能清除。如果是毛、丝材料的地毯，可用草酸清洗。

（7）咖啡渍、茶渍。 用氨水洗除。丝、毛地毯，用草酸清洗剂浸 10~20min 后再洗除，或用 10% 的甘油溶液清洗。

（8）呕吐渍。一种方法是用汽油擦拭后，再用 5% 的氨水擦拭，最后用温水洗净。另一种方法是用 10% 的氨水将呕吐液润湿，再用加有酒精的肥皂液擦拭，最后用洗涤剂清洗干净。

植物

Plant

在植物的选择上，十分重视“品格”，形式上注重色、香、韵。意境上求“深远”、“含蓄”、“内秀”，情景交融，植物象征意义的形成，主要受两方面因素影响：

1. 传统文化的影响

通过植物的某些特征、姿态、色彩给人的不同感受而产生的比拟联想以表达某种思想感情或某一意境。例如：

松柏——苍劲耐寒，象征坚贞不渝。《荀子》中有“松柏经隆冬而不凋，蒙霜雪而不变，可谓其‘贞’矣”。
竹——虚心有节，象征谦虚礼让，气节高尚。
梅——迎春怒放，象征不畏严寒，纯洁坚贞。明代徐徕《梅花记》有“或谓其风韵独胜，或谓其神形具清，或谓其标格秀雅，或谓其节操凝固”。
兰——居静而芳，象征高风脱俗、友爱情深。
菊——敖霜而立，象征离尘居隐、临危不惧。
柳——灵活强健，象征有强健生命力，亦喻依依惜别之情。
荷花——出污泥而不染，象征廉洁朴素。
玫瑰花——活泼纯洁，象征青春、爱情。
迎春——一年中最先开放，象征春回大地，万物复苏。
桂花——芳香高贵，象征胜利夺魁，留世百芳。

2. 生活习俗的影响

生活习俗的影响往往是把植物拟人化。例如：

花王（牡丹），花后（月季），花相（芍药），花中君子（荷花），凌波仙子（水仙），绿色仙子（吊兰），花中神仙（海棠），花中西施（杜鹃），岁寒三友（松竹梅），四君子（梅兰竹菊）。

布置绿色植物需注意以下几点：

选种适宜。选择植物种类要充分考虑室内较弱的自然光照条件，多选择喜阴、耐阴习性的种类。如皱叶椒草、花叶常春蔓、合果芋以及绿萝、一叶兰、龟背竹、万年青、棕竹、文竹、散尾竹、海棠、兰草、橡皮树、君子兰、荷兰铁、巴西木等。

合理配置。室内植物配饰中心一般最佳的视觉效果，是在离地面 2.1~2.3m 的视线位置。同时要讲究植物的排列、组合。为增加房间凉意，可在角落采用密集式布置，产生丛林气氛，同时叶色选择也应使之与墙壁、家具色彩和谐。

宜少而精。室内摆饰植物不要摆得太多、太乱，不留余地，同时花卉造型的选择，还要考虑到家具的造型。如长沙发后侧，放一盆较高、直的植物，就可以打破沙发的僵直感，产生一种高低变化的节奏美。

能净化室内环境的花草：

尾兰：天然的清道夫，可以清除空气中的有害物质。
芦荟：可以美容，净化空气，常绿芦荟有一定的吸收异味作用，作用时间较长。

滴水观音：有清除空气灰尘的功效。

米兰：天然的清道夫，可以清除空气中的有害物质。淡淡的清香，雅气十足。

非洲茉莉：产生的挥发性油类具有显著的杀菌作用。可使人放松，有利于睡眠，还能提高工作效率。

龟背竹：天然的清道夫，可以清除空气中的有害物质。

绿萝：这种生物中的“高效空气净化器”原产于墨西哥高原，由于它能同时净化空气中的苯、三氯乙烯和甲醛，因此非常适合摆放在新装修好的居室中。

金心吊兰：可以清除空气中的有害物质，净化空气。

金琥：昼夜吸收二氧化碳释放氧气，且易成活。

绿叶吊兰：不择土壤，对光线要求不严，有极强的吸收有毒气体的功能，有“绿色净化器”之美称。

巴西铁：巴西铁又称香龙血树，可以清除空气中的有害物质。

富贵竹：切段组合的“富贵塔”形似中国的古代宝塔，象征吉祥富贵，开运聚财。有净化空气的作用。

散尾葵：绿色的棕榈叶对二甲苯和甲醛有十分有效的净化作用。

桂花：可以清除空气中的有害物质，产生的挥发性油类具有显著的杀菌作用。

发财树：释放氧气和吸收二氧化碳，适于温暖湿润及通风良好的环境，喜阳也耐阴、管理养护方便。

常春藤：能有效抵制尼古丁中的致癌物质。通过叶片上的微小气孔，吸收有害物质，并将之转化为无害的糖份与氨基酸。

银皇后：以它独特的空气净化能力著称，空气中污染物的浓度越高，它越能发挥其净化能力，因此非常适合通风条件不佳的阴暗房间。

铁线蕨：每小时能吸收大约 20 微克的甲醛，因此被认为是最有效的生物“净化器”。另外，它还可以抑制电脑显示器和打印机中释放的二甲苯和甲苯。

垂叶榕：叶片与根部能吸收二甲苯、甲苯、三氯乙烯、苯和甲醛，并将其分解为无毒物质。

灯 光

Lighting

1967年法国第十三届国际计量大会规定了以坎德拉、坎德拉 / 平方米、流明、勒克斯分别作为发光强度、光亮度、光通量和光照度等的单位，为统一工程技术中使用的光学度量单位有重要意义。

灯光术语

1. 光

光是一种电磁波。光是光源发出的辐射能中的一部分，即能产生视觉的辐射能，通常被称作为“可见光”。光的波长380~780nm；紫外线的波长100~380nm，肉眼看不见；红外线的波长780~1mm，肉眼看不见。

2. 色温

以绝对温度K来表示。是将一标准黑体加热，温度升高至某一程度时，颜色开始由红 - 浅红 - 橙黄 - 白 - 蓝白 - 蓝，逐渐变化，利用这种光色变化的特性，将某光源的光色与黑体在某一温度下呈现的光色相同时，将黑体当时的绝对温度称为该光源的相关色温。

3. 显色指数（Ra）

衡量光源显现被照物体真实颜色的能力参数。

显色指数（0~100）越高的光源对颜色的再现越接近自然原色。

(1) 色温与感觉。色温光色气氛效果光源大于6500K，清凉（带蓝的白），清冷的感觉，荧光灯、水银灯；3300~6500K中间（接近自然光），无明显心理效果，荧光灯、金卤灯；小于3300K，温暖（带桔黄的白）温暖的感觉，白炽灯、卤素灯杯。

（2）显色性的效果与用途。Ra，感觉用途90，极好，对色彩鉴别要求极高的场所，如印刷、印染品检验等；80~90，很好，彩色电视转播、陈列的展品照明；65~80，较好，室内照明；50~65，中等，室外照明；50，较差，对色彩要求不高的场所，如停车场、货场等。

4. 光通量（流明 Lm）

表示发光体发光的多少，流明是光通量的单位（发光愈多流明数愈大）。

5. 光效

光源所出的光通量与所消耗电功率之比。单位，流明 / 瓦（Lm/W）。

6. 平均寿命

也称额定寿命，指一批灯点亮至一半数量损坏不亮的小时数。

7. 光强

单位立体角内的光通量。单位，坎德拉（cd）。

8. 照度

照度是用来说明被照面（工作面）上被照射的程度，通常用其单位面积内所接受的光通量来表示，单位为勒克斯（lx）或流明每平方米（lm/m^2）。

9. 亮度

亮度是用来表示物体表面发光（或反光）强弱的物理量，被视物体发光面在视线方向上的发光强度与发光面在垂直于该方向上的投影面积的比值，称为发光面的表面亮度，单位为坎德拉每平方米（cd/m^2）。

10. 发光效率

通常简称为光效，是描述光源的质量和经济的光学量，它反映了光源在消耗单位能量的同时辐射出光通量的多少，单位是流明每瓦（lm/w）

11. 光束角

是指灯具光线的角度。灯杯的角度，一般常见的有10°、24°、38° 3 种。

12. 颜色的显现和照度

光源的显色指数与照度一同决定环境的视觉清晰度。在照度和显色指数之间存在一种平衡关系。从广泛的实验中得到的结果是：用显色指数 Ra90 的灯照明办公室，就其外观的满意程度来说，要比用显色指数 Ra60 照明的办公室，照度值高 25% 以上。

13. 光环境

光环境是人们在一定的视觉空间对光的心理感受。

人们在考虑营造良好的光环境同时，要考虑节能的问题。绿色照明的概念就是如何降低汞的释放量，如何节约人类赖以生存的有限能源。

一般公共空间的灯光亮度是根据需求而定。

办公室、客厅、美发厅、餐厅、车站、机场、银行、医院等。

（1）照明的方式：直接照明、半直接照明、间接照明、半间接照明、漫射照明。
（2）照明的布局形式：基础照明、重点照明、装饰照明。
（3）灯光的表现形式：面光、带光、点光、顶光、底光、顺光、侧光、静止灯、流动灯。
（4）灯具的安装方式：吊灯、吸顶灯、壁灯、台灯、特种灯。

14. 照明方式和种类

（1）一般照明 general lighting
为照亮整个场所而设置的均匀照明。
（2）局部照明 local lighting
特定视觉工作用的、为照亮某个局部而设置的照明。
（3）分区一般照明 localised lighting
对某一特定区域，如进行工作的地点，设计成不同的照度来照亮该一区的一般照明。
（4）混合照明 mixed lighting
由一般照明与局部照明组成的照明。
（5）常设辅助人工照明 permanent supplementary artificial lighting
当天然光不足和不适宜时，为补充室内天然光而日常固定使用的人工照明。
（6）正常照明 normal lighting
在正常情况下使用的室内外照明。
（7）应急照明 emergency lighting
因正常照明的电源失效而启用的照明。
（8）疏散照明 escape lighting
作为应急照明的一部分，用于确保疏散通道被有效地辨认和使用的照明。
（9）安全照明 safety lighting
作为应急照明的一部分，用于确保处于潜在危险之中的人员安全的照明。
（10）备用照明 stand-by lighting
作为应急照明的一部分，用于确保正常活动继续进行的照明。
（11）值班照明 on-duty lighting
非工作时间，为值班所设置的照明。
（12）警卫照明 security lighting
在夜间为改善对人员、财产、建筑物、材料和设备的保卫，用于警戒而安装的照明。
（13）障碍照明 obstacle lighting
为保障航空飞行安全，在高大建筑物和构筑物上安装的障碍标志灯。

（14）直接照明 direct lighting

由灯具发射的光通量的 90%~100% 部分，直接投射到假定工作面上的照明。

（15）半直接照明 semi-direct lighting

由灯具发射的光通量的 60%~90% 部分，直接投射到假定工作面上的照明。

（16）一般漫射照明 general diffused lighting

由灯具发射的光通量的 40%~60% 部分，直接投射到假定工作面上的照明。

（17）半间接照明 semi-indirect lighting

由灯具发射光通量的 10%~40% 部分，直接投射到假定工作面上的照明。

（18）间接照明 indirect lighting

由灯具发射光的通量的 10% 以下部分，直接投射到假定工作面上的照明。

（19）定向照明 directional lighting

光主要是从某一特定方向投射到工作面和目标上的照明。

（20）漫射照明 diffused lighting

光无显著特定方向投射到工作面和目标上的照明。

（21）泛光照明 floodlighting

通常由投光来照射某一情景或目标，且其照度比其周围照度明显高的照明。

（22）重点照明 spotlighting

为提高限定区域或目标的照度，使其比周围区域亮，而设计成有最小光束角的照明。

（23）发光顶棚照明 luminous ceiling lighting

光源隐蔽在顶棚内，使顶棚成面发光的照明方式。

（24）混光照明 combined lighting

在同一场所，由两种或两种以上不同光源所形成的照明。

（25）道路照明 road lighting

将灯具安装在高度通常为 15m 以下的灯杆上，按一定间距有规律地连续设置在道路的一侧、两侧或中央分车带上的照明。

（26）高杆照明 high mast lighting

一组灯具安装在高度为 20m 及其以上的灯杆上进行大面积照明的方式。

（27）半高杆照明 semi-high mast lighting

一组灯具安装在高度为小于 20m，但不小于 15m 的灯杆上进行大面积照明的方式。

（28）检修照明 inspection lighting

为各种检修工作而设置的照明。

安全原则

灯光照明设计要求绝对的安全可靠。由于照明来自电源，必须采取严格的防触电、防断路等安全措施，以避免意外事故的发生。

圈子、人脉、财富、人生

Circle、Human vein、Wealth、Life

1. 打工的圈子，谈论的是闲事，赚的是工资，想的是明天。

2. 生意人的圈子，谈论的是项目，赚的是利润，想的是下一年。

3. 做事业的圈子，谈论的是机会，赚的是财富，想到的是未来和保障。

4. 智慧的圈子，谈论是给予，交流是的奉献，遵道而行，一切将会自然富足。

人生四十二乐事

Forty-two pleasures of life

高卧　静坐　尝酒　试茶　阅书　临帖　对画　诵经　咏歌　鼓琴　焚香
莳花　踏青　候月　听雨　望云　瞻星　负暄　赏雪　看鸟　观鱼　漱泉
濯足　倚竹　抚松　远眺　俯瞰　散步　荡舟　游山　玩水　访古　诲人
寻幽　消寒　避暑　随缘　忘愁　慰亲　习业　为善　布施

雪茄

Cigar

雪茄是一种极为私人的体验。

世界上评定雪茄的标准有很多，美国《雪茄迷》（Cigar Aficionado）杂志的“CA 雪茄评定标准”，在雪茄业内被公认为是最权威的标准。“CA 雪茄评定标准”为百分制，总分评定得分达到 100~95 分的为“极品经典”的雪茄；94~90 分的为“令人难以拒绝”的雪茄；89~80 的为“带给人美妙体验”的雪茄；79~70 分的为“具有良好商业品质”的雪茄；而 70 分以下的雪茄则被界定为“不值得浪费金钱”的雪茄。

评分分为四个部分：

1. 外观与内部结构

光滑无缺的茄衣，深浅一致的颜色，粗细均匀的茄体是评定一款好雪茄的标准；雪茄捏上去硬而不失弹性，从外表看上去，茄衣带有适量的油性和水分。这部分的满分分值为 15 分，达不到标准会被扣掉相应的分数。

关于茄衣

品味雪茄，首先需要坐下来，用视觉、触觉、嗅觉、味觉和听觉这五感去全方位体验。 视觉和触觉一脉相承，当你从雪茄盒拿起雪茄时，其实你就在审视，你会被雪茄优美的外表、柔滑的感觉所吸引。其丝状的纹理、平滑的质感、油亮的颜色一定能让你产生无限的遐想。

来自古巴的最好茄衣烟叶确实很像丝，构造平滑、柔美，带有弹性和韧性。相比之下，喀麦隆茄衣表面崎岖，茄衣比较油滑。这些崎岖的表面蕴含的是醇厚的口感和纯正的茄香。来自康涅狄格州和厄瓜多尔的茄衣质地较平滑，好的厄瓜多尔烟叶摸起来较光滑，但看起来有些不平整；康涅狄格茄衣颜色较深，摸起来不平滑，但光泽闪亮。

尽管茄衣呈现出来的油性强度不同，但茄衣中有油标志着雪茄保湿得很好，抽的时候也相对凉爽。凉爽的雪茄口感也相对丰富些，因为你的鼻子和味蕾捕捉到的不仅仅是烧热的碳化烟叶味道，而是更多的微妙味道。

2. 口味

一支好雪茄的吸食感觉应该是醇厚、爽滑而又不浓烈的，决不能有明显的苦涩感觉，否则也会被扣分。这部分分值为 25 分。

关于香味和味道

味觉和嗅觉几乎是不可分割的“伙伴”，很多人的味觉或嗅觉灵敏度很高。很多人都有过鼻塞影响味觉功能的体验，从理论上讲，如果丧失了嗅觉，一半的味蕾也丧失了，特别是在抽雪茄的时候，因为你不是在吃雪茄，而是在闻雪茄。

为使雪茄口感达到完美，雪茄生产商很关心雪茄传递出的香味和散发出的烟雾。香味和口感密不可分：“香味不一定要很强或很温和，但没有它，雪茄也没有什么味道而言。”相反，味道是可以定量化的，“品尝味觉主要靠舌头和味蕾，所有事物只有四种基本味道：酸、甜、苦、辣，其他的味道都是从这四种味道组合出来的。”一般不用所谓的“食物语言”（咖啡、巧克力、果仁等）来描述雪茄，而用“酸、咸、苦、甜、平和、浓郁、醇厚、丰富、平衡”等词语。

3. 吸食和燃烧情况

一支好雪茄应该很容易点燃，在吸食过程中，燃烧均匀稳定，燃烧速度过快或吸烟不通畅都会被扣除相应的分数。这部分分值同样是 25 分。

关于烟灰

点燃雪茄后，你可以用视觉做进一步的评估。首先是烟灰，烟灰越白越好，白色烟灰比灰色烟灰好。这不仅仅是美观问题。燃烧产生的灰烬越白烟叶越好，烟叶越好口感就越好。当然，烟灰不是品尝和品味的东西，但灰色烟灰意味着种植烟叶的土壤缺乏一些重要营养，使雪茄只剩下无实的躯体或单调的味道。

关于燃烧

最后一个可以用视觉来判断雪茄好坏的依据是雪茄的燃烧速度，不平衡的燃烧会扭曲味道。不同烟叶、配置决定了雪茄燃烧的速度可能不一样，它可以一开始口感温和，然后强劲，或更多变化。之所以有这么多口感的变化，主要是因为烟叶来自不同地区。不平衡的燃烧使雪茄的各种口感边缘化，而且容易产生雪茄一边已经燃烧，另一边停止的状态。这些会导致吸啜不流畅，烟雾会变得很强烈，味道变得很单一，没有口感。

4. 总体印象

即为一支雪茄留给一个成熟雪茄客的总体感觉。这部分占 35 分。

关于持续性

撇开这些用于描述和评估雪茄的语言，产生雪茄不同口感的核心因素是不同类型的烟叶。使口感有持续性，也就是说一个类型的雪茄每年的口感都一样，是每个雪茄生产商最难的任务之一，因为每年、每个季节的气候条件都不一样，世界上没有两片完全相同的叶子，所以世界上根本没有两支完全一模一样的雪茄。 用不同地区、不同类型的烟叶来卷制，这有两个原因，第一是弥补自然的不足——每年烟叶的口味都在改变；第二是使口感更多样化。

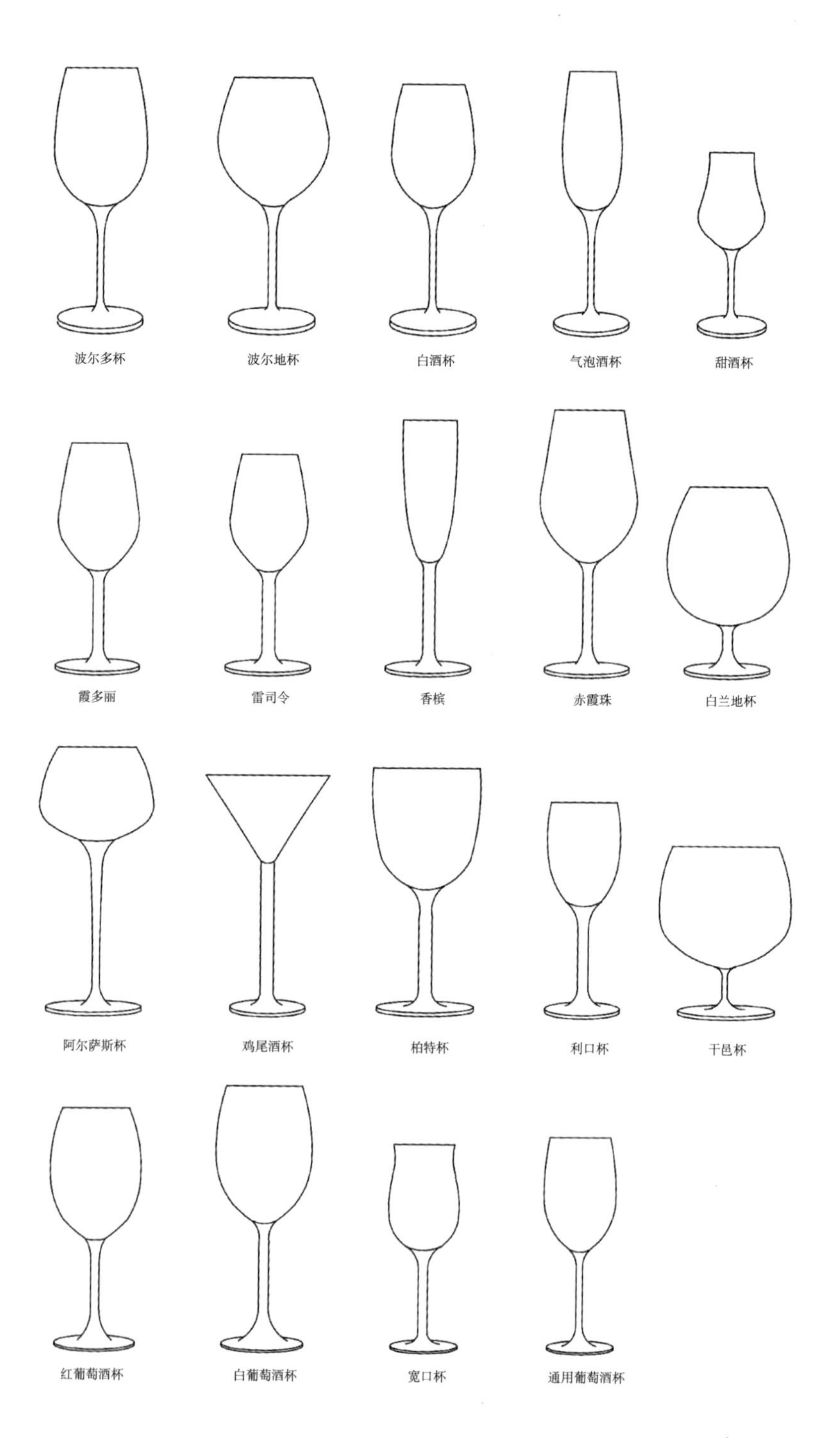
波尔多杯
波尔地杯
白酒杯
气泡酒杯
甜酒杯
霞多丽
雷司令
香槟
赤霞珠
白兰地杯
阿尔萨斯杯
鸡尾酒杯
柏特杯
利口杯
干邑杯
红葡萄酒杯
白葡萄酒杯
宽口杯
通用葡萄酒杯

葡萄酒文化与私人酒窖打造

Wine culture and private wine cellar

葡萄酒文化

葡萄酒与世界上大部分地区的状态息息相关，在上流社会，葡萄酒通常是奢饰品。今天的美国已经跻身于世界上最重要的生产国之列，并且在葡萄酒购买能力上也一举打败老牌英国，毫无争议地坐上葡萄酒消费大国的头把交椅并持续保持。作为新世界葡萄酒的强国，美国因其创新精神创造出与澳洲、南非、智利截然不同的葡萄酒文化，从美国的葡萄酒中我们可以轻易嗅出浓烈的美国精神。从 20 世纪风靡一时的半甜型桃红白仙粉黛到加州供不应求的“膜拜”葡萄酒，美国人再次证明了在他们的土地上人们依然能够追寻创造奇迹之梦。

除了极少数个例以外，所有 19 世纪和 20 世纪初在加利福尼亚种植的葡萄都是灌木葡萄，用加州的术语来说，就是顶部修剪的葡萄。在加州葡萄的栽培主要还是依靠手工操作，但用的是更现代的方式，比如在凉爽的晚间采收，这已经彻底改变原有的葡萄栽培法。

品丽珠，在加州种植面积超过 1400 公顷，这个品种主要作为混酿的调兑品种。与赤霞珠相比，品丽珠单宁含量更少，也更为细腻，颜色比较浅，拥有微妙的红色水果（覆盆子、草莓）和香料的味道，所酿制的红葡萄酒柔顺易饮，口感细腻。

赤霞珠，最早的赤霞珠书面记载可以追溯到 1878 年的索诺玛谷，到 19 世纪末成为质量上乘的葡萄园的重点品种。品尝赤霞珠酿造的红葡萄酒的时候要注意食物的搭配，由赤霞珠酿的是浓郁型红葡萄酒，所以搭配口味浓重、特别是某些油多的菜肴很合适。

沙邦乐，这个稀少的品种只剩下 35.5 公顷，相传与萨瓦省的多姿桃葡萄和朵思•努瓦侯葡萄身出同门。该品种不易成熟，能酿制出产率高、口感浓郁、富含单宁的普通葡萄酒。即使是生产商也不得不承认，人们只是习惯了沙邦乐葡萄酒的口味而已。

霞多丽，在近几十年的加州白葡萄园里占有统治地位，朴实的霞多丽不是极富表现力的葡萄，因此它总是手工酿酒师手中的重要素材。

白诗南，20 世纪 80 年代的主打葡萄品种，种植面积达 16000 公顷，但现在白诗南的风靡程度已渐渐消逝，大多用于中央谷的低酸度白葡萄酒增添清新口感。

琼瑶浆，尽管被许多鉴赏家忽略，琼瑶浆在那些喜欢绵软、温柔的甜型葡萄酒的人群中有很多拥趸者。种植面积持续稳定，保持在 640 公顷。

歌海娜，尽管酒标上很少直接注明歌海娜，但该品种在中央谷堪称主力品种，是平价红葡萄酒混酿的中流砥柱。种植面积为 2800 公顷。

雷司令，加州有 3400 公顷的雷司令葡萄园，现在尽管种植面积缩水到 1200 公顷，但植株数量仍保持稳定。雷司令成熟缓慢，漫长的成熟期让雷司令的香味方面表现突出。

私人酒窖打造

红酒是成功人士的最爱，但拥有一个属于自己的酒窖的人却屈指可数，中国的南方地区年平均气温较高，夏天长冬天短，而且春天常有大雾和潮气，就算在地下室也很难达到储藏葡萄酒的最佳条件。

最初的酒窖只是天然的岩洞或地窖而已，并不带任何高贵时尚的色彩。在这些有足够安静的空间、良好通风性以及相对稳定的温度和湿度的洞窟里，葡萄酒在时光流逝中逐渐趋于成熟，直到颠峰状态，之后或继续存放，或拿出品饮。

虽然法国人说“通往酒窖的台阶越多，酒窖就越好”，但在现实生活中，去寻找一个天然的深入地下的洞穴来储藏葡萄酒的想法是遥不可及的。

1. 选择地点

打造一个你的私人酒窖首先取决与你的房屋条件，最好远离热源，把酒窖建在地下室是不二之选，而且，你可以在客厅里凿一个通往酒窖的入口，在不经意的时候向你的贵宾展示你丰富的藏品，如此鬼斧神工的创意一定会令你的客人惊叹不已。

2. 保温措施

无论你选择什么地点，切记保持恒定的温度与湿度。对大多数葡萄酒来说，14℃是最理想的。因为，如果酒窖的温度超过 18℃，酒的陈年速度就会过快；如果低于 12℃，陈年会过于缓慢。墙体和顶地必须做保温处理。这是酒窖建造里比较专业的环节。墙体需要测量、计算得到一个比较准确的数值来满足各个空间的储藏要求。同一个酒窖放在太阳底下和洞穴里的墙体厚度肯定是不一样的。最简单的保温方法是采用挤型板、聚苯板这样常见的保温材料。

3. 酒窖木门

最好在中间添加一层保温材料，并在四周粘上隔音棉条，因为门是整体酒窖中保温最薄弱的环节。适用木材中最便宜的是松木，最常用的是橡木和国内的一些硬杂木。前提要求是，木门一定要烘干得当，否则受门两侧不同的温、湿度影响，木门很容易变形。

4. 照明部分

照明最好选用冷光源。由于白炽灯会产生热能；荧光灯产生大量的不可见紫外线，紫外线严重破坏葡萄酒酒体结构，所以都不能作为酒窖的照明光源。

墙上烛台：墙上烛台间接地流露无疑是非常具有吸引力的，光可以漫射在您的整个的酒窖里。但是要注意的是墙的空间，在酒窖，墙壁的空间可能会限制到烛台的使用。

吊灯：吊灯是一个照明的选择，为客户在他们的酒窖寻求一个更优雅的气氛。如果您正考虑吊灯，请确认您的酒窖的高度是否足够，以免安装的吊灯离地面过低从而使得它影响您在酒窖里的行走。

显示照明：安装妥当，显示照明可以完全完美地展现您的酒窖。

5. 酒窖空调

推荐选用欧美进口设备或选用低能耗、高配置的国产空调产品。由于中国的 CCC 限制，进口产品目前无法正常报关进口，而且售后保障比较有难度，因此在选用前一定慎重考虑；国产酒窖空调产品的选择很多，每个厂家的原理和系统都有较大的差异，售后服务和质量保证期是要考虑的重要因素。

6. 酒架的定制

根据存放葡萄酒的数量，酒瓶规格，可以选用不同的材质，订做满足预期风格和预算的酒架。酒架的材质非常多，木制、钢制或砖砌，规模和风格建议与酒窖整体风格一致。现在酒架通常采用实木材质，最好要有天然木质细腻纹理，紧致密实，防潮耐压，避震，最佳材料是橡木。安装酒架时，首先要保证稳固性和强度。

7. 陈列搭配

在酒窖设计中，为了突出私人酒窖的华丽与尊贵，通常会搭配艺术浮雕、风光油画、仿古装饰品、品酒桌等，让专业与艺术完美结合，创造出尊贵经典的私人酒窖。如果您已经选择防潮性能石膏墙板作为墙体材料，它将需要涂有防潮性能的油漆。无论您的设计方案是怎样，最好为您的墙壁选择较深或暗的颜色。较暗的墙壁，让货架和整个设计环境与墙壁的颜色更融合，并能够使整体设计更加统一和顺畅。

茶文化

Tea culture

中国茶道的基本含义：茶道是把茶视为珍贵、高尚的饮料，饮茶是一种精神上的享受，是一种艺术，或是一种修身养性的手段。

中国茶道包含茶艺、茶理、茶德、茶礼、茶情、茶学说、茶道引导7种义理。

茶树品种

从分类上认定，它们分属于四个系：

1. 五宝茶系：广西茶、大苞茶、广南茶、五室茶、疏齿茶。

2. 五柱茶系：厚轴茶、五柱茶、老黑茶、大理茶、滇缅茶、园基茶、皱叶茶、马关茶、哈尼茶、多瓣茶。

3. 秃房茶系：勐腊茶、德宏茶、突肋茶、拟细萼茶、假突房茶、榕江茶、紫果茶、多脉茶。

4. 茶系：茶、苦茶（变种）、白毛茶（变种）、普洱茶、多萼茶、拟细萼茶，元江茶、高树茶。

茶叶品种

一般茶叶可以分6种：

1. 乌龙茶：铁观音、黄金桂、武夷岩茶（包括大红袍、水金龟、白鸡冠、铁罗汉、武夷肉桂、武夷水仙）、漳平水仙、漳州黄芽奇兰、永春佛手、台湾冻顶乌龙、广东凤凰水仙、凤凰单枞等。

2. 红茶：正山小种、金骏眉、银骏眉、坦洋工夫、祁门工夫、宁红等。

3. 绿茶：龙井、碧柔春、黄山毛峰、南京雨花茶、信阳毛尖、庐山云雾茶等。

4. 白茶：君山银针、白毫银针、白牡丹、贡眉、寿眉等。

5. 黑茶：普洱茶、茯砖茶、六堡茶等。

6. 黄茶：霍山黄芽、蒙山黄芽等。

中国茶道的“四谛”

和，中国茶道的灵魂，也是中国茶道的哲学思想核心，是儒、佛、道所共有的理念，源于周易，即世间万物皆有阴阳而生，阴阳协调，方可保全大和之元气。

静，中国茶道修养的必由之路，修身养性，寻找自我之道，道家主静，儒家主静，佛教更主静。“禅茶一味”，味在“静”。静则明，静则虚，静可虚怀若谷，静可内敛含藏，静可洞察明澈。也就是说：“豁达茶道通玄境，除却静字无妙法。”

怡，指茶道中的雅俗共赏，怡然自得，身心愉悦。体现的是道家“自恣以适己”的随意性。王公贵族讲“茶之珍”，文人雅士讲“茶之韵”，佛家讲“茶之德”，道家讲“茶之功”，百姓讲究“茶之味”。无论何人，都可在茶事中获得精神上的享受。

真，是茶道的终极追求，茶道中的真，范围很广，表现在茶叶上，真茶、真香、真味。环境上，真山、真水、真迹。器皿上，真竹、真木、真陶、真瓷。态度上，真心、真情、真诚、真闲。

浓缩咖啡
浓缩咖啡
奶泡
浓缩咖啡
玛琪雅朵
水
浓缩咖啡
美式咖啡
牛奶
浓缩咖啡
白咖啡
奶泡
牛奶
浓缩咖啡
拿铁
鲜奶油
浓缩咖啡
康宝蓝
奶泡
半牛奶半奶油
浓缩咖啡
布雷卫/半拿铁
奶泡
牛奶
浓缩咖啡
卡布奇诺
鲜奶油
牛奶
巧克力糖浆
浓缩咖啡
摩卡
焦糖
奶泡+糖浆
浓缩咖啡
焦糖玛奇朵
鲜奶油
爱尔兰威士忌
浓缩咖啡
爱尔兰威士忌
鲜奶油
巧克力糖浆
浓缩咖啡
维也纳咖啡

咖啡

Coffee

浓缩咖啡（Espresso）

属于意式咖啡，就是我们平常用咖啡直接冲出来的那种，味道浓郁，入口微苦，咽后留香。

马琪雅朵（Machiatto）

在浓缩咖啡中加上两大勺奶泡就成了一杯马琪雅朵。玛奇朵在意大利文里是印记、烙印的意思，所以象征着甜蜜的印记。

美式咖啡（Americano）

是最普通的咖啡，属于黑咖啡的一种。在浓缩咖啡中直接加入大量的水制成，口味比较淡，咖啡因含量较高。

白咖啡（Flatwhite）

是马来西亚的特产，白咖啡的颜色并不是白色，但是比普通咖啡更清淡柔和，白咖啡味道纯正，甘醇芳香。

拿铁咖啡（Caffè Latte）

浓缩咖啡与牛奶的经典混合。咖啡在底层，牛奶在咖啡上面，最上面是一层奶泡。也可以放一些焦糖就成了焦糖拿铁。

康宝蓝（ConPanna）

意大利咖啡品种之一，与玛琪雅朵齐名，由浓缩咖啡和鲜奶油混合而成，咖啡在下面，鲜奶油在咖啡上面。

卡布奇诺（Cappuccino）

以等量的浓缩咖啡和蒸汽泡沫牛奶混合的意大利咖啡。咖啡的颜色就像卡布奇诺教会的修士在深褐色的外衣上覆上一条头巾一样，咖啡因此得名。

摩卡咖啡（CafeMocha）

是一种最古老的咖啡，是由意大利浓缩咖啡、巧克力酱、鲜奶油和牛奶混合而成，摩卡得名于有名的摩卡港。其独特的甘、酸、苦味，极为优雅，为一般高级人士所喜爱的优良品种。普通皆单品饮用，饮之润滑可口，醇味历久不退，若调配综合咖啡，更是一种理想的品种。

焦糖玛琪朵（CaramelMacchiato）

由香浓热牛奶上加入浓缩咖啡、香草，最后淋上纯正焦糖而成，“Caramel”就是焦糖的意思。焦糖玛琪朵就是加了焦糖的 Macchiato，代表“甜蜜的印记”。

爱尔兰咖啡（IrishCoffee）

是一种既像酒又像咖啡的咖啡，由爱尔兰威士忌加入浓缩咖啡中，再在最上面放上一层鲜奶油构制而成。可以这样说，爱尔兰咖啡是一种含有酒精的咖啡。

维也纳咖啡（Viennese）

奥地利最著名的咖啡，由浓缩咖啡、鲜奶油和巧克力混合而成。奶油柔和爽口，咖啡润滑微苦，糖浆即溶未溶。

0 1 2 3 4 5 6 7 8 9 10 11 12 13 14
APPE

附录

卫生间标志

Toilet signs

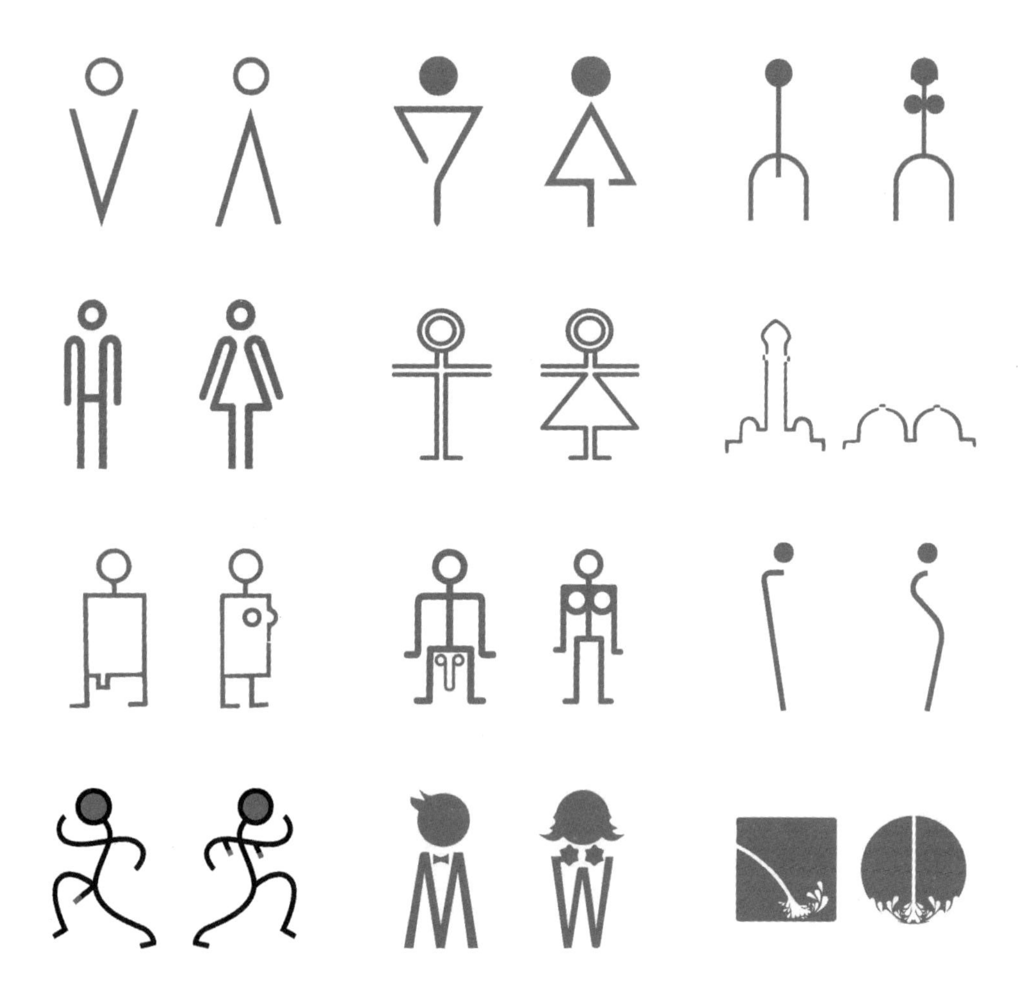

视觉错觉
Visual illusion

是指人们对外界事物的不正确的感觉或知觉。最常见的是视觉方面的错觉。产生错觉的原因，除来自客观刺激本身特点的影响外，还有观察者生理上和心理上的原因，其机制现在尚未完全弄清。来自生理方面的原因是与我们感觉器官的机构和特性有关；来自心理方面的原因是与我们生存的条件以及生活的经验有关。

通过视觉错觉原理，可以有效地改变人对空间信息的接收，也可以改变人和空间的交互感受。比如可以通过视觉错觉原理改变“眼中”的方位、大小，甚至是呈现美好的精致画面。

众多设计师在做室内的时候都会运用到视觉错觉原理。运用视觉错觉可以设计出具有空间感的作品。视觉错觉还广泛运用在个性室内壁画设计领域，一些公司的“小空间，大视野”系列产品就是运用视觉错觉原理的透视效果方法进行设计的。

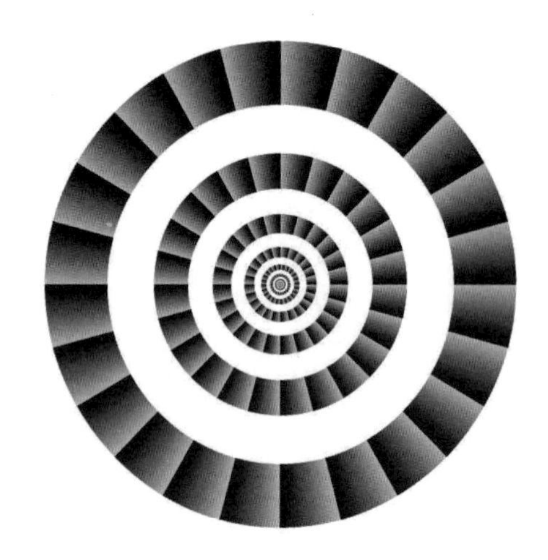

设计师语录

Designer quotations

托马斯·阿奎纳（1225—1274）

养眼皆美。

弗朗西斯·培根（1561—1626）

建造房屋是用于居住的，而不是用于看的。

丹克玛·阿德勒（1844—1900）

功能和环境决定形式。

路易斯·沙利文（1856—1924）

形式服从于功能。

阿道夫·路斯（1870—1933）

一座房子必须取悦每个人，一件艺术品却无需取悦任何人。

艾利尔·沙里宁（1873—1950）

每件物体必须为其更大的整体而设计；烟灰缸为桌子设计，桌子为房间设计，房间为住宅设计，直至最后设计环境及整个区域。

密斯·凡德罗（1886—1969）

少即是多。

灵活多用，四望无阻。

勒·柯布西耶（1887—1965）

住宅是居住的机器。

建筑是一种博学的游戏，它是正确而宏伟的，是在灯光下聚集起来的各种形式。

法兰克·盖瑞（1929—）

建筑应该用它的年代和地点来讲述其自身，但终究渴望的是永恒。

菲利普·斯达克（1949—）

将一种文化概念的美丽升华为人文概念的美好。

艾里西·弗洛姆（1900—1980）

美的对立面不是丑，而是错。

路易斯·康（1901—1974）

形式启发设计。

杨廷宝（1901—1982）

处处留心皆学问。

路易斯·巴拉干（1902—1988）

家必须转化为花园，而花园也应转化为家。

博尔·诺夫（1903—1991）

住宅是对世界的一种想象。

凯·弗兰克（1911—1989）

不设计也是一种设计理念。

塔比奥·维卡拉（1915—1985）

材料按其自身规律运作，艺术家的任务是引导材料的运动从而达到他们的目标。

贝聿铭（1917—2019）

让光线来设计。

约翰·伍重（1918—2008）

如果想在我们所创造的空间与身处其中的活动之间达到和谐，那么必须对幸福安康有所渴望。

罗伯特·文丘里（1925—）

我们的设计从室内到室外，再从室外到室内。

博·卡佩兰（1926—2011）

改变我们的不是时间，而是空间。

马雅·安琪罗（1928—）

一座房子可能伤人，一个真正的家却能治疗伤痛。

艾洛·阿奥尼（1932—）

设计与艺术无界限，设计师就是艺术家。

设计师的灵感来自所经历的一切。设计师的阅历越丰富，产生创造性思维的可能性便越大。

汉诺·玛基宁（1932—）

业主并不总是正确，但环境永远正确。

迪特尔·拉姆斯（1932—）

好的设计就是尽可能少的设计。

约里奥·库卡波罗（1933—）

对设计师而言，工厂是最好的大学。

如果一件产品能满足各个方面的功能需求，那它一定是美的。

黑川纪章（1934—）

新陈代谢。

安藤忠雄（1941—）

时间是空间的延伸。

埃萨·皮罗宁（1943—）

在田园风格中，时尚和流行是好环境的最大敌人。

形式追随思维的起点。

高文安（1943—）

设计是为空间内使用的人而服务的，空间规划不仅仅要考虑到漂亮，还要让生活在其中的成员在使用过程中多一点交流，多一点沟通。

菲利普·斯塔克（1949—）

设计是难以调和的白日梦。

史蒂夫·乔布斯（1955—2011）

设计不只是指产品看着像什么和感觉像什么，设计是产品如何功能化。

里克·鲍伊诺（1955—）

设计是可见的智慧。

孙培都（1956—）

设计是建筑的灵魂，工程是建筑的缔造者。设计+工程创造了人类居住的美好家园。也创造了人类社会活动场所的殿堂。

梁志天（1957—）

作为老板，差不多全身上下都是“刀”，而且每一把都要锋利，不仅要会做设计，还要懂管理和市场推广，对综合能力要求很高。

周燕珉（1957—）

我希望学生们能有责任感，走向社会为普通老百姓设计好房子，不是都要去做大师，做地标建筑。把老百姓都要住的，最大量的住宅建筑，特别是老人住宅设计好也很成功，也很伟大。

鲁晓波（1959— ）

以人文情怀科学精神驱动创新。

李沙（1959— ）

崇尚和追求和谐是中国传统文化最高境界，必然要反映到当代室内设计理念中。

林璎（1959— ）

我看到的建筑并不是包含空间的一种形式，而是一种体验，一个过程。

我用双手思考。

马塞尔·万德斯（1963— ）

我希望确保我们生活在一个超级美妙的世界。我喜欢由材料自行决定想要做什么，因为材料自己了解如何让自己看起来更美丽。

李朝阳（1965— ）

设计创新需要坚守底线，坚守底线需要健康的设计理念。

苏丹（1967— ）

设计是科学、技术、文化和艺术向日常生活输送福祉的桥梁。

刘铁军（1968— ）

设计源自生活，生活离不开家具。

张君胜（1970— ）

设计要魂游天外，以第三人的角度来俯视这个世界。

杨冬江（1971— ）

设计是平衡理性与感性的一门艺术。

刘春莉（1976— ）

地毯是安全温暖的，实现这个功能的过程就是设计。

孙谱淳（1978— ）

设计不是经验而是一种经历，不做主动设计，做用心感动设计是设计之源。

姜坤（1979— ）

设计没有最好，适合的就是最好的。

王海涛（1979— ）

设计就是不断发现问题，不断解决问题，并试图在点、线、面之间找到平衡点的行为。

朱毅（1980— ）

最伟大的艺术家毕加索，他从模仿非洲艺术家然后成为天才。所以设计师的工作也像艺术家一样，是从“借鉴、模仿再到内化发展”。

英汉词汇对照

Contrast between English and Chinese words

A

Abrasive　磨损，研磨料

Absorptiop sound　吸声

Accessories　（浴室）配件

Accounting reports　会计报表

Active building design　建筑物设计

Airborne sound　空气载声

Air delivery system　空气送风系统

Air handler　空调装置

Air pattern　通风方式

Alkyd paint　醇酸树脂漆

Alteration　变更，替换

Amp　安培

Analogous color　类似色

Area separation wall　（防火）分隔墙

Artwowk and accessory　艺术品与装饰摆件

Assembly　构件

Auditorium　礼堂

Anticorrosive wood　防腐木

B

Barstool　吧椅

Baseboard heating　踢脚板内供热

Base coat　抹灰基层，底漆腻子

Bathroom　浴室，盥洗室

Bedroom　卧室

Bench　长凳

Bidet　洁身器

Bidding　投标

Building blocks　砌块

Bolt　螺栓

Bond　结合，搭接

Bookcase　书柜

Branch circuit　分支电路

Brass　黄铜

Brick　砖

Brightness　亮度

Bronze　青铜

Building code　建筑规范

Buiding specifications checklist　建筑项目明细表

Building types　建筑类型

Bulletin board　布告栏

Bush hammer　气动凿毛机，凿石锤

C

Cabinetry　细木工家具

cable distributor　配线装置

Candle　烛光（光强度单位）

Carpentry　木工

Carpet　地毯

Carpeting　铺地毯

Core board　细木工板

Cash flow　现金流

Ceiling　顶棚

Centigrade　摄氏度

Central heating　集中供暖

Ceramic tile　瓷砖

Circuit symbol 电路图例
Circular sector 扇形
Circumference 周围，周边
Closet 壁柜，储藏室
Concrete block 混凝土砌块
Color scheme 色彩示意图
Color wheel 色环
Compensation 补偿金
Concrete 混凝土
Concrete block 混凝土块
Conduit 导管，设备线路
Cone 圆锥体
Coiled ground 卷材地面
Construction administration 施工管理
Construction document 施工文件
Construction type 建筑类型
Contract negotiation 合同谈判
Construction area 建筑面积，施工区
Conversation area 会谈区
Copper 铜
Composite floor 复合地板
Cork tike flooring 软木类地板
Corner guard 护角
Corridor 走廊，通道
Corrosion 腐蚀
Cost control 成本控制
Counter 柜台
Covenants 契约
Cooker 灶具
Cube 立方体，正六面体
Curtain 窗帘
Cylinder 圆柱体
Control panel 控制面板

D

Dampproofing 防潮层
Dustbin 垃圾箱
Demolition 拆除，破坏
Density 密度，比重
Design fee 设计费
Desk 书桌
Diameter 直径
Diffuser 散流器
Diffuse lighting 漫射照明
Dining room 餐厅
Direet lighting 直接照明
Dishwasher 洗碗机
Display 显示
Diffuse illumination 漫射照明
Dresser 梳妆台
Dryer 烘干机
Drywall 石膏板，干式墙
Duct 管道
Dwelling unit 居住单元
Decoration cost 装修成本

E

Efficacy 功率
Ejector pump 喷射泵
Elastomeric coating 弹性体涂料
Electric lighting 电气照明
Electrcal engineer 电气工程师
Electrical power 电功率
Electrical system 电气系统
Elevator 电梯
Ellipse 椭圆
Emergency exit 紧急出口
Emergency generator 备用（应急）发电机
Equipment 设备
Escalator 自动扶梯
Estimating 概算，估算
Existing building 现有建筑
Exit discharge 出口疏散
Exit 出口
Expense 费用
Exterior 外部的，外表的
Exterior wall heat insulation 外墙隔热

F

Fabrics 织物
Face weight 表面重量
Fahrenheit 华氏度
Fan coil 风机盘管
Face washing table 洗脸台

Fee　费用，报酬
Furniture　家具
File cabinet　文件柜
Final design　最终设计
Finish　完成，饰面
Fire door　防火门
Fire extinguisher　灭火器
Fire box　消防箱
Fireplace　壁炉
Fireproofing　防火处理
Fireplace　壁炉
Fire rating　防火等级
Fixture　固定装置
Flooring　地板
Floor　楼板
Fluorescent lamp　荧光灯
Flush toilet　抽水马桶
Folding door　折叠门
Forced air central heating　中央热风采暖设备
Forced hot water heating　压力热水供暖系统
Framing　框架，龙骨
Freight　货运
Furance　火炉
Furnishing　家具，陈设
Furniture　家具

G

Garage door　车库门
Gas　燃气
General requirement　总体要求，基本要求
Geometric figure　几何图形
GFCI　漏电保护插座
Glare　眩光
Glass block　玻璃砖
Glazed wall　玻璃隔断
Glass push door　玻璃推拉门
Gloss　光泽
Grade　等级
Government building　政府建筑
Gradient　陡度，坡度
Graphic　图解的
Grille　格栅
Gross area　总面积
Grounding　接地
Gypsum wallboard　石膏墙板

H

Hanging　悬挂
Hardware　五金件
Hardwood　硬木
Health club　健康俱乐部
Heat pump　热力泵
Heat insulation and moistureproof　隔热与防潮
High strength gas discharge lamp　高强度气体放电灯
Hollow metal door　空心金属门
Horizon lines　地平线
Horizontal exit　水平安全出口
Hospital　医院
Hotel　酒店
Hot water baseboard　踢脚板式热水采暖装置
Hot water heater　热水器
Hood　烟机
Human comfort zone　人体的舒适区
High pressure mercury lamp　高压汞灯

I

Incandescent lamp　白炽灯
Indirect lighting　间接照明
Induction　感应装置
Indoor specification　室内规范
Information index　信息索引
Installtion cost　安装费用
Insulation　绝缘
Indoor　室内
Interior wall assembly　内墙装配
Iron　铁

J

Jamb　边框，门樘
Joint　接缝，结合点

K

Kilometer　公里
Kitchen　厨房

L

Laminated lumber　层压木材
Lamp　灯
landscape design　园林设计
Latex paint　乳胶漆
Lath　板条
Laundry area　洗衣区域
Lead　铅
Length　长度
Library　图书馆
Lighting　照明
Lightning　闪电
Living room　客厅
Lounge　休息室
Low pressure sodium　低压钠灯
Lumber　木材
Lumen　流明

M

Mansonry　砖墙，砌体
Mechanical　机械的
Mechanical engineer　机械工程师
Mechanical system　机械系统
Metal　金属
Moisture protection　防潮
Microwave Oven　微波炉

N

Nail　钉
Natural stone　天然石材
Negotiating　谈判
Net area　净面积
Nickel　镍
Noise control　噪声控制
Noise reduction coefficient　降噪系数
Nursing home　疗养院

O

Occupancy　居住
Occupant load　居住荷载
Operable partition　移动式隔断
Overhead　管理费
Oven　烤箱

P

Paint　油漆
Panic hardware　紧急出口栓拴
Pantry　餐具柜，备餐间
Parabola　抛物线
Parallelogranm　平行四边形
Parquet　实木复合地板
Particle board　颗粒板
Party wall　共用墙，隔断
Passive building design　被动式建筑设计
Pendant　吊灯，悬垂物
People function　人体机能
Percentage　百分比
Perspective sketching　透视草图
Piping　管道
Plants　植物
Plaster　石膏，涂以灰泥
Pocket door　嵌入式门
Point source　点光源
Polyester　聚酯纤维
Polygon　多边形
Polypropylene　聚丙烯纤维
Pot　锅
Power　功率
Power formula　功率计算公式
Power system　电力系统
Preliminary design　初步设计
Preservative　防腐剂，保护层
Pressure　压力
Primer　底漆，首层涂料
Profit　利润
Programming　编程，计划，程序设计
Project detailed list　项目明细表
Projection screen　投影屏幕
Proportion　比例
Pump　泵，水泵
Purchasing　采购
Plywood　胶合板

R

Ratio 比值
Radiant heating 辐射采暖
Railing 栏杆
Ramp slpe 斜坡斜率
Range 范围
Ratio 比率，系数
Rattan 藤椅
Reach 有效作用范围
Rectangle 矩形
Reflectance value 反射率值
Reflection 反射
Refrgerator 冰箱
Residential occupancy 居住类建筑，住宅
Resilient flooring 弹性地板
Restaurant 餐厅
Restroom 卫生间，盥洗室
Right angle 直角
Room dimension 房间尺寸
Rubber tile flooring 橡胶地板
Rubble 瓦砾，毛石
Rug 小块地毯

S

Safety glazing 安全玻璃
Sales tax 销售税
Sanitary sewer 生活污水管
Sanitation 卫生系统，设备
Schematic design phase 方案设计阶段
School 学校
Sconce 壁灯
Scratch coat 打底灰泥层
Screw 螺丝
Seat dimension 座椅尺寸
Secretarial station 秘书台
Semidirect lighting 半直接照明
Sewage system 污水系统
Security 安全
Socket 插座
Supply air system 空气供给系统
Specifications 规格
Sunshade 遮阳帘
Shelving 搁板
Shoe 鞋柜
Shower 淋浴
Shower room 淋浴房
Shrink 收缩
Signage 标识系统，标记
Sitework 现场工作
Sleeping area 睡眠区
Slip resistance 防滑
Slope 坡度
Smoke detector 烟雾探测器
Smoke proof compartment 防烟隔离室
Softwood 软木
Solar hot water system 太阳能热水系统
Sound control 声音控制
Sound isolation 隔音
Space planning 空间规划
Species 种类
Sphere 球，球状体
Sprinkler fire control system 喷淋消防系统
Square 正方形
Standard of residential building 居住建筑规范
Stainless steel 不锈钢
Stair 楼梯
Standpipe 立管
Steel 钢，钢化
Steamer 蒸箱
Stone 石头，石料
Stool 凳子
Storage area 储藏区
Structural column 构造柱
Structural engineer 结构工程师
Stucco 粉饰灰泥，装饰抹灰
Switch 开关
Switch panel 开关面板

T

Table 餐桌
Task lighting 任务照明，局部照明
Table lamp 台灯

Tax 税
Television 电视机
Terrazzo 水磨石
Theater 剧场
Thermal conductivity 导热系数
Thermostat 恒温器
Tile 饰面砖
Timber 木材
Toilet partition board 卫生间隔板
Ton 吨
Track lighting 轨道照明
Transformer 变压器
Trapezoid 梯形
Tread 踏步宽
Triadic color 三元色
Triangle 三角形

U

Unified building code 统一建筑规范

V

Ventilation 通风
Volatile organic compounds 挥发性有机化合物
Volt 伏特（电压单位）
Volume 体积，容量
Visual characteristics 视觉特征

W

Waiting area 等候区
Wall board 墙面板
Wall covering 墙面装饰材料
Wallpaper 墙纸
Wall switch 墙壁开关
Washer 洗衣机
Wash Basin 洗脸盆
Wardrobe 衣柜
Water delivery system 水循环系统，给水系统
Water meter 水表
Waterproof 防水
Water supply 供水系统
Watt 瓦特（电功率单位）
Windshield 挡风条
Weight 重量
Weatherboarding 护墙板
Wheelchair 轮椅
Width 宽度
Window 窗户
Window shades 百叶窗
Wood floor 木地板
Work area 工作区
Whole surface material 整体面材

Z

Zinc 锌

Reference

经典著作、好书推荐和好评书籍

[1] 张月 .《室内人体工程学》[M]. 北京：中国建筑工业出版社，2004 年 .

[2]（美）帕特·格思里 , 蔡红译 .《室内设计师便携手册》(2 版)[M]. 北京：中国建筑工业出版社，2007 年 .

[3] 杨玮娣 .《人体工程与室内设计》[M]. 北京：中国水利水电出版社，2008 年 .

[4]（德）阿克谢·穆勒，沈晓红，贾秀海译 .《随身笔记：室内设计师日常规范手册》[M]. 天津：天津大学出版社，2012 年 .

[5] 李朝阳 .《室内外细部构造与施工图设计》[M]. 北京：中国建筑工业出版社，2013 年 .

[6] 朱丹 .《人体工程学》[M]. 北京：中国电力出版社，2014 年 .

[7]（芬）埃萨·皮罗宁 , 方海 , 东方檀 .《论建筑》[M]. 北京：中国电力出版社，2014 年 .

[8] 姜坤 .《图说家装水电设计》（2 版）[M]. 北京：中国电力出版社，2017 年 .

鸣 谢

Acknowledgement

张　丽　李朝阳　杨冬江

刘铁军　王　静　邢贵波

任　静　牛登山　廖　宾

何世畦　杨　林　李　沙